新形态计算机专业系列规划教材

ASP.NET
网站开发项目化教程

◎ 主　编　屈武江　尹　娜　于　隆
◎ 副主编　张　震　文继权　姜俊颖

大连理工大学出版社
Dalian University of Technology Press

图书在版编目(CIP)数据

ASP.NET网站开发项目化教程 / 屈武江,尹娜,于隆主编. -- 大连：大连理工大学出版社,2024.8(2024.8重印)
新形态计算机专业系列规划教材
ISBN 978-7-5685-4849-6

Ⅰ.①A… Ⅱ.①屈… ②尹… ③于… Ⅲ.①网页制作工具－程序设计－高等学校－教材 Ⅳ.①TP393.092

中国国家版本馆CIP数据核字(2024)第010744号

ASP.NET WANGZHAN KAIFA XIANGMUHUA JIAOCHENG

大连理工大学出版社出版

地址：大连市软件园路80号 邮政编码：116023
发行：0411-84708842 邮购：0411-84708943 传真：0411-84701466
E-mail:dutp@dutp.cn URL:https://www.dutp.cn
大连永盛印业有限公司印刷 大连理工大学出版社发行

幅面尺寸：185mm×260mm　　印张：18　　字数：438千字
2024年8月第1版　　　　　　　　　　2024年8月第2次印刷

责任编辑：孙兴乐　　　　　　　　　　责任校对：齐　欣
　　　　　　　　封面设计：方　茜

ISBN 978-7-5685-4849-6　　　　　　　　定　价：50.80元

本书如有印装质量问题，请与我社发行部联系更换。

新形态计算机专业系列规划教材编审委员会

主 任 委 员 李肯立　湖南大学

副主任委员 陈志刚　中南大学

委　　　员（按拼音排序）

　　　　　　　程　虹　湖北文理学院

　　　　　　　邓晓衡　中南大学

　　　　　　　付仲明　南华大学

　　　　　　　李　莉　东北林业大学

　　　　　　　刘　辉　昆明理工大学

　　　　　　　刘文杰　大连理工大学

　　　　　　　刘永彬　南华大学

　　　　　　　马瑞新　大连理工大学

　　　　　　　潘正军　广州软件学院

　　　　　　　彭小宁　怀化学院

钱鹏江　江南大学

屈武江　大连海洋大学

瞿绍军　湖南师范大学

孙玉荣　中南林业科技大学

万亚平　南华大学

王克朝　哈尔滨学院

王智钢　金陵科技学院

阳小华　南华大学

周立前　湖南工业大学

前言

《ASP.NET 网站开发项目化教程》是新形态计算机专业系列规划教材之一。本门课程是高等院校计算机类专业必修课程。

随着信息技术和数字技术的普及,Web 开发已成为 IT 领域的重要支柱之一。.NET 是软件开发人才培养的一个重要方向,ASP.NET 作为微软公司推出的一款强大且灵活的 Web 开发技术,以其高效、稳定、易用的特性,被广泛应用于电子商务、电子政务、远程教育、网上资源管理等多领域的项目开发中。

本教材的特点如下:

(1)落实立德树人根本任务,将课程思政元素贯穿教材全过程。教材按照企业对专业人才的知识储备、能力和素质要求,将党的二十大报告中提出的"科技创新精神、奋斗精神、大国工匠精神、奉献精神、爱国主义精神、国家安全观"及职业素养、中华优秀传统文化、责任意识、社会主义核心价值观等课程思政元素有机融入教材内容。通过课程思政的"素质培养"全面提高学生的思想政治素养。

(2)本教材采用项目化教学方式。通过一系列具体的 ASP.NET 开发项目案例,读者能够在实际操作中掌握 ASP.NET 技术的核心知识和技能。这种项目导向的教学方法有助于读者将理论知识与实际操作紧密结合,提高解决实际问题的能力。

(3)本教材注重系统性和完整性。从 ASP.NET 技术的基础知识讲起,逐步深入到开发环境的构建、控件的使用、系统对象与数据传递、数据库访问、数据绑定技术等多个方面,形成了一个完整的 ASP.NET 开发知识体系。这种系统性的安排有助于读者逐步建立起对 ASP.NET 技术的全面认识。

(4)本教材内容翔实,注重细节。对 ASP.NET 开发中的关键技术和难点问题,进行了深入的剖析和讲解,并提供了大量的示例代码和实际操作步骤,有助于读者更好地理解和掌握 ASP.NET 技术的精髓。

(5)本教材注重与行业实际的结合。通过引入真实的开发项目和案例,读者能够了解 ASP.NET 技术在实际开发中的应用场景和需求,有针对性地学习和掌握相关技术。

（6）本教材语言通俗易懂，结构清晰明了。无论是对于初学者来说，还是对于有一定经验的开发人员来说，都能提供有益的帮助和指导。

（7）本教材提供了丰富的学习资源。包括课程课件、案例源码、视频教程等，方便读者在学习过程中随时查找资料和解决问题。

（8）本教材随文提供视频微课供学生即时扫描二维码进行观看。实现了教材的数字化、信息化、立体化，增强了学生学习的自主性与自由性，将课堂教学与课下学习紧密结合，力图为广大读者提供更为全面并且多样化的教材配套服务。

本教材介绍了ASP.NET网站开发技术的相关理论和实践操作，可作为普通高等院校计算机科学与技术、软件工程等专业的动态网站开发教材，也可作为软件开发设计人员的参考资料。

本教材的内容分为10章：第1章搭建ASP.NET开发环境；第2章Web前端开发基础；第3章ASP.NET常用控件；第4章ASP.NET内置对象；第5章母版页技术；第6章ADO.NET数据访问技术；第7章数据绑定技术；第8章LINQ技术；第9章系统架构设计；第10章"电子商城"网站的设计与实现。

本教材由大连海洋大学应用技术学院屈武江、尹娜、于隆任主编；大连海洋大学应用技术学院张震、文继权、姜俊颖任副主编。具体编写分工如下：第1章、第10章由屈武江编写，第7章由尹娜编写，第3章由于隆编写，第5章、第6章由张震编写，第4章、第9章由文继权编写，第2章、第8章由姜俊颖编写。全书由屈武江统稿并定稿。

在编写本教材的过程中，编者参考、引用和改编了国内外出版物中的相关资料及网络资源，在此表示深深的谢意！相关著作权人看到本教材后，请与出版社联系，出版社将按照相关法律的规定支付稿酬。

限于水平，书中仍有疏漏和不妥之处，敬请专家和读者批评指正，以使教材日臻完善。

编　者
2024年8月

所有意见和建议请发往：dutpbk@163.com
欢迎访问高教数字化服务平台：https://www.dutp.cn/hep/
联系电话：0411-84708462　84708445

目录

第1章 搭建 ASP.NET 开发环境 …… 1
- 1.1 .NET Framework 概述 ……… 2
- 1.2 Web 基础知识 …………… 5
- 1.3 ASP.NET 概述 ……………… 7
- 任务1-1 安装 Visual Studio 2022
  ……………………………… 9
- 1.4 Visual Studio 基础 ………… 14
- 1.5 ASP.NET 文档分析 ………… 15
- 1.6 ASP.NET 页面处理机制 …… 20
- 任务1-2 创建简单的 Web 网站 … 21
- 习 题 …………………………… 26

第2章 Web 前端开发基础 …………… 28
- 2.1 HTML(超文本标记语言)…… 28
- 2.2 CSS 层叠样式表 …………… 45
- 2.3 JavaScript 脚本语言 ……… 53
- 任务 实现"电子商城"网站首页 … 56
- 习 题 …………………………… 58

第3章 ASP.NET 常用控件 ………… 59
- 3.1 服务器控件概述 …………… 59
- 3.2 标准服务器控件 …………… 61
- 任务3-1 实现"电子商城"用户注册
  页面 ……………………… 74
- 3.3 验证控件 …………………… 78
- 任务3-2 实现"电子商城"用户注册
  页面添加验证功能 ……… 86
- 3.4 第三方控件 ………………… 91
- 任务3-3 实现"学生基本信息登记表"
  页面 ……………………… 94
- 习 题 …………………………… 101

第4章 ASP.NET 内置对象 ………… 105
- 4.1 内置对象概述 ……………… 105
- 4.2 Request 对象 ……………… 106
- 4.3 Response 对象 …………… 108
- 4.4 Application 对象 ………… 111
- 4.5 Session 对象 ……………… 114
- 4.6 Cookie 对象 ……………… 116
- 4.7 Server 对象 ……………… 117
- 习 题 …………………………… 120

第5章 母版页技术 …………………… 122
- 5.1 母版页概述 ………………… 122
- 5.2 母版页和内容页 …………… 123
- 任务5-1 使用母版页搭建"电子商城"
  后台页面框架 …………… 128
- 5.3 导航控件 …………………… 129
- 任务5-2 实现"电子商城"后台面包屑
  导航功能 ………………… 132
- 任务5-3 实现"电子商城"后台菜单
  功能 ……………………… 141
- 习 题 …………………………… 143

第6章 ADO.NET 数据访问技术 … 145
- 6.1 ADO.NET 概述 …………… 145
- 6.2 Connection 对象 ………… 147
- 6.3 Command 对象 …………… 151
- 任务6-1 实现"电子商城"用户注册功能
  …………………………… 156
- 6.4 DataReader 对象 ………… 160
- 任务6-2 实现"电子商城"用户登录功能
  …………………………… 163

  6.5 DataSet 对象和 DataAdapter 对象
    ………………………………… 166
  习 题 ………………………………… 174
第 7 章 数据绑定技术 ……………… **175**
  7.1 数据绑定概述…………………… 175
  7.2 数据源控件 ……………………… 181
  7.3 常用控件的数据绑定 …………… 186
  7.4 数据绑定控件概述 ……………… 193
  7.5 GridView 控件 ………………… 194
  任务 7-1 实现"电子商城"后台电子资讯
      管理的资讯列表页面… 199
  7.6 Repeater 控件 ………………… 201
  任务 7-2 实现"电子商城"电子资讯
      页面 …………………… 207
  7.7 DataList 控件 ………………… 208
  7.8 其他数据绑定控件 ……………… 214
  任务 7-3 综合案例 ……………… 215
  习 题 ………………………………… 224
第 8 章 LINQ 技术 …………………… **226**
  8.1 LINQ 技术概述 ………………… 226
  8.2 LINQ 查询语法 ………………… 228

  8.3 LINQ to SQL 的使用 ………… 230
  8.4 LinqDataSource 控件的使用
    …………………………………… 235
  任务 使用 LINQ 技术建立一个简单
     的学生信息管理系统 ……… 237
  习 题 ………………………………… 243
第 9 章 系统架构设计 ……………… **246**
  9.1 系统架构设计概述……………… 246
  9.2 三层架构概述 …………………… 247
  9.3 MVC 模式概述 ………………… 253
  习 题 ………………………………… 262
第 10 章 "电子商城"网站的设计与实现
  ………………………………………… **265**
  10.1 系统功能分析 ………………… 265
  10.2 数据库设计 …………………… 266
  10.3 公共类的编写 ………………… 269
  10.4 网站前台主要功能设计与实现
    ………………………………… 270
  10.5 网站后台主要功能设计与实现
    ………………………………… 273
参考文献 ……………………………… **280**

第 1 章　搭建 ASP.NET 开发环境

学习目标

- 了解.NET Framework 的定义与组成
- 熟悉.NET Framework 的功能特点
- 掌握 Web 的访问原理及 Web 基础知识
- 掌握 ASP.NET 文档的基本结构
- 了解 ASP.NET 的运行机制和文件类型

素质培养

相关知识点

- .NET Framework 架构
- Web 基础知识
- 安装与配置 ASP.NET 开发和运行环境
- ASP.NET 网站的构建流程
- ASP.NET 文档结构与网页代码模型
- ASP.NET 页面处理机制

随着 Internet 的发展，基于 B/S 架构的 Web 数据库应用日趋普及。ASP.NET 是一种开发动态 Web 应用程序的技术，是微软公司.NET Framework 的重要组成之一，可以使用任何.NET 兼容的语言编写 ASP.NET 应用程序。ASP.NET 技术与 Java、PHP 等相比，具有方便、灵活、性能优、生产效率高、安全性高、完整性强及面向对象的特点，是目前主流的网络编程技术之一。

本章主要讲解 ASP.NET 的发展历程及特性等基础知识；安装与搭建 ASP.NET 开发环境；创建 ASP.NET 网站。

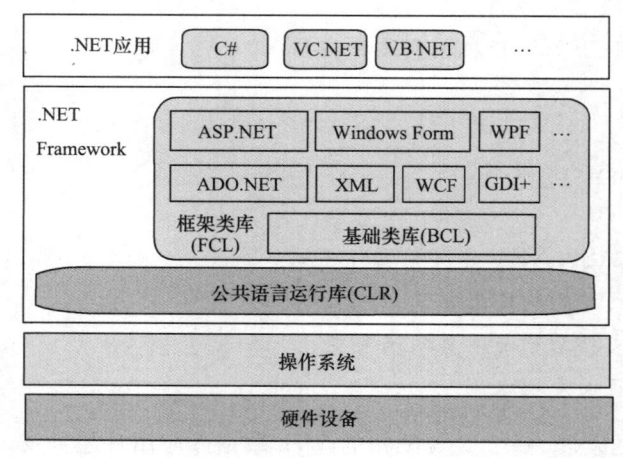

1.1 .NET Framework 概述

.NET Framework 是微软公司推出的一套语言独立的应用程序开发框架。目的是使开发人员可以更容易地建立网络应用程序和网络服务,.NET Framework 及针对设备的.NET Framework 简化版为 XML Web 服务和其他应用程序提供了一个高效安全的开发环境,并全面支持 XML。.NET Framework 提供跨平台和跨语言的特性,使用.NET 框架,配合微软公司的 Visual Studio 集成开发环境,可以大大提高程序员的开发效率,甚至初学者也能够快速构建功能强大、实用、安全的网络应用程序。

1.1.1 .NET Framework 的定义和组成

.NET Framework 是 Windows 的托管执行环境,可为其运行的应用提供各种服务,它使 C++、C♯ 和 VB.NET 等不同的编程语言和运行库能够无缝地协同工作,简化开发部署各种网络集成应用程序或独立应用程序,如 Windows 应用程序、ASP.NET Web 应用程序、WPF 应用程序、移动应用程序或 Office 应用程序。

.NET Framework 包括两个主要组件:一个是公共语言运行库(CLR),它是处理运行应用的执行引擎;另一个是.NET Framework 类库,它提供开发人员可从自己的应用中调用已测试、可重用代码库。.NET Framework 基本结构如图 1-1 所示。

图 1-1 .NET Framework 基本结构

1. 公共语言运行库

公共语言运行库(Common Language Runtime,CLR),又称为公共语言运行环境,是.NET Framework 的基础。运行库作为执行时管理代码的代理,提供了内存管理、线程管理和远程处理等核心服务,并且还强制实施严格的类型安全检查,以提高代码准确性。

在运行库的控制下执行的代码称为托管代码。托管代码使用基于公共语言运行库的语言编译器开发生成,具有跨语言集成、跨语言异常处理、增强的安全性、版本控制和部署支持、简化的组件交互模型、调试和分析服务等优点。

在运行库之外运行的代码称为非托管代码。COM 组件、ActiveX 接口和 Win32 API 函数都是非托管代码的示例。使用非托管代码方式可以提供最大限度的编程灵活性，但不具备托管代码方式所提供的管理功能。

2..NET Framework 类库

.NET Framework 类库(.NET Framework Class Library，FCL)是一个与公共语言运行库紧密集成的、综合性的、面向对象的类型集合。使用 FCL 类库可以高效率开发各种应用程序，包括控制台应用程序、Windows GUI 应用程序（Windows 窗体）、ASP.NET Web 应用程序、XML Web Services、Windows 服务等。

.NET Framework 类库包括类、接口和值类型，类库提供对系统功能的访问，以加速和优化开发过程。.NET Framework 类库符合公共语言规范(Common Language Specification，CLS)，因而可在任何符合 CLS 的编程语言中使用，实现各语言之间的交互操作。

.NET Framework 类库由基础类库(Base Class Library，BCL)和各种应用程序框架类库组成。基础类库主要提供下列功能：

(1) 表示基础数据类型和异常。

(2) 封装数据结构。

(3) 执行 I/O。

(4) 访问关于加载类型的信息。

(5) 调用.NET Framework 安全检查。

各种应用程序框架类库提供构建相应应用程序的功能：

(1) 数据访问(ADO.NET)。

(2) Windows 窗体(Windows Form)。

(3) Web 窗体(ASP.NET)。

1.1.2 .NET Framework 的功能特点

.NET Framework 提供了基于 Windows 应用程序所需的基本架构，开发人员可以基于.NET Framework 快速建立各种应用程序解决方案。.NET Framework 具有下列功能特点：

1. 支持各种标准互联网协议和规范

.NET Framework 使用标准的 Internet 协议和规范（如 TCP/IP、SOAP、XML 和 HTTP 等），支持实现信息、人员、系统和设备互连的应用程序解决方案。

2. 支持不同的编程语言

.NET Framework 支持多种不同的编程语言，如 C#、VB.NET 和 C++等，因此开发人员可以选择任何一种语言开发应用程序。公共语言运行库提供内置的语言互操作性支持，通过指定和强制公共类型系统及为元数据语言互操作性提供必要的基础。

3. 支持不同语言开发的编程库

.NET Framework 提供了一致的编程模型，可使用预打包的功能单元（库），从而能够更快、更方便、更低成本地开发应用程序。

3

4. 支持不同的平台

.NET Framework 可用于各种 Windows 平台,从而允许使用不同计算机平台的人员、系统和设备联网。例如:使用 Windows 7/Windows 10 等计算机平台或 Windows CE 之类设备平台的人员可以连接到使用 Windows Server 2008/2012/2016 等服务器系统。

1.1.3　.NET Framework 环境框架

.NET Framework 环境框架主要由操作系统/硬件、公共语言运行库、类库以及应用程序(托管应用程序、托管 Web 应用程序、非托管应用程序)等构成,各部分之间的关系如图 1-2 所示。

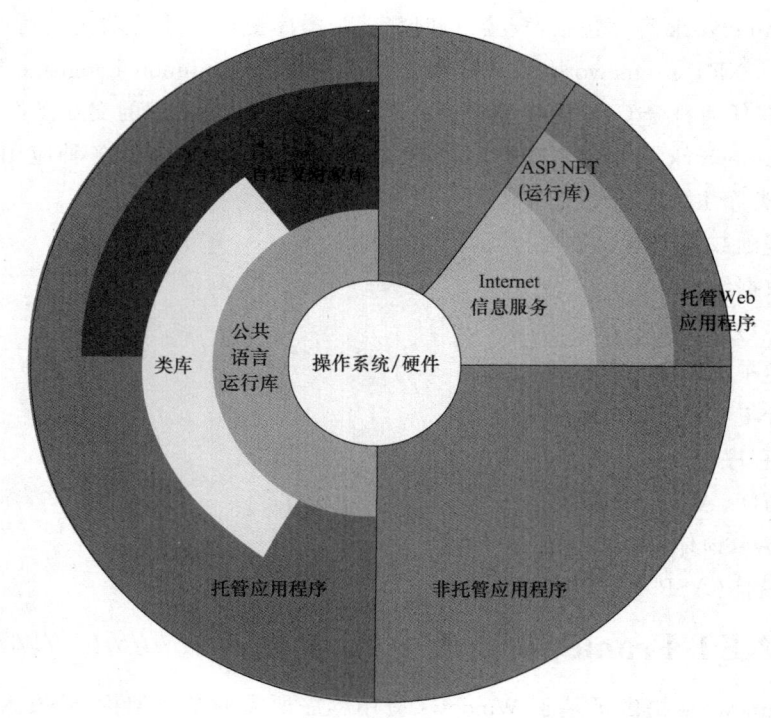

图 1-2　.NET Framework 环境框架

1.1.4　.NET Framework 的主要版本

自微软公司发布第一个.NET Framework 以来,已经发布了 1.0/1.1、2.0/3.0/3.5 和 4/4.5.x/4.6.x/4.7.x/5.0 版及.NET Framework 6.0 版。每个版本都有自己的公共语言运行库、类库和编译器。.NET Framework 通过允许同一计算机上存在公共语言运行库的多个版本来解决版本冲突,这意味着应用的多个版本可以共存(并行执行),并且应用可在构建它的.NET Framework 版本上运行,应用程序开发人员可以选择面向特定的版本开发和部署应用程序。并行执行适用于.NET Framework 版本组 1.0/1.1、2.0/3.0/3.5 和 4/4.5.x/4.6.x/4.7.x/4.8。

1.2 Web 基础知识

1.2.1 浏览器/服务器模式

B/S(Browser/Server)称为浏览器/服务器模式,是随着 Internet 技术而兴起,是对 C/S(客户机/服务器模式)的一种改进。在 B/S 模式下,用户工作界面通过 Web 浏览器实现。其优点是能够实现不同人员从不同地点随时以不同接入方式访问和操作共同的数据,大大减轻了系统维护与升级的成本和工作量;缺点是对外网的依赖性较强。

1.2.2 Web 的访问原理

Web 应用程序是基于 B/S 结构的,根据网页内容更新的方式不同,在介绍客户端和服务器端概念的基础上,下面将详细介绍静态网页和动态网页的工作原理。

1. 客户端和服务器端

Web 应用程序的访问分为客户端和服务器端。

客户端一般是指在 Web 应用程序访问过程中,接受服务的一方,如用户使用自己的计算机浏览网页时,用户自己的计算机就是指客户端。

服务器端一般是指在 Web 应用程序访问过程中,提供服务的一方,如用户在访问网页时,网站所在的服务器就是服务器端。

例如:在计算机上安装了 Web 服务器软件(如 IIS 信息服务),其他浏览者就可以通过网络访问该计算机,那么这台计算机就是服务器端,而其他浏览者使用的计算机就是客户端(图 1-3)。但往往开发者在调试 Web 应用程序时,通常开发使用的计算机既作为服务器端,又作为客户端。

客户端   服务器端

图 1-3 客户端和服务器端示例

2. 静态网页的工作原理

静态网页也称为普通网页,是相对动态网页而言的。静态并不是指网页中的元素都是静止不动的,而是指网页文件中没有程序代码,只有 HTML 标记。静态网页文件一般以后缀.htm、.html、.shtml 或.xml 命名文件。

静态网页中可以包括 GIF 动画,鼠标经过 Flash 按钮时,按钮可能会发生变化。静态网页制作完成后,其内容就不会再变化,不管何人何时访问,显示的都是一样的内容。如果要修改网页的内容,就必须修改其源代码,然后重新上传到服务器。

对于静态网页,用户直接双击打开后,看到的效果与访问服务器是相同的。这是因为在用户访问该页面之前,网页的内容就已经确定,无论用户以怎样的方式访问,网页的内容都不会再改变。

静态网页工作流程可以分为以下步骤：

(1)编写一个静态网页文件,并在 Web 服务器上发布。

(2)用户在浏览器的地址栏中输入静态网页文件的 URL(统一资源定位器)并按 Enter 键,浏览器发送访问请求到 Web 服务器。

(3)Web 服务器找到静态网页文件的位置,并将它转换为 HTML 流传送到用户的浏览器。

(4)浏览器收到 HTML 流,显示此网页的内容。

在步骤(2)~(4)中,静态网页的内容不会发生任何变化,其原理如图1-4所示。

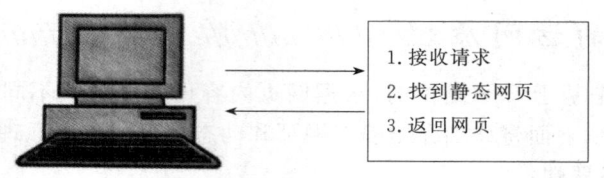

图 1-4　静态网页工作原理

3. 动态网页的工作原理

动态网页是指在网页文件中除了 HTML 标记外,还包括一些实现特定功能的程序代码,这些程序代码使浏览器与服务器之间可以发生交互,即服务器端可以根据客户端的不同请求动态产生网页内容。动态网页的扩展名通常随所用的程序设计语言的不同而不同,网页文件名一般后缀为.asp、.aspx、.cgi、.php、.jsp 等。动态网页可以根据不同的时间、不同的浏览者而显示不同的信息。常用的留言板、论坛以及聊天室都是用动态网页实现的。

动态网页的工作相对复杂,不能通过直接双击打开动态网页文件浏览,动态网页工作流程分为以下步骤：

(1)编写一个动态网页文件,其中包括程序代码,并在 Web 服务器上发布。

(2)用户在浏览器的地址栏中输入动态网页文件的 URL 并按下 Enter 键,浏览器发送访问请求到 Web 服务器。

(3)Web 服务器找到动态网页文件的位置,并运行动态网页中的程序代码动态创建 HTML 流传送到用户的浏览器。(这其中有可能访问数据库服务器提取数据)

(4)浏览器接收 HTML 流,并显示网页的内容。

从动态网页工作流程来看,用户浏览动态网页时,需要在服务器上动态执行该网页文件,并将含有程序代码的动态网页生成为标准的静态网页,最后把生成的静态网页发送给客户端,其工作原理如图1-5所示。

图 1-5　动态网页工作原理

1.3 ASP.NET 概述

ASP.NET 是 Microsoft.NET 的一部分，是 Active Server Page（简称 ASP）的升级版本，是建立在微软公司新一代.NET 平台架构和公共语言运行库上，在服务器后端为用户提供强大的企业级 Web 应用服务的编程框架。ASP.NET 提供了一种新的编程模型和结构，可生成伸缩性、稳定性与安全性更好的应用程序。

ASP.NET 是一个已编译的、基于.NET 的环境，可以用任何与.NET 兼容的语言（如 VB.NET、C♯以及 C++）创建应用程序。同时任何 ASP.NET 应用程序都可以使用.NET Framework。

1.3.1 ASP.NET 的发展历史

1996 年，微软公司推出了 ASP 版。ASP 允许采用 VBScrip/JavaScrip 脚本语言编写代码，允许将其直接嵌入 HTML，用于设计动态 Web 页面。ASP 能够通过内置的组件，实现强大的功能（如 Cookie）。同时 ASP 较大的贡献是推出了 ActiveX Data Objects（ADO），实现了程序对数据库的操作。

1998 年，微软公司发布了 ASP2.0 和 IIS4.0。与前版比较，较大的改进就是外部组件需要初始化并有了独立的内存空间，可以进行事务处理。

2002 年，微软公司推出了新一代.NET 体系结构，用于在服务器端建立功能强大的 Web 应用程序，包括 Web 窗体（Web Form）和 Web 服务（Web Services）。

2003 年，微软公司发布了 Visual Studio.NET 2003，提供了在 Windows 操作系统下开发各类基于.NET 框架的全新应用程序开发平台，但本版本应用普及性不高。

2005 年，.NET 框架从 1.0 版升级到 2.0 版，微软公司发布了 Visual Studio.NET 2005，ASP.NET 1.0 也升级到了 ASP.NET 2.0。该版本修正了以前版本的缺陷，并在移动应用程序开发、代码安全以及对 Oracle 数据库和 ODBC 的支持方面都做了改进。

2008 年，微软公司发布了 Visual Studio.NET 2008，ASP.NET 从 2.0 版升级到了 3.5 版。

2010 年，微软公司发布了 Visual Studio.NET 2010 正式版，推出了云计算架构、Agile/Scrum 开发方法、搭配 Windows 7 与 Silverlight 4、发挥多核并行运行威力以及更好地支撑 C++五大新特性和功能。

2012 年，Visual Studio.NET 2012 和 ASP.NET 4.5 问世，在前版本的基础上，增加了诸如自动绑定程序集的重定向、收集诊断信息、帮助开发人员提供高级服务和云应用程序的性能等其他领域的新功能和工具。

2013 年，微软公司发布了 Visual Studio.NET 2013。该版本增加了代码信息指示、团队工作室、身份识别、敏捷开发项目模板等功能。

2015 年，微软公司发布了 Visual Studio.NET 2015。为开发人员提供了跨平台的应用程序开发功能，支持从 Windows 到 Linux 以及 iOS 和 Android 操作系统。

2017 年，微软公司发布了 Visual Studio.NET 2017。其内建工具整合了.NET Core、Azure 应用程序、微服务、Docker 窗口等所有内容。

2020年,微软公司正式发布Visual Studio.NET 2020,并正式推出.NET 5。该版本提供了构建一个可在任何地方(Any where)使用的.NET运行时和框架,并具有统一的运行时行为和开发人员体验。通过充分利用.NET Core、.NET Framework、Xamarin和Mono来扩展.NET的功能。从单个代码库构建该产品,开发人员(Microsoft和社区)可以一起工作并一起扩展,从而改进所有方案。

2022年,微软公司推出不再支持32位操作系统、只支持64位操作系统的Visual Studio.NET 2022版,也是目前较新的Visual Studio版本。该版本支持.NET 6,Windows和Mac开发人员都可以使用它来构建Web、客户端和移动应用程序,并为开发Azure应用程序提供了更好的支持。

1.3.2 ASP.NET的特点

1. 多语言支持

多语言支持是ASP.NET的重要新特性之一,主要表现在所支持的编程语言种类多和单个语言功能强两个方面。首先,ASP.NET为Web应用提供一种类似于Java编译技术的"二次编译技术",即中间语言MSIL(Microsoft Intermediate Language)执行架构,先将ASP.NET应用编译成MSIL,再将MSIL编译成机器语言执行。这样,只要能被编译成MSIL的编程语言都可以用来编写ASP.NET应用。

其次,ASP.NET所支持的编程语言是指这种语言的功能全集(而不是子集),所以,ASP.NET中每种编程语言的功能要比ASP中使用的VB Script和Java Script更为强大。

2. 增强的性能

在ASP.NET中,页面代码是被编译执行的,它利用提前绑定、即时编译、本地优化和缓存服务来提高性能。当第一次请求一个页面时,CLR对页面程序代码和页面自身进行编译,并在高速缓存Cache中保存编译结果的副本。当第二次请求该页面时,就直接使用Cache中的结果(无须再次编译),大大提高了页面的处理性能。

3. 类和命名空间

ASP.NET包含一整套有用的类和命名空间(Namespaces)。命名空间被用作一种有组织的机制,是一种可用于其他程序和应用的程序组件的方法。命名空间包含类。和类库一样,命名空间可以使Web应用程序的编写变得更加容易。如HtmlAnchor、HtmlControl以及HtmlForm是ASP.NET中的几个类,它们被包含在System.web.UI.HtmlControl命名空间中。

4. 服务器控件

ASP.NET提供了许多功能强大的服务器控件,大大简化了Web页面的创建任务。服务器控件提供了从显示、日历、表格到用户输入验证等通用功能,它们自动维护其选择状态,并允许服务器端代码访问和调用其属性、方法和事件。因此,服务器控件提供了一个清晰的编程模型,使得Web应用的开发变得简单、容易。

5. 支持Web服务

ASP.NET提供了强大的、标准化的Web服务支持能力,通过使用Internet标准,可以将一个Web服务和其他Web服务集成在一起。Web服务提供了构建分布式Web应用的基本模块。ASP.NET允许使用和创建Web服务。

6. 更高的安全性

与 ASP 相比，在支持常规 Windows 身份验证方法的基础上，ASP.NET 还提供了 Passport 和 Cookie 两种不同类型的登录和身份验证方法。同时 ASP.NET 还采用了基于角色的安全模式，为不同角色的用户指定不同的安全授权。另外，ASP.NET 还使得创建基于页面的身份验证工作变得更为简单。

7. 良好的可伸缩性

在 ASP.NET 中，允许使用跨服务器会话（Cross-Server Sessions），其会话状态可以被另一台机器或另一个数据库上的其他的进程所维护。随着信息处理和传输流量的增加，可以为系统添加更多的 Web 服务器。

8. 易于部署

ASP.NET 应用程序可以部署到服务器上，并且不需要重新启动服务器，甚至在部署或替换运行的已编译代码时也不需要重新启动。

1.3.3 ASP.NET 的开发模式

ASP.NET 的开发模式包括 ASP.NET Web 窗体、ASP.NET MVC 和 ASP.NET Core 等，实际开发时选择何种开发模式要根据具体需求和开发人员的背景来确定。本教材采用 ASP.NET Web 窗体开发模式。

1. ASP.NET Web 窗体

自微软公司推出.NET 至今，ASP.NET Web 窗体一直是普遍使用的开发模式。实际开发时，一个 ASP.NET Web 窗体包含 XHTML、ASP.NET Web 控件等用于页面呈现的标记以及采用.NET 语言处理页面和控制事件的代码。

2. ASP.NET MVC

ASP.NET MVC 是一种基于模型-视图-控制器的开发模式。其中，模型用于实现数据逻辑操作；视图用于显示应用程序的用户界面；控制器作为模型和视图的中间组件，处理用户交互，使用模型获取数据并生成视图，再显示到用户界面上。这种开发模式是开发复杂网站的首选开发模式。

3. ASP.NET Core

ASP.NET Core 是 ASP.NET 的重构版本，运行于.NET Core 和.NET Framework 上，能用于构建如 Web 应用、物联网应用和智能手机应用等连接到互联网的基于云的现代应用程序。它支持在 Windows、Mac 和 Linux 等操作系统上实现跨平台开发和部署，并且可以部署在云上或者本地服务器上。

任务 1-1　安装 Visual Studio 2022

任务描述

安装 Visual Studio 2022，搭建开发 ASP.NET Web 应用程序的集成开发环境。

任务实施

（1）了解安装 Visual Studio 2022 所需要的必备条件，并检查计算机的软件和硬件是否满足 Visual Studio 2022 开发环境的安装要求，具体要求见表 1-1。

表 1-1　　　　　　　　安装 Visual Studio 2022 所需要的必备条件

软件硬件	要求
操作系统	64 位操作系统的 Windows 10/11 的家庭版、专业版、专业教育版、专业工作站版、企业版和教育版； Windows Server Core 2022、Windows Server Core 2019、Windows Server 核心 2016； Windows Server 2022 Standard 和 Datacenter； Windows Server 2019 Standard 和 Datacenter； Windows Server 2016 Standard 和 Datacenter
硬件	ARM64 或 x64 处理器，建议使用四核或更好的处理器； 至少 4 GB RAM，对于典型的专业解决方案，建议使用 16 GB RAM； 硬盘空间需要 850 MB～210 GB 可用空间，典型安装需要 20～50 GB 的可用空间。建议在固态硬盘上安装 Windows 和 Visual Studio（SSD）以提高性能
其他要求	安装 Visual Studio 需要管理员权限，同时安装过程需要下载组件，必须连接到 Internet

> **注意**　本教材以 Visual Studio Community 2022 的安装为例讲解具体的安装步骤，Visual Studio Community 2022（社区版）是完全免费的，其下载地址为：https://visualstudio.microsoft.com/zh-hans/downloads/。

（2）双击已经下载好的 VisualStudioSetup.exe 文件开始安装，进入"安装许可"界面，如图 1-6 所示。

（3）在"安装许可页面"中单击"继续"按钮，进入"正在准备 Visual Studio 安装程序"界面，如图 1-7 所示。

图 1-6　"Visual Studio 安装许可"界面　　　　图 1-7　"正在准备 Visual Studio 安装程序"界面

（4）在"正在准备 Visual Studio 安装程序"界面中，系统自动下载并安装程序，完成后自动转到"安装和选择配置"界面，如图 1-8 所示。

第 1 章 搭建 ASP.NET 开发环境

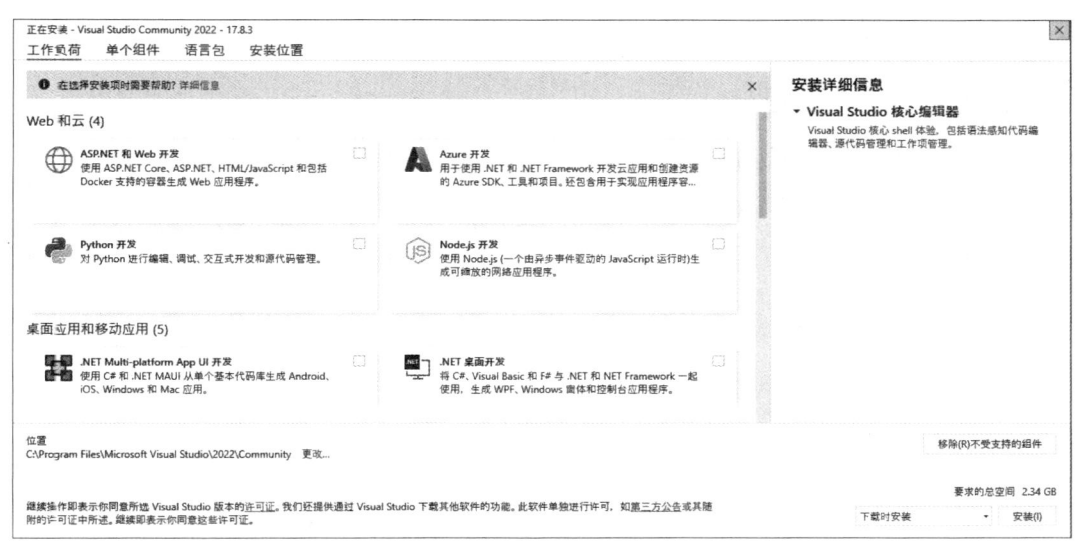

图 1-8 "安装和选择配置"界面

> **注意**
>
> 在如图 1-8 所示的"安装和选择配置"界面中，菜单栏有"工作负荷""单个组件""语言包""安装位置"四项。其中："工作负荷"是指在开发过程中所需要用到的各种工具，开发者可以根据开发需要进行选择，本教材需要安装"ASP.NET 和 Web 开发""通用 Windows 平台开发"；"单个组件"是指可以自定义勾选需要安装的组件；"语言包"用于选择将其他语言添加到 Visual Studio 安装；"安装位置"是指自定义选择组件安装的文件夹位置。

（5）在"安装和选择配置"界面中完成设置后，单击右下角的"安装"按钮，进入"下载和安装进度"界面，如图 1-9 所示。

图 1-9 "下载和安装进度"界面

11

（6）当系统自动下载并完成安装后，进入"安装成功"界面，如图1-10所示。

图1-10 "安装成功"界面

（7）在"安装成功"界面中，单击"启动"按钮，即可启动Visual Studio Community 2012。由于是第一次启动Visual Studio 2022开发环境，会提示使用账号进行登录，如图1-11所示，也可以不进行登录，直接单击"暂时跳过此项"链接，打开"Visual Studio 启动"界面，如图1-12所示。

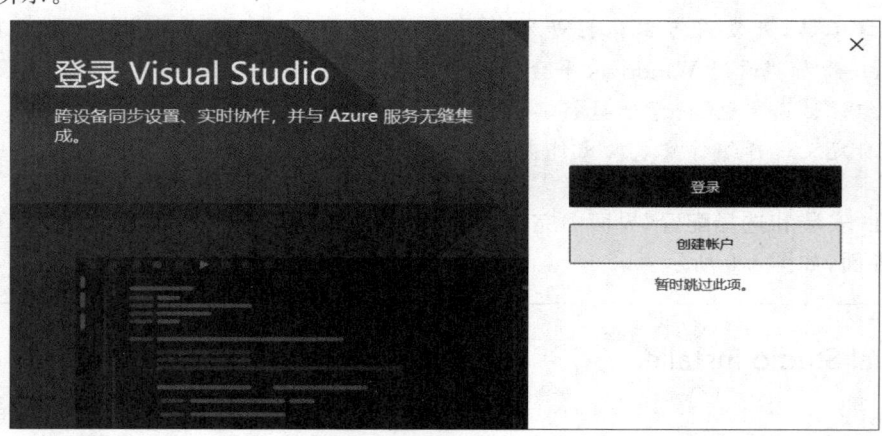

图1-11 "启动Visual Studio"界面

图1-12 "Visual Studio 启动"界面

(8)在"Visual Studio 启动"界面中,用户根据实际情况,选择适合自己的开发环境,这里在"开发设置"选择"Web 开发"选项,选择您的"颜色主题"选择"浅色"。然后单击"启动 Visual Studio"按钮,进入"开始使用"界面,如图 1-13 所示。

(9)在"开始使用"界面,显示当前打开最近使用的内容,以及选择克隆存储库、打开项目或解决方案、打开本地文件夹以及创建新项目四种操作,这里选择"继续但无须代码"链接,进入"Visual Studio 2022"主界面,如图 1-14 所示。

图 1-13 "开始使用"界面

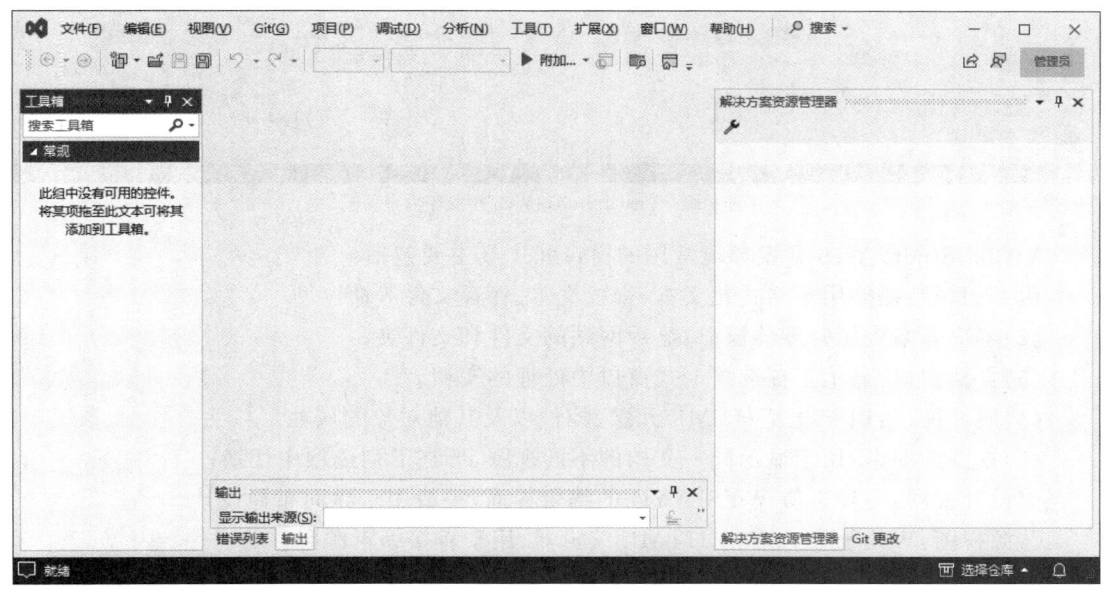

图 1-14 "Visual Studio 2022"主界面

13

1.4 Visual Studio 基础

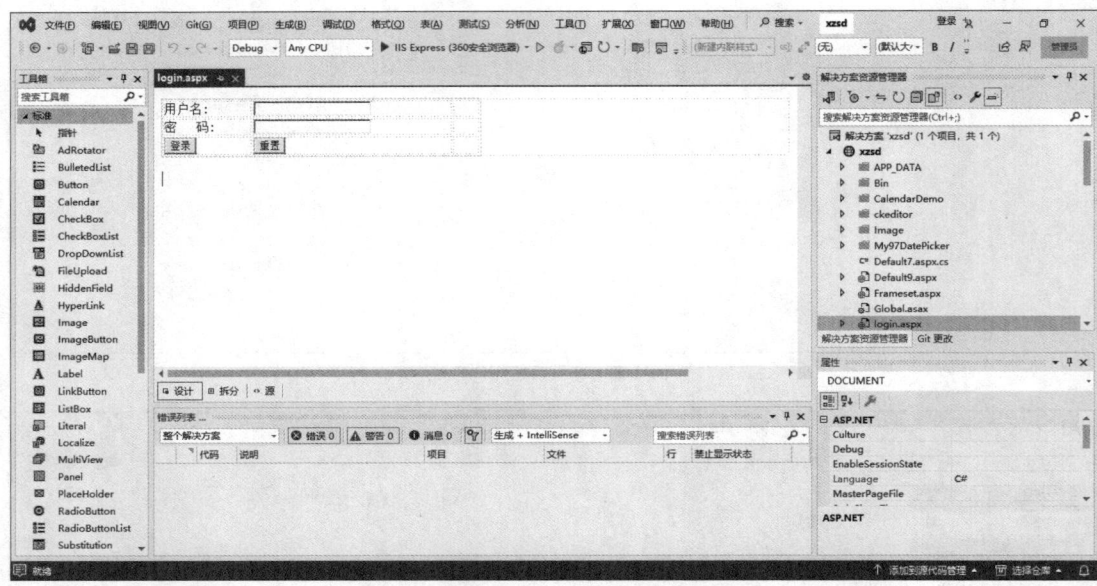

1.4.1 Visual Studio Web 开发环境

Visual Studio 所有产品系列共用一个集成开发环境。Visual Studio 集成开发环境主要包括菜单栏、工具栏以及停靠或自动隐藏在左侧、右侧和编辑器空间中的各种工具窗口所组成。

Visual Studio Web 开发环境内置完备的开发套件、近百种控件、上百段代码片段，可以快速开发 Web 应用程序。它支持所见即所得的拖曳界面，可以创建出美观的网站。Visual Studio Web 开发环境布局如图 1-15 所示。

图 1-15 Visual Studio Web 开发环境布局

Visual Studio Web 开发环境常用的窗口和工具主要包括：
(1)工具栏：提供用于格式化文本、查找文本、保存文件等命令。
(2)解决方案资源管理器窗口：显示网站的文件和文件夹。
(3)文档窗口：显示正在选项卡式窗口中处理的文档。
(4)属性窗口：用于设置 HTML 元素、控件以及其他对象的属性。
(5)视图选项卡：用于显示同一文档的不同视图，可在下列选项中切换。
①设计视图：一种近似 WYSIWYG 的编辑界面，一般用于界面布局设计。
②源视图：Web 页面内容的 HTML 编辑器，用于直接编辑源码。
③拆分视图：可同时显示文档的"设计"视图和"源"视图。
(6)工具箱：包括按功能分组的控件和 HTML 元素，可以拖到 Web 页面上。
(7)服务器资源管理器/数据库资源管理器：用于显示数据库连接。

> **注意**：Visual Studio Web 开发环境的窗口和工具栏均可移动位置或关闭。如果关闭了某窗口，则可通过"视图"菜单的子菜单重新显示。

1.4.2 ASP.NET 网站基本构建流程

ASP.NET 应用程序的结构如图 1-16 所示。这是典型的 B/S 架构：Web 客户端通过 Internet 信息服务与 ASP.NET 应用程序通信，大多数 Web 应用程序使用数据库服务器存储数据。

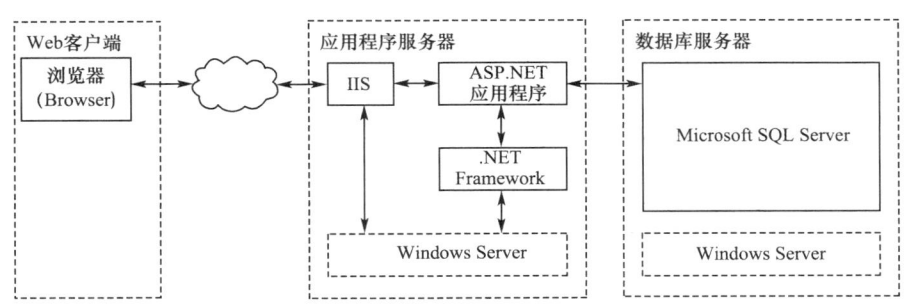

图 1-16 ASP.NET 应用程序的结构

构建一个 ASP.NET 网站的基本流程如图 1-17 所示。

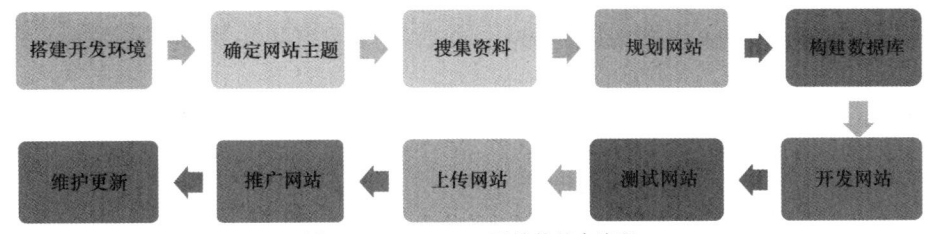

图 1-17 ASP.NET 网站的基本流程

1.5 ASP.NET 文档分析

1.5.1 ASP.NET 文档的内容和结构

在 ASP.NET Web 开发中，一个 Web 应用程序是由若干个 ASP.NET 页面组成的，一个 ASP.NET 页面由 .aspx 源代码文件和 .cs 程序代码文件组成。

1. 分析 Web 页面的源代码

启动 Visual Studio 2022，在主窗口选择"文件→打开→项目/解决方案"，在"打开项目/解决方案"对话框中选择要打开的解决方案 rw1-3，如图 1-18 所示。

图 1-18 "打开项目/解决方案"对话框

打开 Web 页面 Default.aspx 的源代码如下:

```
<%@ Page Language="C#" AutoEventWireup="true" CodeFile="Default.aspx.cs"
    Inherits="_Default" %>
<!DOCTYPE html>
<html xmlns="http://www.w3.org/1999/xhtml">
<head runat="server">
<meta http-equiv="Content-Type" content="text/html; charset=utf-8"/>
    <title>新知书店网</title>
</head>
<body>
    <form id="form1" runat="server">
        <div>
            欢迎您光临新知书店网!
        </div>
    </form>
</body>
</html>
```

上述代码解释如下:

(1) 1~2 行代码为页面指令,即<%@ Page%>,主要为 ASP.NET 页面文件指定解析和编译时使用的属性和值,每个.aspx 页面文件中能包含一条@ Page 指令。其中,@Page 指令的 Language 属性为网页文档指定程序语言类型;AutoEventWireup 属性的默认值为 true,表示将自动调用页面事件;CodeFile 指定了与页面相关联的后置代码文件,本文件的后置代码文件为 Default.aspx.cs;Inherits 属性定义了供页面继续的代码后置的类,它与 BodeFile 属性一起使用。

16

(2)3～4行代码声明文档的类型,说明网页文档使用的 XHTML 版本。

(3)5～15 行的 HTML 源代码初分为两部分：<head>…</head>之间的网页头部区域和<body>…</body>之间的网页主体部分。

(4)<form>…</form>表示网页中包含一个表单对象。

(5)<div>…</div>表示布局区块,div 是一种 XHTML 的布局标签。

(6)第 5 行和第 10 行代码所出现的 runat="server"指明该代码在服务器端执行。

2. 分析 Web 页面的程序代码

Web 页面 Default.aspx 引用的代码隐藏文件的程序逻辑代码如下所示：

```
using System;
using System.Collections.Generic;
using System.Linq;
using System.Web;
using System.Web.UI;
using System.Web.UI.WebControls;
public partial class _Default : System.Web.UI.Page
{
    protected void Page_Load(object sender, EventArgs e)
    {
        Response.Write("您的登录时间为:" + DateTime.Now + "");
    }
}
```

上述代码解释如下：

(1)1～6 行代码表示引入的多个命名空间。

(2)7～13 行代码表示创建的类。

(3)9～12 行代码表示页面对象 Page_Load 事件的程序代码。

(4)11 行表示在页面输出您的登录时间,其中 DateTime.Now 用于获取当前系统的日期和时间。

1.5.2 网页代码模型

ASP.NET 网页由两部分组成：一是可视元素,包括标记、服务器控件和静态文本；二是网页的编程逻辑,包括事件处理程序和其他代码。

ASP.NET 提供了两个用于管理可视元素和代码的模型,即单文件页模型和代码隐藏页模型。

1. 单文件页模型

在单文件页模型中,页的可视化标记及其编程代码位于同一个后缀为.aspx 的文件中。可以通过下面的操作创建一个单文件页模型。

(1)在打开的解决方案的"解决方案资源管理器"窗口右击网站名称,从弹出的快捷菜单中选择"添加→添加新项"命令,打开"添加新项"对话框,如图 1-19 所示。

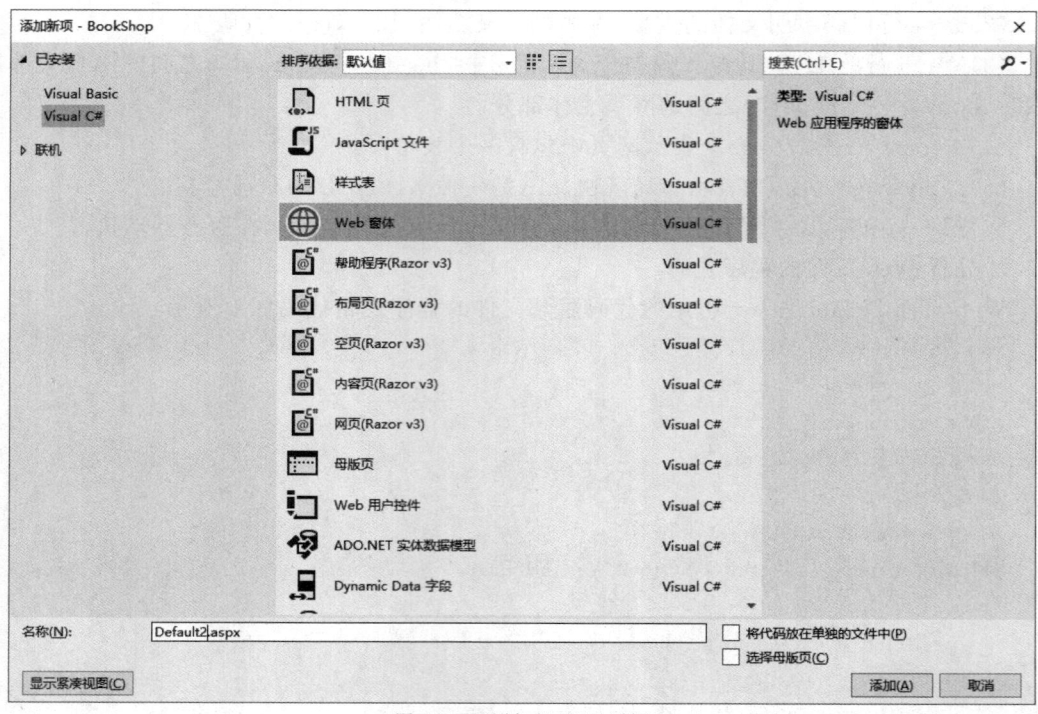

图 1-19 "添加新项"对话框

(2)在"添加新项"对话框中,选择"Web 窗体",输入名称为 Default.aspx,并取消右下角"将代码放在单独的文件中"复选框,单击"添加"按钮,即可创建单文件模型的 ASP.NET 页面,创建后会自动创建相应的 HTML 代码以便页面的初始化,示例代码如下所示。

```
<%@ Page Language="C#" %>
<!DOCTYPE html>
<script runat="server">
</script>
<html xmlns="http://www.w3.org/1999/xhtml">
<head runat="server">
<meta http-equiv="Content-Type" content="text/html; charset=utf-8"/>
    <title></title>
</head>
<body>
    <form id="form1" runat="server">
        <div>
        </div>
    </form>
</body>
</html>
```

以上代码中:

业务逻辑代码位于<script>…</script>标记的模块中,以便于与其他显示代码隔离开。服务器端运行的代码一律在<script>标记中注明 runat="server"属性,表示将其标记为ASP.NET应执行的代码,且<script>块中包含的代码在服务器端运行,而不是客户端。一个<scrip>模块可以包括多个程序段,每个网页也可以包含多个<script>模块。

单文件页模型运行示例如图1-20所示。

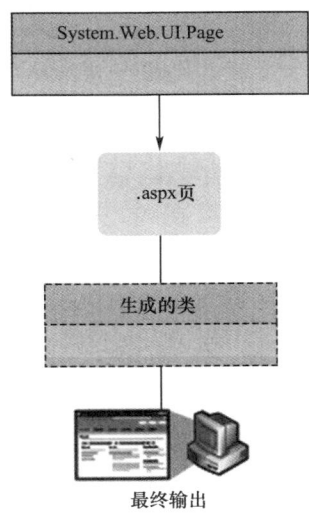

图1-20 单文件页模型

2. 代码隐藏页模型

在创建网页文件时,如果选中"将代码放在单独的文件中"复选框,即可创建代码隐藏模型的ASP.NET文件。

代码隐藏页模型与单文件页模型的不同之处是:代码隐藏页模型将事件处理代码都存放在一个独立的.cs文件中,当ASP.NET网页运行,ASP.NET类生成时,会先处理.cs文件中的代码,再处理.aspx页面中的代码,这种过程被称为代码分离。

代码分离有一种好处,就是在.aspx页面中开发人员可以将页面直接作为样式来设计,即美工人员也可以设计.aspx页面,而.cs文件由程序员来完成事件处理。同时将ASP.NET中的页面样式代码和逻辑处理代码分离,能够让维护变得非常简单。在.aspx页面中,代码隐藏页模型的.aspx页面代码基本上和单文件页模型的代码相同,不同的是在script标记中的单文件页模型的代码默认被放在了同名的.cs文件中。

代码隐藏页模型的优点包括以下几点:

(1)适用于包含大量代码或多个开发人员共同创建网站的Web应用程序。

(2)代码隐藏页可以清楚地分隔标记(用户界面)和代码。这一点很实用,可以在程序员编写代码的同时让设计人员处理标记。

(3)代码并不会向仅使用页标记的页设计人员或其他人员公开。

(4)代码可在多个页中重用。

但是,ASP.NET代码隐藏页模型的运行过程比单文件页模型要复杂,其运行示例如图1-21所示。

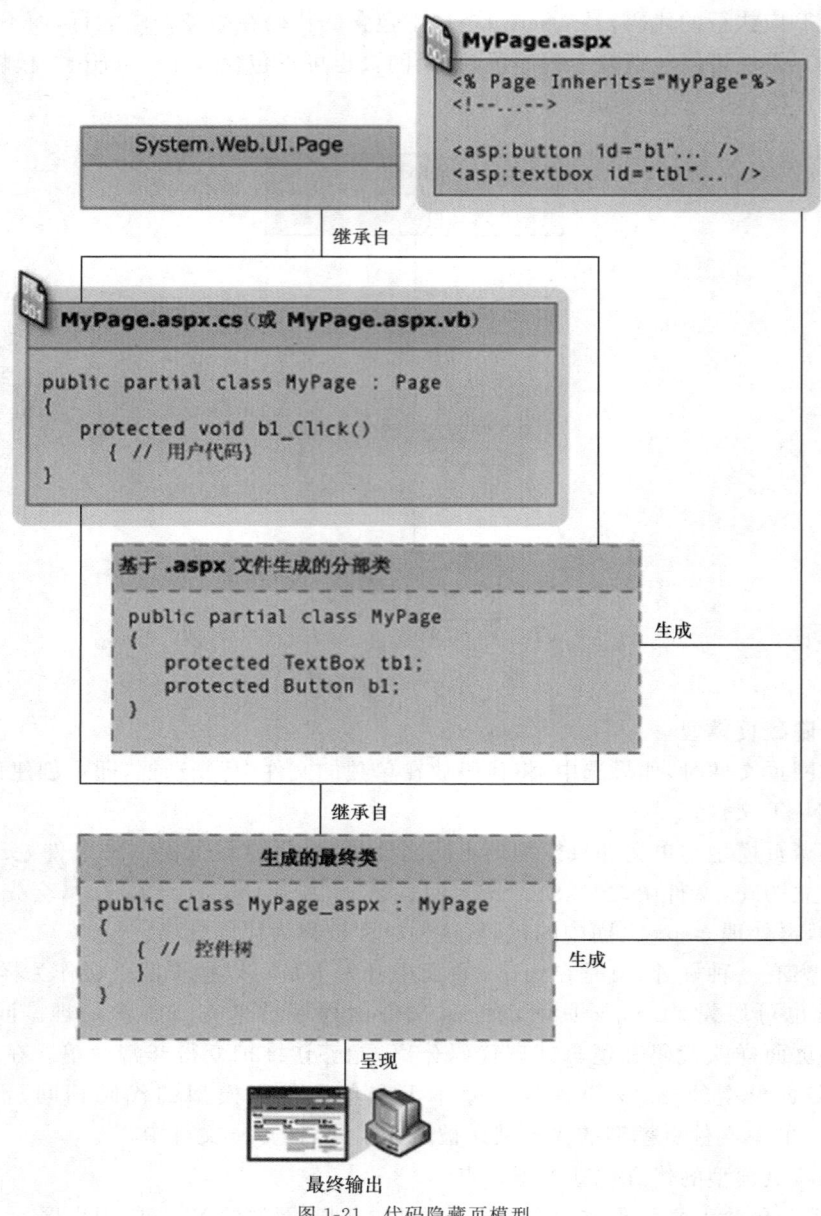

图 1-21　代码隐藏页模型

1.6　ASP.NET 页面处理机制

　　ASP.NET 页面由.aspx 文件和.cs 文件构成,事实上.cs 文件和.aspx 文件中标有 runat＝"server"属性的元素被编译成一个类,两者是局部类(由关键字 partial 声明的类)的关系,在运行过程中,可以将 Web 页面的.cs 文件和.aspx 文件看成一个整体。Web 页面的处理机制如下:

第 1 章 搭建 ASP.NET 开发环境

(1)用户通过客户端浏览器向服务器端请求页面,页面第一次运行。如果开发者通过编程对页面进行初步处理,如对页面进行初始化操作,可以在页面的 Page_load 事件中进行处理。

(2)Web 服务器定位所请求的页面。

(3)如果 Web 页面的扩展名为.aspx,则把此文件交给 aspnet-isapi.dll 处理。如果以前没有执行过这个页面,那么就交由 CLR 编译并执行,得到纯 HTML 结果;如果可以已经执行过这个页面,那么就直接执行编译好的程序并得到纯 HTML 结果。

(4)把 HTML 流返回给客户端浏览器,浏览器解释执行 HTML 代码,呈现 Web 页面的内容。

ASP.NET 页面的处理机制,如图 1-22 所示。

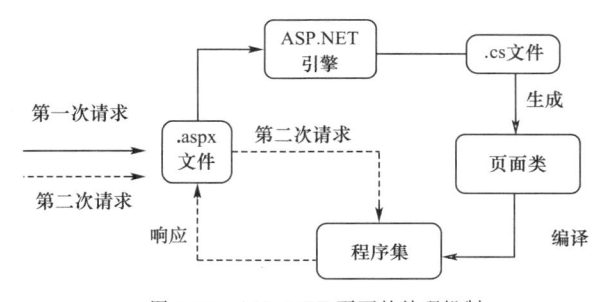

图 1-22 ASP.NET 页面的处理机制

任务 1-2　创建简单的 Web 网站

任务描述

以"新知书店"网站管理系统为例,介绍使用 Visual Studio 2022 创建 ASP.NET 网站的具体过程。

要求在客户端浏览器运行默认生成页 Default.aspx,输出用户登录时间。

任务实施

1. 创建网站

(1)运行 Visual Studio 2022,在菜单栏上依次选择"文件→新建→项目"命令,打开"创建新项目"对话框,在弹出的对话框中选择"ASP.NET Web 应用程序(.NET Framework)"项目模板,如图 1-23 所示。

21

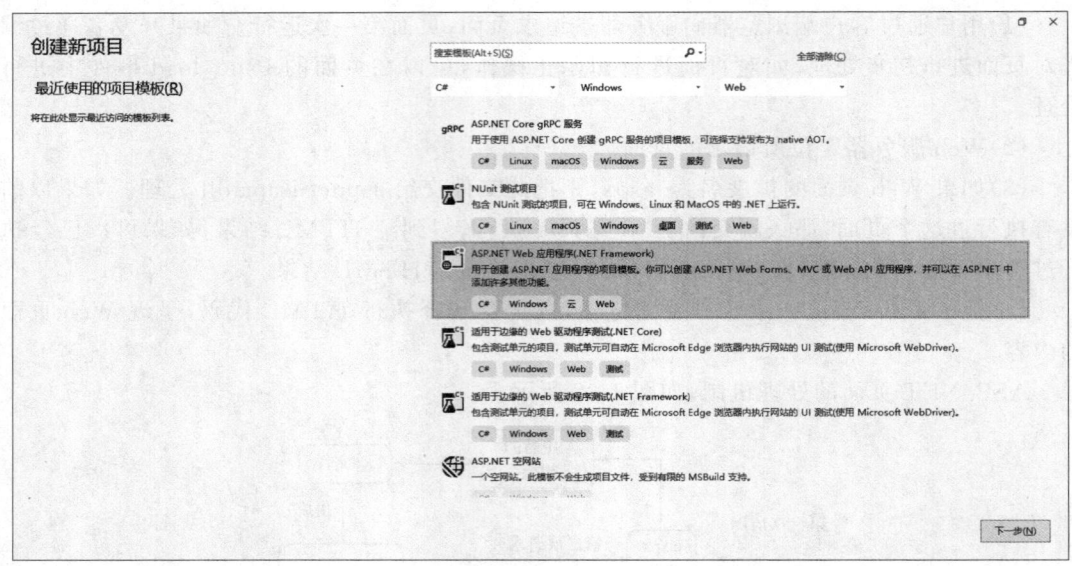

图 1-23 "创建新项目"对话框

（2）在"创建新项目"对话框中，单击右下角的"下一步"按钮，打开"配置新项目"对话框，在项目名称处输入"rw1-2"，位置为"D:\AspNetCode\1\"，如图 1-24 所示。

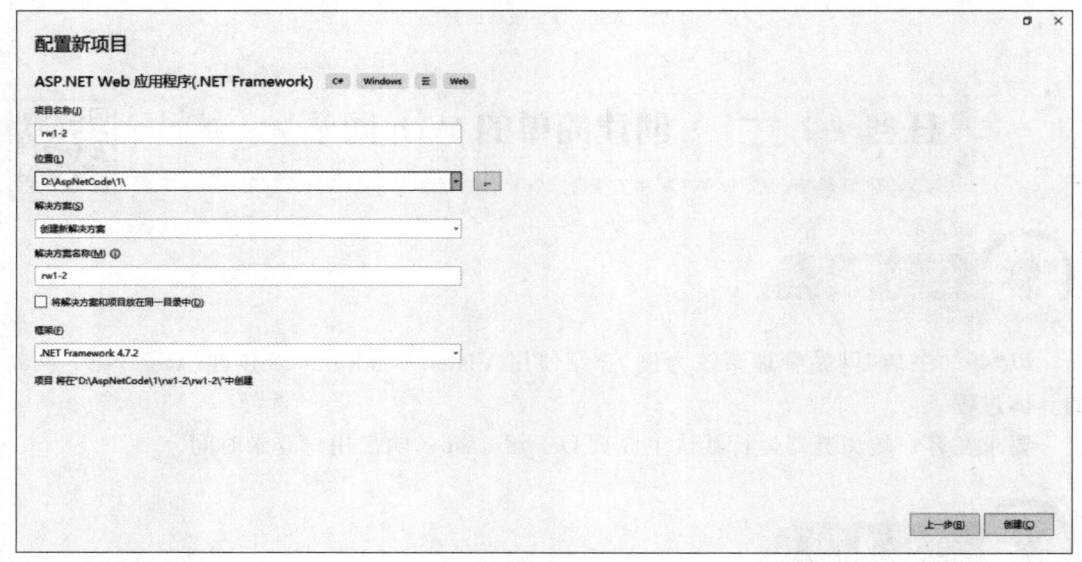

图 1-24 "配置新项目"对话框

（3）在"配置新项目"对话框中，单击右下角的"创建"按钮，弹出"创建新的 ASP.NET Web 应用程序"对话框，在左侧选择"空"项目模板，如图 1-25 所示。

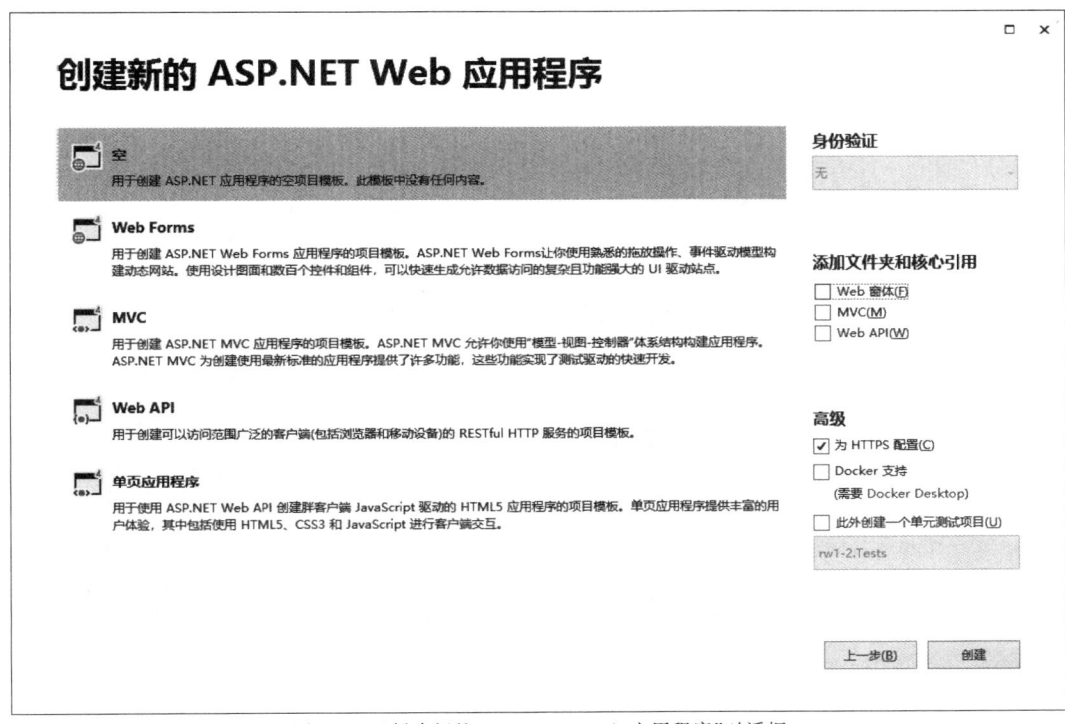

图 1-25 "创建新的 ASP.NET Web 应用程序"对话框

(4)在"创建新的 ASP.NET Web 应用程序"对话框中,单击"创建"按钮完成网站创建,进入开发界面,如图 1-26 所示。

图 1-26 网站开发界面

2. 设计 Web 页面

(1)在"解决方案资源管理器"窗口,右击网站"rw1-2",在弹出的快捷菜单中选择"添加→新建项"命令,弹出"添加新项"对话框,如图 1-27 所示。

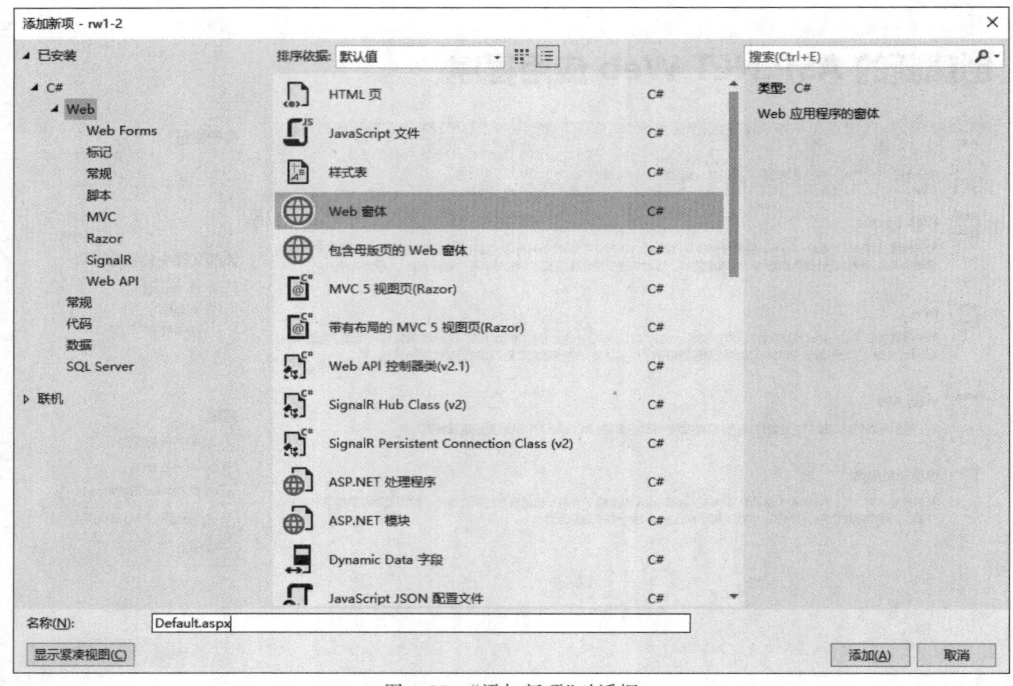

图 1-27 "添加新项"对话框

(2) 在"添加新项"对话框中,选择"Web 窗体",输入名称 Default.aspx,单击"确定"按钮,完成 Default.aspx 页面的添加。

(3) 单击编辑窗口底部的"设计"视图按钮,切换到网页的设计视图,在 body 区域输入文字"欢迎您光临新知书店网!",如图 1-28 所示,然后单击工具栏中的"保存"按钮,保存新建的页面。

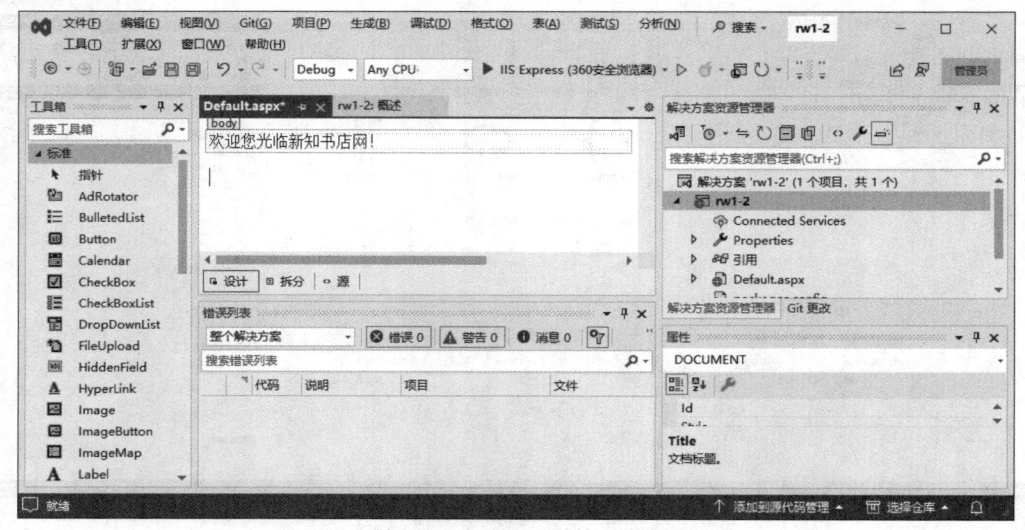

图 1-28 在 body 区域输入文字

(4) 单击编辑窗口底部的"源"按钮,切换到页面的源代码视图,在 <title></title> 之间输入网页标题"新知书店网",如图 1-29 所示。

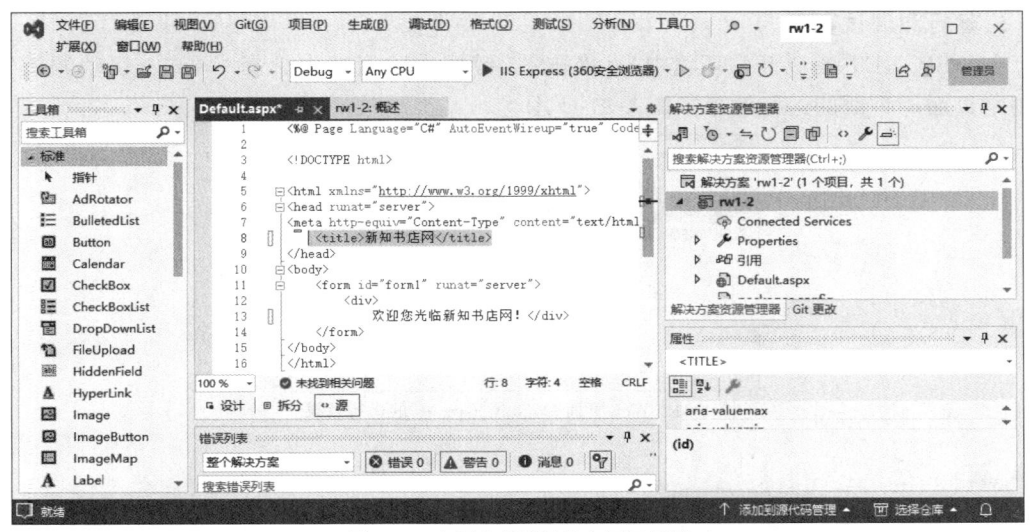

图 1-29　在源代码视图输入网页标题

3. 添加 ASP.NET 文件夹

在"解决方案资源管理器"窗口，右击网站"rw1-2"，在弹出的快捷菜单中选择"添加→添加 ASP.NET 文件夹"命令，依次添加 6 个 ASP.NET 默认文件夹：App_Code 文件夹、App_GlobalResources 文件夹、App_LocalResources 文件夹、App_WebReferences 文件夹、App_Browsers 文件夹、App_Data 文件夹及主题文件夹。每个文件夹都用于存放 ASP.NET 应用程序的不同类型的资源。

4. 编写程序代码

在"解决方案资源管理器"窗口，双击 Default.aspx.cs 代码文件，切换到程序逻辑代码编写页面，在逻辑代码编写页面 Default.aspx.cs 的代码编辑区域中为 Page 对象的 Load 事件编写功能代码，输出用户登录时间，如图 1-30 所示。单击工具栏中的"保存"按钮。

图 1-30　在 Default.aspx.cs 中输入代码

5. 运行和调试页面

在 ASP.NET 集成开发环境中,直接按 F5 键或在主窗口中选择"调试→启动调试"命令浏览页面。页面的运行效果如图 1-31 所示。

图 1-31 Web 页面 Default.aspx.cs 的运行效果

本章小结

本章主要介绍了.NET Framework 架构、Web 基础知识,对静态网页和动态网页的工作原理进行了分析与比较。通过任务讲解了安装与配置 ASP.NET 开发和运行环境,还介绍了 ASP.NET 网站的构建流程、ASP.NET 文档结构与网页代码模型以及 ASP.NET 页面处理机制,最后通过任务创建了第一个简单的 Web 网站。

习题

一、单选题

❶ 下列不是动态网页技术的是(　　)。
A. ASP.NET　　　　B. ASP　　　　　C. JSP　　　　　D. HTML

❷ 不用发布就能在本地计算机上浏览的页面编写语言是(　　)。
A. ASP　　　　　　B. HTML　　　　C. PHP　　　　　D. JSP

❸ 默认的 ASP.NET 页面文件扩展名是(　　)。
A. ASP　　　　　　B. ASPNET　　　C. Net　　　　　D. ASPX

❹ 关于 Web 服务器,下列描述不正确的是(　　)。
A. 互联网上的一台特殊机,给互联网的用户提供 WWW 服务
B. Web 服务器上必须安装 Web 服务器软件
C. IIS 是一种 Web 服务器软件
D. 当用户浏览 Web 服务器上的网页的时候,是使用 C/S 的工作方式

❺ 如果外地朋友通过 Internet 访问你的计算机上的 ASP.NET 文件,应该选择(　　)。
A. http://localhost/chapter1/1-1.aspx
B. /chapter1/1-1.aspx
C. http://你的计算机名字/chapter1/1-1.aspx
D. http://你的计算机 IP 地址/chapter1/1-1.aspx

❻ .NET 框架的核心是（　　）。
A. .NET Framework　　　　　　B. IL
C. FLC　　　　　　　　　　　　D. CLR
❼ ASP.NET 程序代码编译的时候，.NET 框架先将源代码编译为（　　）。
A. 汇编语言　　　B. IL　　　　C. CS 代码　　　D. 机器语言
❽ 以下描述中不属于 ASP.NET 优点的是（　　）。
A. 安全性高　　　　　　　　　B. 增强的性能
C. 易于部署　　　　　　　　　D. 使用 ASP.NET 可以开发 C/S 系统

二、填空题

❶ 计算机中安装_____以后，系统就可以运行任何.NET 语言编写的软件。
❷ .NET Framework 由_____和_____两部分组成。
❸ CLR 是指_____，其功能是负责_____。
❹ .NET Framework 公共语言运行库最重要的功能是为 ASP.NET 提供_____。
❺ ASP.NET 的网页代码模型分为_____和_____。

三、问答题

❶ 简述.NET Framework 框架的组成。
❷ 简述.NET Framework 的功能特点。
❸ 简述静态网页和动态网页的工作原理。
❹ 简述 ASP.NET 有哪些优点。
❺ 简述 ASP.NET 的开发模式分为哪几种。
❻ 简述 Asp.NET 页面的处理机制。
❼ 简述 ASP.NET 的网页代码模型，有何区别。

第 2 章　Web 前端开发基础

学习目标

- 了解超文本标记语言
- 掌握 HTML 文档结构
- 掌握网站布局方法
- 掌握利用 JavaScript 实现网页动态效果的方法

相关知识点

- HTML 文档结构
- 常用 HTML 标签及其属性
- CSS 样式表语法
- JavaScript 制作网页特效

2.1　HTML(超文本标记语言)

　　网页是 WWW 的基本文档,它是用 HTML(HyperText Markup Language,超文本标记语言)编写的。HTML 严格来说并不是一种标准的编程语言,它只是一些能让浏览器看懂的标记。当网页中包含正常文本和 HTML 标签时,浏览器会"翻译"由这些 HTML 标记提供的网页结构、外观和内容的信息,从而将网页按设计者的要求显示出来。需要注意的是,对于不同的浏览器,同一标签可能会有不完全相同的解释,因而可能会有不同的显示效果。

　　超文本(HyperText)技术是一种把信息根据需要连接起来的信息管理技术。用户可以通过一个文本的连接指针打开另一个相关的文本。只要单击页面中的超链接(通常是带下划线的条目或图片），便可跳转到新的页面或另一位置，获得相关的信息。

　　超链接是内嵌在文本或图像中的。在浏览器中，文本超链接通常带有下划线，只有当用户的鼠标指向它时，指针才会变成手指形状。

　　HTML 最早源于 SGML（Standard General Markup Language，标准通用化置标语言），它由 Web 的发明者 Tim Berners-Lee 和其同事 Daniel W. Connolly 于 1990 年创立，并于第二年在 SGML 的基础上将其正式定义为一个标记语言。

　　1993 年 IETF（Internet Engineering Task Force，国际互联网工程任务组）开始制定 HTML 规范，于 1995 年发布了 HTML 2.0 版本。

　　1996 年，W3C（World Wide Web Consortium，万维网联盟）接管了 HTML 的标准化工作，并在 1 年后发布了 HTML 3.2 推荐标准。1999 年，HTML 4.0 发布，并在 2000 年成为 ISO（International Organization for Standardization，国际标准化组织）标准。

　　在快速发布了 HTML 的前 4 个版本之后，对 Web 标准的焦点转移到了 XHTML。XHTML（EXtensible Hyper Text Markup Language，可扩展超文本标记语言）是一种在 HTML4 基础上优化和改进的可扩展超文本标记语言，它的可扩展性和灵活性将适应未来网络应用更多的需求。XHTML 是 HTML 的扩展，是在语法上更加严格，让 HTML 标准变得统一。不过 XHTML 并没有成功，因为主要的网站还是基于 HTML 的，而且大多数的浏览器厂商认为 XHTML 作为一个过渡化的标准并没有太大必要，所以 XHTML 并没有成为主流。

　　然而，各个浏览器在发展过程中也在不断支持各种标准，这使得 HTML4 过于混乱，普遍现象是，HTML4 标准下的同一段代码在各个浏览器上呈现出来的效果不同。同时 HTML4 所提供的样式和标签混淆。另外，HTML 的语法比较松散，对于开发者来说比较方便，对于万维网却是一些糟糕的代码。因此，HTML 迫切需要添加新的功能，制定新规范。于是，在 2004 年，一些浏览器厂商联合成立了 WHATWG（Web Hypertext Application Technology Working Group，Web 超文本应用技术工作组），提出了 Web Applications 1.0（HTML5 的前身）。2007 年，W3C 组建了新的 HTML 工作组，采纳了 WHATWG 的意见，并于 2008 年发布了 HTML5 的工作草案。2014 年 10 月 29 日，W3C 宣布，经过 8 年的艰辛努力，HTML5 标准规范终于制定完成，并公开发布。

2.1.1　HTML 语法结构

1. 标签

　　HTML 文档由标签和被标签的内容组成。标签能产生所需要的各种效果，其功能类似一个排版软件，即将网页的内容排成理想的效果。标签名称大都为相应的英文单词首字母或缩写，例如 P 表示 paragraph（段落）、img 表示 image（图像）等，标签是用一对尖括号"<"和">"括起来的，各种标签的效果差别很大，但总的表示形式却大同小异，大多数都成对出现，即开始标签用"<标签>"表示，结束标签用"</标签>"表示。其格式为：

　　<标签>受标签影响的内容</标签>

　　例如，一级标题标签<h1>表示为：

　　<h1>电子商城</h1>

需要注意以下两点：

①每个标签都要用"<"和">"括起来，如<p>、<table>等，表示这是 HTML 代码而非普通文本。注意，"<"">"与标签名之间不能留有空格或其他字符。

②在标签名前加上符号"/"便是其结束标签，表示该标签内容的结束，如</h1>。也有不用</标签>结尾的，称为单标签，单标签表示无内容的元素。例如，换行标签
。

2. 属性

标签仅仅规定这是什么信息，这些信息可以是文本，也可以是图像等，但要想显示或控制这些信息，就需要在标签后面加上相关的属性。标签通过属性来制作出各种效果，通常以"属性名="值""的形式来表示，用空格隔开后，还可以指定多个属性，并在指定多个属性时不用区分顺序。其格式为：

<标签属性 1="属性值 1" 属性 2="属性值 2"…>受标签影响的内容</标签>

例如，一级标题标签<h1>有属性 align，align 表示文字的对齐方式，用法为：

<h1 align="center">电子商城</h1>

3. 元素

元素是指包含标签在内的整体，元素的内容是开始标签和结束标签之间的内容。没有内容的 HTML 元素称为空元素，空元素是在开始标签中关闭的。

2.1.2 HTML 编写规范

页面的 HTML 代码书写必须符合 HTML 规范，这是用户编写拥有良好结构文档的基础，这些文档可以很好地工作于所有的浏览器，并且可以向后兼容。

1. 标签和属性的规范

①所有标签（包括空元素）必须关闭。如<p>…</p>、
、<img/>等。

②标签和属性都必须用小写字母。

③多数 HTML 标签可以嵌套，但不允许交叉。

④HTML 文件中一行可以写多个标签，但标签中的一个单词不能分两行写。

⑤HTML 源文件中的换行、回车、空格在显示效果上是无效的。

⑥属性值都要用双引号括起来。

⑦并不是所有标签都有属性，如换行标签就没有属性。

2. 元素的嵌套

元素必须正确嵌套，不允许发生交叉的情况。以<table>标签为例，<table>的直接子元素只能是<thead>、<tbody>、<tfoot>和<tr>，而<thead>、<tbody>和<tfoot>的直接子元素只能是<tr>，而<tr>的直接子元素只能是<td>和<th>，然后才可以放其他标签。此外，类似的标签还有<dl>、<ul>、<select>等。

3. 代码的缩进

在编写 HTML 代码时并不要求代码缩进，但为了文档的结构性和层次性，建议使用代码缩进。

2.1.3 HTML 基本结构

HTML5 的语法格式兼容 HTML4 和 XHTML1.0，也就是说可以使用 HTML4 或 XHTML1.0 语法来编写 HTML5 网页。HTML5 文档是一种纯文本格式的文件，文档的基本结构为：

```
<!DOCTYPE html>          <!--声明文档类型:HTML 页面文件-->
<html>          <!--超文本标记语言:所有的标签都需要放在 html 标签内部-->
    <head>          <!--头部:网页的头部-->
        <meta charset="UTF-8"><!--定义字符编码格式,有 gb2312 和 UTF-8 两种-->
        <title>我的第一个页面</title>          <!--标题:网页的标题-->
    </head>
    <body>          <!--主体:网页的主体-->
        <h1>这里是标题</h1><!--<h1>与</h1>之间的文本被显示为一级标题-->
        <p>网页的文字内容</p>   <!--<p>与</p>之间的文本被显示为段落-->
        ……          <!--其他网页内容-->
    </body>
</html>
```

1. 声明文档类型

DOCTYPE 称为 DOCTYPE(Document Type，文档类型)声明，是为了告诉 Web 浏览器正在加载的文档类型，且必须放在 HTML 文档的最开始位置。要建立符合标准的网页，DOCTYPE 声明是必不可少的组成部分。DOCTYPE 声明有不同的版本，主要包括 HTML5、HTML4、XHTML 和 XML 等。HTML5 是当前最广泛使用的版本之一，因此通常推荐使用以下代码来声明文档类型：

```
<!DOCTYPE html>
```

2. HTML 文档标签

HTML 文档标签的格式：

```
<html>HTML 文档的内容</html>
```

HTML 文档标签是 HTML 文档的根元素，它包含了整个文档的内容，并被用来描述网页的结构和语义信息。要创建一个 HTML 文档，必须始终从<html>标签开始，到</html>结束，其他所有 HTML 代码都位于这两个标记之间，这两个标记的作用就是告知浏览器这是一个 Web 文档，该按 HTML 语言规则来解释文档中的标记内容。

3. HTML 文档头标签

HTML 文档头标签的格式：

```
<head>头部的内容</head>
```

HTML 文档包括头部(head)和主体(body)。头标签表示页面的"头部"，这里用于定义网页的"特殊内容"，可以包含一些辅助性标签。如<title>…</title>、<link/>、<meta/>、<style>…</style>、<script>…</script>等，浏览器除了会在标题栏显示<title>元素的内容外，不会向用户显示<head>元素内的其他任何内容。

4. HTML 文档主体标签

HTML 文档主体标签的格式：

<body>网页的内容</body>

　　主体位于头部之后,以<body>为开始标签,</body>为结束标签,且必须在闭标签</HTML>之前闭合。可以包含<p>…</p>、<a>…</a>、<div>…</div>、
等众多标签。它定义网页上显示的主要内容和显示格式,是整个网页的核心,网页中要真正显示的内容都包含在主体中。

2.1.4 常用的标签

1. 网页头部标签

　　网页一般包含大量的文字和图片等信息内容,如同报纸一样,需要一个简短的摘要信息,方便用户浏览和查找。一般情况下,搜索引擎会提取页面标题标签中的内容作为摘要信息的标题,而描述则来自页面描述标签的内容或直接从页面正文中截取。如果希望自己发布的网页能被百度、搜狗等搜索引擎搜索,那么在制作网页时就需要注意编写网页的摘要信息。

　　(1)<title>标签

　　<title>标签是页面标题标签,它将 HTML 文件的标题显示在浏览器的标题栏中。网页的标题给浏览者带来很多方便,首先标题概况了网页的内容;其次当浏览者将该网页收藏或保存时,标题就作为该页面的标志或文件名。另外,使用搜索引擎时显示的也是页面的标题。标题<title>标签的格式为:

　　<title>标题名</title>

　　(2)<meta>标签

　　<meta>标签是元信息标签,在 HTML 中是一个单标签。该标签可重复出现在头部标签中,用来指明本页的作者、制作工具、所包含的关键字,以及其他一些描述网页的信息。

　　<meta>标签分两大属性:HTTP 标题属性(http-equiv)和页面描述属性(name)。不同的属性又有不同的参数值,这些不同的参数值就实现了不同的网页功能。以 name 属性为例,它用来设置搜索关键字和描述。<meta>标签的 name 属性的语法格式为:

　　<meta name="参数" content="参数值">

　　name 属性主要用于描述网页摘要信息,与之对应的属性值为 content,content 中的内容主要用于搜索引擎查找信息和分类信息。

　　name 属性主要有两个参数:keywords 和 description。其中,keywords 用来告诉搜索引擎网页使用的关键字;description 用来告诉搜索引擎网站主要的内容。

　　(3)<link>标签

　　<link> 标签定义文档与外部资源之间的关系,大多数时候都用来连接样式表。此元素只能存在于<head>部分,不过它可出现任何次数。

　　<link>元素是空元素,它仅包含属性。<link>包含的属性主要有:
- href:指明外部资源文件的路径,即告诉浏览器外部资源的位置。
- hreflang:说明外部资源使用的语言。
- media:说明外部资源用于哪种设备。
- rel:必填,表明当前文档和外部资源的关系。
- sizes:指定图标的大小,只对属性 rel="icon"生效。

- type：说明外部资源的 MIME 类型，如 text/css、image/x-icon。

(4)＜script＞标签

＜script＞标签是脚本标签，用于定义客户端脚本，比如 JavaScript。＜script＞元素既可以包含脚本语句，也可以通过 src 属性指向外部脚本文件。而 type 属性规定脚本语言的内容类型，未指定时默认为 text/javascript。

＜script＞可存在于文档中的任何位置，但为了便于维护，通常位于＜head＞内。

2. 常用的标签

(1)段落标签

段落标签＜p＞用于定义一个段落。＜p＞…＜/p＞标签能够使后面的文字换到下一行，标签内的内容与标签外的内容空一行。段落标签的格式为：

＜p align="left | center | right"＞文字＜/p＞

其中，align 属性用来设置段落文字在网页上的对齐方式，取值有 left(左对齐)、center(居中对齐)和 right(右对齐)，默认为 left。

【说明】段落标签会在段落前后加上额外的空行，不同段落间的间距等于连续两个换行标签＜br/＞。

(2)锚点标签

锚点标签＜a＞用于在网页上建立超文本链接。通过单击一个词、句或者图像，可从此处转到另一个链接资源(目标资源)，这个目标资源有唯一的地址(URL)，具有以上特点的词、句或者图像称为"热点"。锚点标签的格式为：

＜a href="URL" target="_blank | _parent | _self | _top"＞热点＜/a＞

其中，href 属性为超文本引用，它的值为一个 URL，是一个目标资源的有效地址。如果要创建一个不链接到其他位置的空链接，可用"♯"代替 URL。target 属性设定链接被单击后打开窗口的方式，取值分别是：

- _blank 代表在新窗口中打开页面的链接地址。
- _parent 代表是在父窗口中打开此网页。
- _self 代表在自身窗口打开页面链接，默认为 self。
- _top 代表的是在整个窗口中打开此网页。

①指向其他页面的链接

创建指向其他页面的链接，就是在当前页面与其他相关页面之间建立超链接。在设置目标文件与当前文件的目录关系时，应该尽量采用相对路径。例如：

＜a href="../子目录名/目标文件名.html"＞热点＜/a＞

【说明】"../"表示退到上一级目录中。

②指向本页的链接

要在当前页面内实现超链接，需要定义两个标签：一个为超链接标签；另一个为书签标签。

超链接标签的格式为：

＜a href="♯记号名"＞热点＜/a＞

即单击"热点"，将跳转到"记号名"开始的文本。

书签就是用＜a＞标签对文本做一个记号。如果有多个链接，就对不同目标文本设置不

同的书签名。书签名在＜a＞标签的 name 属性中定义,格式为:

＜a name="书签名"＞目标文本附近的字符串＜/a＞

③指向下载文件的链接

如果链接到的文件不是 HTML 文件,就将该文件作为下载文件,其格式为:

＜a href="下载文件名"＞热点＜/a＞

④指向电子邮件的链接

例如,E-mail 地址是 jw@163.com,可以建立如下链接:

单击指向电子邮件的链接,将打开默认的电子邮件程序,如 FoxMail、Outlook Express 等,并自动填写邮件地址。指向电子邮件链接的格式为:

＜a href="mailto:E-mail 地址"＞热点＜/a＞

（3）图像标签

图像是美化网页最常用的元素之一。HTML 的一个重要特性就是可以在文本中加入图像,既可以把图像作为文档的内在对象加入,又可以通过超链接的方式加入,同时还可以将图像作为背景加入文档。在 Web 上常用的图像格式有:GIF、JPEG 和 PNG。

在 HTML 中,用＜img/＞标签在网页中添加图片,img 是 image 的缩写,图像标签的作用就是告诉浏览器要显示一张图片,图像标签的格式为:

＜img src="值"/＞

其中,src 是＜img/＞标签必需的属性,用来设置要显示图像的 URL。

＜img/＞常用属性有:

• src:是英文 source 的缩写,指定需要显示的图片的路径。

• alt:是 alternate 的缩写,它的作用就是告诉浏览器,当需要显示的图片找不到时应显示什么内容。

• width 和 height:指定显示图片的宽度和高度。若只设置了其中一个属性,则另一个属性会根据已设置的属性按源图等比例显示。

• title:用于告诉浏览器,当鼠标悬停在图片上时,需要弹出的描述框中显示什么内容。

• border:指定图片边框粗细,用数字表示,默认的单位是像素。默认情况下图片没有边框。

• align:指定图像的对齐方式或环绕方式,取值有 top、middle、bottom、left、right。

（4）列表标签

在制作网页时,列表经常被用于写提纲和品种说明书等。通过使用列表标记能使这些内容在网页中条理清晰、层次分明、格式美观地表现出来。

列表的存在形式主要分为:无序列表、有序列表、定义列表及嵌套列表。

①无序列表

无序列表就是列表中列表项的前导符号没有一定的次序,而是用黑点、圆圈、方框等一些特殊符号标识。无序列表并不是使列表项杂乱无章,而是使列表项的结构更清晰、更合理。

在 HTML 中创建一个无序列表可使用＜ul＞标签和＜li＞标签,其中＜ul＞标签标识一个无序列表的开始,＜li＞标签标识一个无序列表项。格式为:

```
<ul type="符号类型">
    <li type="符号类型 1">第一个列表项</li>
    <li type="符号类型 2">第二个列表项</li>
    ……
</ul>
```

从浏览器上看,无序列表的特点是,列表项目作为一个整体,与上下段文本间各有一行空白,表项向右缩进并左对齐,每行前面有项目符号。

<ul>标签的 type 属性用来定义一个无序列表的前导字符,如果省略了 type 属性,浏览器会默认显示为"disc"前导字符。type 取值可以为 disc(实心圆●)、circle(空心圆○)、square(方框■)。

② 有序列表

通过带序号的列表可以更清楚地表达信息的顺序。使用<ol>标签可以建立有序列表,列表项的标签仍为<li>。格式为:

```
<ol type="符号类型">
    <li type="符号类型 1">表项 1 </li>
    <li type="符号类型 2">表项 2 </li>
    ……
</ol>
```

在浏览器中显示时,有序列表整个表项与上下段文本间各有一行空白,列表项目向右缩进并左对齐,各表项前带序号。

在有序列表中,可以利用<ol>或<li>中的 type 属性设定 5 种序号:"1"表示数字(1、2、3……)、"A"表示大写英文字母(A、B、C……)、"a"表示小写英文字母(a、b、c……)、"Ⅰ"表示大写罗马字母(Ⅰ、Ⅱ、Ⅲ……)和"ⅰ"表示小写罗马字母(ⅰ、ⅱ、ⅲ……)。如果省略了 type 属性,浏览器会默认显示为数字。

③ 定义列表

定义列表又称为释义列表或字典列表,定义列表不是带有前导字符的列项目,而是一列实物以及与其相关的解释。创建定义列表主要用到 3 个 HTML 标签:<dl>标签、<dt>标签和<dd>标签。可以使用<dl>创建自定义列表,使用<dt>和<dd>定义列表中具体的数据项。一般情况下使用<dt>定义列表的二级列表项,也可以认为是<dd>的一个概要信息,使用<dd>来定义最底层的列表项。格式为:

```
<dl>
    <dt>…第一个标题项…</dt>
    <dd>…对第一个标题项的解释文字…</dd>
    <dt>…第二个标题项…</dt>
    <dd>…对第二个标题项的解释文字…</dd>
    ……
</dl>
```

④ 嵌套列表

嵌套列表就是无序列表和有序列表的嵌套混合使用。嵌套列表可以把页面分为多个层次,比如图书的目录,让人觉得有很强的层次感。有序列表和无序列表不仅可以自身嵌套,而且也能互相嵌套。实现方法是将内部的列表包含在外部列表项的标签中。

(5)表格标签

表格是网页中的一个重要容器元素,可以包含文字和图像。表格使网页结构紧凑整齐,使网页内容清晰明了。表格不但能够用来显示数据,还可以用于搭建网页的结构,进行页面的排版。

表格是由行和列组成的二维表,每行又由一个或多个单元格组成,用于放置数据或其他内容。表格中的单元格是行与列交叉的部分,它是表格的基本组成单元。单元格的内容是数据,因此也称为数据单元格,数据单元格可以包含文本、图片、列表、段落、表单、表格等内容。表格的基本结构如图 2-1 所示。

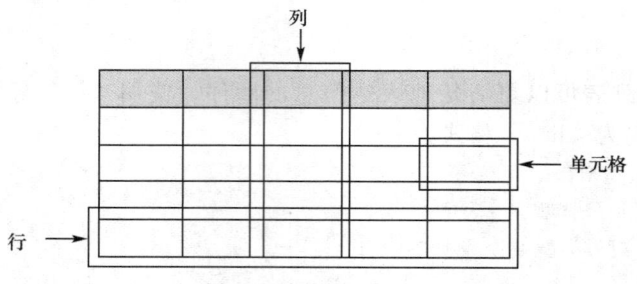

图 2-1　表格的基本结构

在 HTML 语法中,表格主要通过 3 个标签来构成:表格的标签为<table>,行的标签为<tr>,表项的标签为<td>。简单表格的语法格式为:

```
<table border="n" width="x|x%" height="y|y%" cellspacing="i" cellpadding="j" align="left|center|right">
    <caption align="left|right|top|bottom" valign="top|bottom">标题</caption>
    <tr>
        <th>表头 1</th>
        <th>表头 2</th>
        <th>...</th>
    </tr>
    <tr>
        <td>表项 1</td>
        <td>表项 2</td>
        <td>...</td>
        <td>表项 m</td>
    </tr>
    ......
</table>
```

在上面格式中,<caption>标签用来为表格设置标题。一般情况下标题会出现在表格的上方,align 属性用来设置标题相对于表格水平方向的对齐方式;valign 属性用来设置标题相对于表格垂直方向的对齐方式。在 HTML 标准中规定,<caption>标签要放在打开的<table>标签之后,且网页中的表格标题不能多于一个。

表格是一行一行建立的,在每行中逐项填入该行每列的表项数据,也可以把表头看作一行,只不过用的是<th>标签。

在浏览器中显示时，<th>标签的文字按粗体显示，<td>标签的文字按正常字体显示。

表格的整体外观由<table>标签的属性决定。其中：

- border：定义表格边框的粗细，n 为整数，单位为像素。若省略，则不带边框。
- width：定义表格的宽度，x 为像素数或百分数（占浏览器窗口的百分比）。
- height：定义表格的高度，y 为像素数或百分数（占浏览器窗口的百分比）。
- cellspacing：定义表项间隙，i 为像素数。
- cellpadding：定义表项内部空白，j 为像素数。

表格是网页布局中的重要元素，有丰富的属性，因此可以对其设置进而美化。

①设置表格的边框

用户可以使用<table>标签的 border 属性为表格添加边框并设置边框宽度及颜色。表格的边框按照数据单元将表格分割成单元格，边框的宽度以像素为单位，默认情况下表格边框为 0。

②设置表格大小

如果需要表格在网页中占用适当的空间，可以通过 width 属性和 height 属性指定像素值来设置表格的宽度和高度，也可以通过表格宽度占浏览器窗口的百分比来设置表格的大小。

width 属性和 height 属性不但可以设置表格的大小，还可以设置表格单元格的大小，为表格单元格设置 width 属性或 height 属性，将影响整行或整列单元的大小。

③设置表格背景颜色

表格背景默认为白色，根据网页设计要求，设置 bgcolor 属性以设定表格背景颜色，增加视觉效果。

④设置表格背景图像

表格背景图像可以是 GIF、JPEG 和 PNG 三种图像格式。设置 background 属性，可以设定表格背景图像。

同样，可以使用 bgcolor 属性和 background 属性为表格中的单元格添加背景颜色或背景图像。需要注意的是，为表格添加背景颜色或背景图像时，必须使表格中的文本数据颜色与表格的背景颜色或背景图像形成足够的反差，否则将不容易分辨表格中的文本数据。

⑤设置表格单元格间距

使用 cellspacing 属性可以调整表格的单元格与单元格之间的间距，使得表格布局不会显得过于紧凑。

⑥设置表格单元格边距

单元格边距是指单元格中的内容与单元格边框的距离，使用 cellpadding 属性可以调整单元格中的内容与单元格边框的距离。

⑦设置表格在网页中的对齐方式

表格在网页中的位置有：左对齐、居中对齐和右对齐。使用 align 属性设置表格在网页中的对齐方式，在默认的情况下表格的对齐方式为左对齐。格式为：

```
<table align="left|center|right">
```

当表格位于页面的左侧或右侧时，文本填充在另一侧；当表格居中时，表格两侧没有文本；当 align 属性省略时，文本在表格的下面。

⑧表格数据的对齐方式

a. 行数据水平对齐

使用 align 可以设置表格中数据的水平对齐方式,如果在<tr>标签中使用 align 属性,将影响整行数据单元的水平对齐方式。align 属性的值可以是 left、center、right,默认值为 left。

b. 单元格数据水平对齐

如果在某个单元格的<td>标签中使用 align 属性,那么 align 属性将影响该单元格数据的水平对齐方式。

c. 行数据垂直对齐

如果在<tr>标签中使用 valign 属性,那么 valign 属性将影响整行数据单元的垂直对齐方式,这里的 valign 值可以是 top、middle、bottom、baseline。它的默认值是 middle。

⑨不规范表格

colspan 属性和 rowspan 属性用于建立不规范表格,所谓不规范表格就是单元格的个数不等于行乘以列的数值。表格在实际应用中经常使用不规范表格,需要把多个单元格合并为一个单元格,也就是要用到表格的跨行与跨列功能。

a. 跨行

跨行是指单元格在垂直方向上合并,语法如下:

```
<table>
    <tr>
        <td rowspan="所跨的行数">单元格内容</td>
    </tr>
</table>
```

其中,rowspan 指明该单元格应有多少行的跨度,在 th 和 td 标签中使用。

b. 跨列

跨列是指单元格在水平方向上合并,语法如下:

```
<table>
    <tr>
        <td colspan="所跨的行数">单元格内容</td>
    </tr>
</table>
```

其中,colspan 指明该单元格应有多少列的跨度,在 th 和 td 标签中使用。

【说明】表格跨行跨列后,并不改变表格的特点。表格中同行的内容总高度一致,同列的内容总宽度一致,各单元格的宽度或高度互相影响,结构相对稳定,不足之处是不能灵活地进行布局控制。

⑩表格数据的分组标签

表格数据的分组标签包括<thead>、<tbody>和<tfoot>,主要用于对报表数据进行逻辑分组。其中,<thead>标签定义表格的头部;<tbody>标签定义表格主体,即报表详细的数据描述;<tfoot>标签定义表格的脚部,即对各分组数据进行汇总的部分。

如果使用<thead>、<tbody>和<tfoot>元素,就必须全部使用。它们出现的次序:<thead>、<tbody>、<tfoot>,必须在<table>内部使用这些标签,<thead>内部必须拥有<tr>标签。

(6)表单标签

表单可以把来自用户的信息提交给服务器,是网站管理员与浏览者之间沟通的桥梁。利用表单处理程序可以收集、分析用户的反馈意见,做出科学的、合理的决策,如图 2-2 所示的会员登录表单。

表单是允许浏览者进行输入的区域,可以使用表单从用户处收集信息。一个完整的交互表单由两部分组成:一是客户端包含的表单页面,用于填写浏览者进行交互的信息;二是服务端的应用程序,用于处理浏览者提交的信息。

浏览者在表单中输入信息,然后将这些信息提交给服务器,服务器中的应用程序会对这些信息进行处理和响应,这样就完成了浏览者和服务器之间的交互。表单的工作机制如图 2-3 所示。

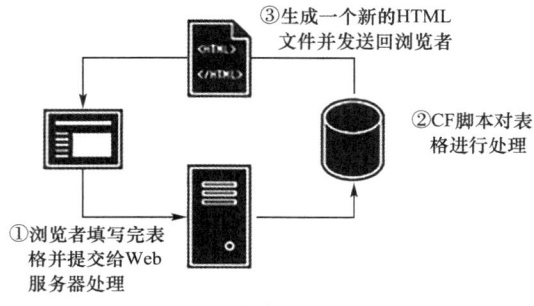

图 2-2　会员登录表单　　　　图 2-3　表单的工作机制

用户可以使用<form>标签在网页中创建表单。表单使用的<form>标签是成对出现的,在开始标签<form>和结束标签</form>之间的部分就是一个表单,所有表单对象都要放在<form>标签中才会生效。表单的基本语法及格式:

```
<form name="表单名" action="URL" method="get|post">
    ...
</form>
```

<form>标签主要完成表单结果的处理和传送,常用属性的含义如下:

- name 属性:用于定义表单的名称,该名称可以使用脚本语言引用或控制该表单。
- action 属性:该属性用于定义将表单数据发送到哪个地方,其值采用 URL 的方式,即处理表单数据的页面或脚本。
- method 属性:用于指定表单处理数据的方法,其值可以为 get 或 post,默认方式是 get。

表单是一个容器,可以存放各种表单元素,如按钮、文本域等。表单元素允许用户在表单中使用表单域输入信息。表单中通常包含一个或多个表单元素,常见的表单元素见表 2-1。

表 2-1　　　　　　　　　　　常见的表单元素

表单元素	功能
input	规定用户可输入数据的输入字段,如文本域、密码域、复选框、单选按钮、按钮等
keygen	规定用于表单的密钥对生成器字段
object	定义一个嵌入的对象

(续表)

表单元素	功能
output	定义不同类型的输出，比如脚本的输出
select	定义下拉列表/菜单
textarea	定义一个多行的文本输入区域
label	为其他表单元素定义说明文字

其中，<input>元素是个单标签，它必须嵌套在表单标签中使用，用于定义一个用户的输入项。根据不同的 type 值，<input>元素有很多种形式。

<input>元素的基本语法及格式：

<input type="表项类型" name="表项名" value="默认值" size="x" maxlength="y"/>

<input>元素常用属性的含义如下：

- type 属性：指定 input 元素的类型，主要有 9 种类型：text、submit、reset、password、checkbox、radio、image、hidden 和 file。
- name 属性：属性的值是相应程序中的变量名。
- size 属性：设置单行文本域可显示的最大字符数，这个值总是小于或等于 maxlength 属性的值，当输入的字符数超过文本域的长度时，用户可以通过移动光标来查看超出的内容。
- maxlength 属性：设置单行文本域可以输入的最大字符数。
- checked 属性：input 元素首次加载时被选中（适用于 type="checkbox"或 type="radio"）。
- readonly 属性：设置输入字段为只读。
- autofocus 属性：设置输入字段在页面加载时是否获得焦点（不适用于 type="hidden"）。
- disabled 属性：input 元素加载时禁用此元素（不适用于 type="hidden"）。

① 文字对象

在网页的交互过程中，文字是一个重要内容。如何把文字内容从客户端传送到服务端，表单的文字对象就是传送文字的入口。文字对象有单行文本域、密码域和多行文本域。

a. 单行文本域

单行文本域适用于输入少量文字，例如页面验证的用户名及文章标题等。当<input>元素的 type 属性设置为 text 时，表示该输入项的输入信息是字符串。此时，浏览器会在相应的位置显示一个单行文本域供用户输入信息。单行文本域的格式为：

<input type="text" name="userName" size="i" value="显示文本"/>

其中，type="text"表示<input>元素的类型为单行文本域；name="userName"表示文本域的名字为"userName"；size="i"表示文本域的宽度为 i 个字符；value="显示文本"表示文本域中初始显示的内容为"显示文本"。

b. 密码域

在网页提交的内容中包含密码，验证用户身份就要用到密码域，这是因为提交的密码不能以明文显示。密码域 password 与单行文本域 text 使用起来非常相似，所不同的只是当用户在输入内容时，用"*"来代替显示每个输入的字符，以保证密码的安全性。密码域的格式为：

```
<input type="password" name="密码域名" size="i"/>
```

其中，type="password"表示<input>元素的类型为密码域；name="密码域名"表示密码域的名字为"密码域名"；size="i"表示密码域的宽度为i个字符。

c. 多行文本域

多行文本域是在表单中应用比较广泛的文本输入区域。多行文本域主要用于得到用户的评论和一些反馈信息，用户可以在里面书写文字且字数没有限制。使用<textarea>标签可以定义高度超过一行的文本输入框，<textarea>标签是成对标签，开始标签<textarea>和结束标签</textarea>之间的内容就是显示在文本输入框中的初始信息。多行文本域的格式为：

```
<textarea name="文本域名" rows="行数" cols="列数">
    初始文本内容
</textarea>
```

<textarea>标签各个属性的含义如下：

- name：指定多行文本域的名字。
- rows：设置多行文本域的行数，此属性的值是数字，浏览器会自动为高度超过一行的文本输入框添加垂直滚动条。但是，当输入文本的行数小于或等于rows属性的值时，滚动条将不起作用。
- cols：设置多行文本域的列数。

②隐藏域

在网页的制作过程中，有时需要提交预先设置好的内容，但这些内容又不宜显示给用户，因此隐藏域是一个不错的选择。例如，用户登录后的用户名，用于区别不同用户的用户ID等。这些信息对于用户可能没有实际用处，但对网站服务器有用，一般将这些信息"隐藏"起来，不在页面中显示。

将<input>元素的type属性设置为hidden类型，即可创建一个隐藏域，格式为：

```
<input type="hidden" name="隐藏域名" value="提交值"/>
```

③选择标签

在网页中除了需要提交输入的文字外，还有许多内容需要作为选项，从而为用户提供多种选择，使用起来更方便。在选择的时候可以是单选，也可以是多选，单选时使用单选按钮，多选时使用复选框。

a. 单选按钮

单选按钮用于在众多选项中只能选取一个。例如，填写个人信息的性别，只能是"男"或"女"，不可能同时是男又是女，此时需要用到单选按钮。

将<input>元素的type属性设置为"radio"，表示该输入项是一个单选按钮。单选按钮的格式为：

```
<input type="radio" name="单选钮名" value="提交值" checked="checked" />
```

其中，value属性可设置单选按钮的提交值；checked属性表示是否为默认选中项；name属性是单选按钮的名称，同一组单选按钮的名称是一样的。

b. 复选框

复选按钮允许用户从选择列表中选择一个或多个选项的输入字段类型。例如，用户提交的个人兴趣爱好，可以同时选择音乐、旅游和体育等，此时可以使用复选框。

将＜input＞元素的type属性设置为"checkbox"，表示该输入项是一个复选按钮。复选框的格式为：

＜input type="checkbox" name="复选框名" value="提交值" checked="checked" /＞

其中，value属性可设置复选框的提交值；checked属性表示是否为默认选中项；name属性是复选框的名称，同一组复选框的名称是一样的。

④下拉框

如果一个列表选项过长，可以考虑使用下拉框。下拉框可以使用户选择其中的一个选项，在选择列表中仅有一个是可选项，单击右侧下拉按钮便可进行选项的选择。下拉框通过＜select＞标签、＜option＞标签来定义。

a. ＜select＞标签

＜select＞标签可创建单选或多选列表，当提交表单时，浏览器会提交选定的项目。＜select＞标签的格式为：

＜select size="x" name="控制操作名" multiple="multiple"＞
　　＜option …＞ … ＜/option＞
　　＜option …＞ … ＜/option＞
　　……
＜/select＞

＜select＞标签各个属性的含义如下：

- size：可选项，用于改变下拉框的大小。size属性的值是数字，表示显示在列表中选项的数目，当size属性的值小于列表框中的列表项数目时，浏览器会为该下拉框添加滚动条，用户可以使用滚动条来查看所有的选项。size默认值为1。
- name：设定下拉列表名字。
- multiple：如果加上该属性，表示允许用户从列表中选择多项。

b. ＜option＞标签

＜option＞标签用来定义列表中的选项，设置列表中显示的文字和列表条目的值，列表中每个选项有一个显示的文本和一个value值。

＜option＞标签的格式为：

＜option value="可选择的内容" selected="selected"＞ … ＜/option＞

＜option＞标签必须嵌套在＜select＞标签中使用。一个列表中有多少个选项，就有多少个＜option＞标签与之相对应。＜option＞标签各个属性的含义如下：

- selected：用来指定选项的初始状态，表示该选项在初始时被选中。
- value：用于设置当该选项被选中并提交后，浏览器传送给服务器的数据。

【说明】下拉框有两种形式：字段式列表和下拉式菜单。二者的主要区别在于，前者在＜select＞中的size属性取值大于1，此值表示在下拉框中不拖动滚动条可以显示的选项的数目。

⑤表单按钮

表单按钮用于控制网页中的表单。表单按钮有 4 种类型,即提交按钮、重置按钮、普通按钮和图片按钮。提交按钮用于提交已经填写好的表单内容;重置按钮用于重新填写表单的内容,它们是表单按钮的两个最基本的功能。除此之外,还可以使用普通按钮完成其他任务,例如,通过单击按钮产生一个事件,调用脚本程序等。

a. 提交按钮

使用提交按钮(submit)可以将填写在文本域中的内容发送到服务器。提交按钮的 name 属性是可以默认的。除 name 属性外,它还有一个可选的属性 value,用于指定显示在提交按钮上的文字,value 属性的默认值是"提交"。提交按钮的格式为:

<input type="submit" value="按钮名"/>

b. 重置按钮

使用重置按钮(reset)可以将表单输入框的内容返回初始值。重置按钮的 name 属性也是可以默认的,value 属性与提交按钮类似,用于指定显示在重置按钮上的文字,value 属性的默认值为"重置"。重置按钮的格式为:

<input type="reset" value="按钮名"/>

c. 普通按钮

如果浏览者想制作一个用于触发事件的普通按钮,可以将<input>元素的 type 属性设置为普通(button)按钮。普通按钮的格式为:

<input type="button" value="按钮名"/>

d. 图片按钮

如果浏览者想制作一个美观的图片按钮,可以将<input>元素的 type 属性设置为图片(image)按钮。图片按钮的格式为:

<input type="image" src="图片来源"/>

【说明】使用这种方法实现的图片按钮比较特殊,虽然 type 属性没有设置为"submit",但仍然具有提交功能。

⑥文件域

在网站中需要把文件传送到服务端,从而供用户使用,如相册和演示文件等。此时就需要使用文件域,把客户端的文件上传。用户可以通过表单实现文件的上传,上传的文件将被保存在 Web 服务器上。

将<input>元素的 type 属性设置为 file 类型即可创建一个文件域。文件域会在页面中创建一个不能输入内容的地址文本域和一个"浏览"按钮。文件域格式:

<input type="file" name="文件域名"/>

网页的表单请求一般以 post 和 get 方式来实现,get 方式一般以域名加参数的形式来发送。例如,浏览器的地址栏输入网址后会以 get 的方式来发送请求给服务器,然后服务器响应再将网页数据发送回来;而 post 发送的数据不能成为网页地址的一部分,且有着和 get 不同的格式规则。post 方式一般分为 MultiPartForm 数据流格式以及字符串数据流格式。例如,人人网的邮件留言方式是以 MultiPartForm 数据流的方式提交的,而人人网的普通留

言方式是以字符串数据流格式发送，MultiPartForm 数据流和字符串数据流的区别只是数据如何构造或者多个数据如何连接的区别。

因此，从表单数据传送的安全性来看，文件域所在的表单请求方式必须设置为 post 方式。

【说明】需要注意的是，当设计包含文件域的表单时，由于提交的表单数据包括普通的表单数据和文件数据等多部分内容，所以必须设置表单的"enctype"编码属性为"multipart/form-data"，表示将表单数据以 MultiPartForm 数据流格式提交。

(7) 块分区标签

div 的英文全称为 division，意为"区分"。<div>标签是用来定义 Web 页面内容中逻辑区域的标签，用户可以通过手动插入<div>标签并对它们应用 CSS 定位样式来创建页面布局。<div>标签是一个块级元素，用来为 HTML 文档中大块内容提供结构和背景，它可以把文档分割成独立的、不同的部分。

<div>标签是一个容器标签，其中的内容可以是任何 HTML 元素。如果有多个<div>标签把文档分成多个部分，就可以使用 id 或 class 属性来区分不同的<div>。由于<div>标签没有明显的外观效果，所以需要为其添加 CSS 样式属性，才能看到区块的外观效果。<div>标签的格式：

<div align="left|center|right">HTML 元素</div>

其中，属性 align 用来设置文本块、文字段或标题在网页上的对齐方式，取值为 left、center 和 right，默认为 left。

(8) 范围标签

<div>标签主要用来定义网页上的区域，通常用于较大范围的设置，而<span>标签则用来组合文档中的行级元素。

① <span>基本语法

<span>标签用来定义文档中一行的一部分，是行级元素。行级元素没有固定的宽度，根据<span>元素的内容决定。<span>元素的内容主要是文本，其语法格式：

<span>内容</span>

② <span>与<div>的区别

在网页上使用<span>与<div>，都可以产生区域范围，以定义不同的文字段落，且区域间彼此是独立的。不过，两者在使用上还是有一些差异。

a. 区域内是否换行

<div>标签区域内的对象与区域外的上下文会自动换行，而<span>标签区域内的对象与区域外的对象不会自动换行。

b. 标签相互包含

<div>与<span>标签区域可以同时在网页上使用，一般在使用上建议用<div>标签包含<span>标签；但<span>标签最好不包含<div>标签，否则会造成<span>标签的区域不完整，形成断行的现象。

2.2 CSS 层叠样式表

CSS 是目前最好的网页表现语言之一,所谓表现就是赋予结构化文档内容显示的样式,包括版式、颜色和大小等,它扩展了 HTML 的功能,使网页设计者能够以更有效的方式设置网页格式。现在几乎所有的网页都使用了 CSS,CSS 已经成为网页设计必不可少的工具之一。

CSS 功能强大,CSS 的样式设定功能比 HTML 多,几乎可以定义所有的网页元素。CSS 的表现与 HTML 的结构相分离,CSS 通过对页面结构的风格进行控制,进而控制整个页面的风格。也就是说,页面中显示的内容放在结构里,而修饰、美化放在表现里,做到结构(内容)与表现分开,这样当页面使用不同的表现时,呈现的样式也是不一样的,就像人穿了不同的衣服,表现就是结构的外衣,W3C 推荐使用 CSS 来完成表现。

CSS(Cascading Style Sheets,层叠样式表单)简称为样式表,是用于(增强)控制网页样式并允许将样式信息与网页内容分离的一种标记性语言。样式就是格式,在网页中,像文字的大小、颜色及图片位置等,都是设置显示内容的样式。层叠是指当在 HTML 文档中引用多定义样式的样式文件(CSS 文件)时,若多个样式文件间所定义的样式发生冲突,将依据层次顺序处理。如果不考虑样式的优先级,一般会遵循"最近优选原则"。

众所周知,用 HTML 编写网页并不难,但对于一个由几百个网页组成的网站来说,统一采用相同的格式就困难了。CSS 能将样式的定义与 HTML 文件内容分离,只要建立定义样式的 CSS 文件,并且让所有的 HTML 文件都调用这个 CSS 文件所定义的样式即可。如果要改变 HTML 文件中任意部分的显示风格,只要把 CSS 文件打开,更改样式就可以了。

CSS 的编辑方法同 HTML 一样,可以用任何文本编辑器或网页编辑软件,也可以用专门的 CSS 编辑软件。

2.2.1 CSS 语法基础

1. CSS 编写规则

利用 CSS 样式设计虽然很强大,但如果设计人员管理不当将导致样式混乱、维护困难。

(1)目录结构命名规则

存放 CSS 样式文件的目录一般命名为 style 或 css。

(2)样式文件的命名规则

在项目前期,会把不同类别的样式放于不同的 CSS 文件中,是为了 CSS 编写和调试方便;在项目后期,为了网站性能上的考虑,会整合不同的 CSS 文件到一个 CSS 文件,这个文件一般命名为 style.css 或 css.css。

(3)选择符的命名规则

所有选择符必须由小写英文字母或"_"下划线组成,必须以字母开头,不能为纯数字。设计者要用有意义的单词或缩写组合来命名选择符,做到"见其名,知其意",这样就节省了查找样式的时间。样式名必须能够表示样式的大概含义(禁止出现如 Div1、Div2、Style1 等名称)。

2. CSS 样式规则

CSS 样式规则由选择符（selector）和声明（declaration）组成，而声明又由属性（attribute）和属性的取值（value）组成。选择符决定哪些因素要受到影响，声明由一个或多个属性值对组成。其语法为：

```
selector{属性:属性值[[;属性:属性值]…]}
```

【说明】

- selector：表示希望进行格式化的元素。
- 声明：声明包含在一对大括号"{ }"内，用于告诉浏览器如何渲染页面中与选择符相匹配的对象。声明内部由属性及其属性值组成，并用冒号隔开，以分号结束，声明的形式可以是一个或多个属性的组合。
- 属性(property)：定义的具体样式(如颜色、字体等)。
- 属性值(value)：属性值放在属性名和冒号后面，具体内容跟随属性的类别而呈现不同形式，一般包括数值、单位及关键字。

选择符决定了格式化将应用于哪些元素。CSS 选择符包括基本选择符、复合选择符、通配选择符和特殊选择符。最简单的选择符可以对给定类型的所有元素进行格式化，复杂的选择符可以根据元素的 class 或 id、上下文、状态等来应用格式化规则。下面讲解基本选择符。

(1) 类型选择符

类型选择符是指以文档对象作为选择符，即选择某个 HTML 标签为对象，设置其样式规则。类型选择符就是网页元素本身，定义时直接使用元素名称。其格式为：

```
E
{
/* CSS 代码 */
}
```

(2) class 类选择符

class 类选择符用来定义 HTML 页面中需要特殊表现的样式，也称自定义选择符，使用元素的 class 属性值为一组元素指定样式，类选择符必须在元素的 class 属性值前加"."。class 类选择符的名称可以由用户自定义，属性和属性值与 HTML 标签选择符一样，必须符合 CSS 规范。其格式为：

```
<style type="text/css">
<!--
.类名称1{属性:属性值;属性:属性值…}
.类名称2{属性:属性值;属性:属性值…}
……
.类名称n{属性:属性值;属性:属性值…}
-->
</style>
```

(3) id 选择符

id 选择符用来对某个单一元素定义单独的样式。id 选择符只能在 HTML 页面中使用一次，针对性更强。定义 id 选择符时要在 id 名称前加一个"#"号。其格式为：

```
<style type="text/css">
<!--
    #id 名 1{属性:属性值;属性:属性值…}
    #id 名 2{属性:属性值;属性:属性值…}
    ……
    #id 名 n{属性:属性值;属性:属性值…}
-->
</style>
```

其中,"#id 名"是定义的 id 选择符名称。该选择符名称在一个文档中是唯一的,只对页面中的唯一元素进行样式定义。这个样式定义在页面中只能出现一次,其适用范围为整个 HTML 文档中所有由 id 选择符所引用的设置。

(4) 复合选择符

复合选择符包括"交集"选择符、"并集"选择符和"后代"选择符。

"交集"选择符由两个选择符直接连接构成,其结果是选中两者各自元素范围的交集。其中,第一个选择符必须是标签选择符,第二个选择符必须是 class 类选择符或 id 选择符。这两个选择符之间不能有空格,必须连续书写。

与"交集"选择符相对应的还有一种"并集"选择符,或者称为"集体声明",它的结果是同时选中各个基本选择符所选择的范围。任何形式的基本选择符都可以作为"并集"选择符的一部分。

在 CSS 选择符中,还可以通过嵌套的方式,对选择符或 HTML 标签进行声明。当标签发生嵌套时,内层的标签就成为外层标签的后代。"后代"选择符在样式中会常常用到,因布局中常常用到容器的外层和内层,所以如果用到"后代"选择符就可以对某个容器层的子层进行控制,使其他同名的对象不受该规则影响。

(5) 通配选择符

通配选择符是一种特殊的选择符,其作用是定义页面所有元素的样式。在编写代码时,用"*"表示通配选择符。其格式为:

```
*{CSS 代码}
```

(6) 伪类选择符

伪类选择符可看作是一种特殊的类选择符,是能被支持 CSS 的浏览器自动识别的特殊选择符。其最大的用处是,可以对链接在不同状态下的内容定义不同的样式效果。伪类之所以名字中有"伪"字,是因为它所指定的对象在文档中并不存在,它指定的是一个或与其相关的选择符的状态。伪类选择符和类选择符不同,不能像类选择符一样随意用别的名字。

伪类可以让用户在使用页面的过程中增加更多的交互效果,例如,应用最为广泛的锚点标签<a>的几种状态(未访问链接状态、已访问链接状态、鼠标指针悬停到链接上的状态及被激活的链接状态),具体代码如下所示:

```
a:link {color:#FF0000;}        /* 未访问链接状态 */
a:visited {color:#00FF00;}     /* 已访问链接状态 */
a:hover {color:#FF00FF;}       /* 鼠标指针悬停到链接上的状态 */
a:active {color:#0000FF;}      /* 被激活的链接状态 */
```

需要注意的是，active 样式要写到 hover 样式后面，否则是不生效的。因为当浏览者按鼠标未松手(active)时其实也是获取焦点(hover)的时候，所以如果把 hover 样式写到 active 样式后面就把样式重写了。

(7) 伪元素

与伪类的方式类似，伪元素通过对插入文档中的虚构元素进行触发，从而达到某种效果。CSS 的主要目的在于为 HTML 元素添加样式，然而，在一些案例中给文档添加额外的元素是多余的或是不可能的。CSS 有一个特性——允许用户添加额外元素而不扰乱文档本身，这就是"伪元素"。伪元素语法的形式为：

选择符:伪元素{属性:属性值;}

伪元素的具体内容及作用见表 2-2。

表 2-2　　　　　　　　　　伪元素的具体内容及作用

伪元素	作用
:first-letter	将特殊的样式添加到文本的首字母
:first-line	将特殊的样式添加到文本的首行
:before	在某元素之前插入某些内容
:after	在某元素之后插入某些内容

【说明】微软浏览器在伪类和伪元素的支持方面十分有限，比如:before 和:after 就不被微软浏览器所支持。相比之下，Firefox、Chrome 和 Opera 浏览器对伪类和伪元素的支持较好。

2.2.2　CSS 属性单位

样式表是由属性和属性值组成的，有些属性值会用到单位。在 CSS 中，属性值的单位与在 HTML 中的有所不同。

1. 长度、百分比单位

当使用 CSS 进行排版时，常常会在属性值后面加上长度或者百分比的单位。

(1) 长度单位

长度单位有相对长度单位和绝对长度单位两种类型。

相对长度单位是指以该属性前一个属性的单位值为基础来完成目前的设置。

绝对长度单位不会随着显示设备的不同而改变。换句话说，如果属性值使用绝对长度单位，则无论在哪种设备上，显示效果都是一样的，如屏幕上的 1cm 与打印机上的 1cm 是一样长的。

由于相对长度单位确定的是一个相对于另一个长度属性的长度，因而它能更好地适应不同的媒体，所以它是首选。一个长度的值由可选的正号"＋"或负号"－"，接着一个数字，后跟标明单位的两个字母组成。

长度单位见表 2-3。当使用 pt 作为单位时，设置显示字体大小不同，显示效果也会不同。

表 2-3　　　　　　　　　　　　　　　　长度单位

长度单位	简介	示例	长度单位类型
em	相对于当前对象内大写字母 M 的宽度	div｛font-size:1.2em｝	相对长度单位
ex	相对于当前对象内小写字母 x 的高度	div｛font-size:1.2ex｝	相对长度单位
px	像素(pixel)，像素是相对于显示器屏幕分辨率而言的	div｛font-size:12px｝	相对长度单位
pt	点(point)，1pt＝1/72in	div｛font-size:12pt｝	绝对长度单位
pc	派卡(pica)，相当于汉字新四号铅字的尺寸，1pc＝12pt	div｛font-size:0.75pc｝	绝对长度单位
in	英寸(inch)，1in＝2.54cm＝25.4mm＝72pt＝6pc	div｛font-size:0.13in｝	绝对长度单位
cm	厘米(centimeter)	div｛font-size:0.33cm｝	绝对长度单位
mm	毫米(millimeter)	div｛font-size:3.3mm｝	绝对长度单位

当设置属性时，大多数仅能使用正数，只有少数属性可使用正、负数。若属性值设置为负数，且超过浏览器所能接受的范围，浏览器将会选择比较靠近且能支持的数值。

(2)百分比单位

百分比单位是一种常用的相对类型。百分比值总是相对于另一个值来说的，该值可以是长度单位或其他单位。每个可以使用百分比值单位指定的属性，同时也自定义了这个百分比值的参照值。在大多数情况下，这个参照值是该元素本身的字体尺寸，并非所有属性都支持百分比单位。

一个百分比值由可选的正号"＋"或负号"－"，接着一个数字，后跟百分号"％"组成。如果百分比值是正的，则正号可以不写。正负号、数字与百分号之间不能有空格。例如：

```
p｛line-height:150％｝    /* 本段文字的高度为标准行高的 1.5 倍 */
hr｛width:80％｝          /* 线段长度是相对于浏览器窗口宽度的 80％ */
```

注意　不论使用哪种单位，在设置时，数值与单位之间都不能加空格。

2. 色彩单位

在 HTML 网页或者 CSS 样式的色彩定义中，设置色彩的方式是 RGB 方式。在 RGB 方式中，所有色彩均由红色(Red)、绿色(Green)、蓝色(Blue)三种色彩混合而成。

在 HTML 中只提供了两种设置色彩的方法：十六进制数和色彩英文名称。CSS 则提供了三种定义色彩的方法：十六进制数、色彩英文名称、rgb 函数。

(1)用十六进制数方式表示色彩值

在计算机中，定义每种色彩的强度范围为 0～255。当所有色彩的强度都为 0 时，将产生黑色；当所有色彩的强度都为 255 时，将产生白色。

在 HTML 中，当使用 RGB 概念指定色彩时，前面是一个"♯"号，再加上 6 个十六进制数字，表示方法为：♯RRGGBB。其中，前两个数字代表红光强度(Red)，中间两个数字代表绿光强度(Green)，后两个数字代表蓝光强度(Blue)。以上三个参数的取值范围为：00～ff。参数必须是两位数，对于只有 1 位的参数，应在前面补 0。这种方法可表示 256×256×256 种色彩，即 16M 种色彩。而红色、绿色、蓝色、黑色、白色的十六进制设置值分别为：♯ff0000、♯00ff00、♯0000ff、♯000000、♯ffffff。例如：

```
div｛color:♯ff0000｝
```

如果每个参数各自在两位上的数字都相同,也可缩写为♯RGB的方式。例如,♯cc9900可以缩写为♯c90。

(2)用色彩名称方式表示色彩值

在CSS中也提供了与HTML一样的用色彩英文名称表示色彩的方式。CSS只提供了几种色彩名称,见表2-4。例如:

div｛color:red｝

表 2-4　　　　　　　　　　色彩代码表

色彩	色彩英文名称	十六进制代码
黑色	black	♯000000
蓝色	blue	♯0000ff
棕色	brown	♯a52a2a
青色	cyan	♯00ffff
灰色	gray	♯808080
绿色	green	♯008000
乳白色	ivory	♯fffff0
橘黄色	orange	♯ffa500
粉红色	pink	♯ffc0cb
红色	red	♯ff0000
白色	white	♯ffffff
黄色	yellow	♯ffff00
深红色	crimson	♯cd061f
黄绿色	greenyellow	♯0b6eff
水蓝色	dodgerblue	♯0b6eff
淡紫色	lavender	♯dbdbf8

(3)用rgb函数方式表示色彩值

在CSS中,可以用rgb函数表示色彩值,语法格式为:rgb(R,G,B)。其中,R为红色值,G为绿色值,B为蓝色值。这三个参数可取正整数值或百分比值,正整数值的取值范围为0~255,百分比值的取值范围为色彩强度的百分比0.0%~100.0%。例如:

div｛color:rgb(128,50,220)｝
div｛color:rgb(15.0%,100.0%,50.0%)｝

2.2.3　插入 CSS 的方法

CSS控制网页内容显示格式的方式是通过许多定义的样式属性(如字号、段落控制等)实现的,并将多个样式属性定义为一组可供调用的选择符(selector)。其实,选择符就是某个样式的名称,称为选择符的原因是,当HTML文档中某元素要使用该样式时,必须利用该名称来选择样式。

要想在浏览器中显示出样式表的效果,就要让浏览器识别并调用。当浏览器读取样式表时,要依照文本格式来读。这里介绍4种在页面中插入样式表的方法:定义内部样式表、定义行内样式表、链入外部样式表和导入外部样式表。

1. 定义内部样式表

内部样式表是指把样式表放到页面的<head>…</head>区内，这些定义的样式就应用到页面中了，样式表是用<style>标签插入的。定义的样式表可以在整个 HTML 文档中调用。可以在 HTML 文档的<html>和<body>标签之间插入一个<style>…</style>标签对，在其中定义样式。内部样式表的格式为：

```
<style type="text/css">
<!--
    选择符1{属性:属性值;属性:属性值…}        /*注释内容*/
    选择符2{属性:属性值;属性:属性值…}
    ……
    选择符n{属性:属性值;属性:属性值…}
-->
</style>
```

<style>…</style>标签对用来说明所要定义的样式。type 属性指定 style 使用 CSS 的语法来定义。当然，也可以指定使用像 JavaScript 之类的语法来定义。属性和属性值之间用冒号"："隔开，定义之间用分号"；"隔开。

<!-- …… -->的作用是避免旧版本浏览器不支持CSS,将<style>…</style>的内容以注释的形式表示，这样不支持 CSS 的浏览器会自动略过此段内容。

选择符可以使用 HTML 标签的名称，所有 HTML 标签都可以作为 CSS 选择符使用。

/* …… */为 CSS 的注释符号，主要用于注释 CSS 的设置值。注释内容不会被显示或引用在网页上。

2. 定义行内样式表

行内样式表也称内嵌样式表，是指在 HTML 标签中插入 style 属性，再定义要显示的样式表，而 style 属性的内容就是 CSS 的属性和值。用这种方法，可以很简单地对某个标签单独定义样式表。这种样式表只对所定义的标签起作用，并不对整个页面起作用。行内样式表的格式为：

```
<标签 style="属性:属性值;属性:属性值…">
```

【说明】行内样式表虽然是最简单的 CSS 使用方法，但由于需要为每个标记设置 style 属性，后期维护成本依然很高，而且网页文件容易过大，因此不推荐使用。

3. 链入外部样式表

链入外部样式表就是当浏览器读取到 HTML 文档的样式表链接标签时，将向所链接的外部样式表文件索取样式。先将样式表保存为一个样式表文件(*.css),然后在网页中用<link>标签链接这个样式表文件。

(1) 用<link>标签链接样式表文件

<link>标签必须放在页面的<head>…</head>标签对内。其格式为：

```
<head>
    ...
    <link rel="stylesheet" href="外部样式表文件名.css" type="text/css">
    ...
</head>
```

其中，<link>标签表示浏览器从"外部样式表文件名.css"中以文档格式读出定义的样式表；rel="stylesheet"属性定义在网页中使用外部的样式表；type="text/css"属性定义文件类型的样式表文件；href="外部样式表文件名.css"属性定义.css文件的URL。

（2）样式表文件的格式

样式表文件可以用任何文本编辑器（如记事本）打开并编辑，一般样式表文件的扩展名为.css。样式表文件的内容是定义的样式表，不包含HTML标签。样式表文件的格式为：

```
选择符1{属性:属性值;属性:属性值…}        /*注释内容*/
选择符2{属性:属性值;属性:属性值…}
……
选择符n{属性:属性值;属性:属性值…}
```

一个外部样式表文件可以应用于多个页面。当改变这个样式表文件时，所有页面的样式都会随之改变。当设计者制作大量相同样式页面的网站时，是非常有用的，不仅减少了重复的工作量，而且有利于以后的修改。浏览时也减少了重复下载的代码，加快了显示网页的速度。

4. 导入外部样式表

导入外部样式表是指在内部样式表的<style>标签里导入一个外部样式表，当浏览器读取HTML文件时，复制一份样式表到该HTML文件中。其格式为：

```
<style type="text/css">
<!--
    @import url("外部样式表的文件名1.css");
    @import url("外部样式表的文件名2.css");
    其他样式表的声明
-->
</style>
```

导入外部样式表的使用方式与链入外部样式表相似，都是将样式定义保存为单独文件。两者的本质区别是：导入方式在浏览器下载HTML文件时，将样式文件的全部内容复制到@import关键字位置，以替换该关键字；而链入方式仅在HTML文件需要引用CSS样式文件中的某个样式时，浏览器才链接样式文件，读取需要的内容并不进行替换。

> **注意**　@import语句后的";"号不能省略。所有的@import声明必须放在样式表的开始部分，在其他样式表声明的前面，其他CSS规则放在其后的<style>标签对中。如果在内部样式表中指定了规则（如.bg{color:black;background:orange}），其优先级将高于导入的外部样式表中相同的规则。

以上4种定义与使用CSS样式表的方法中，最常用的是先将样式表保存为一个样式表文件，然后使用链入外部样式表的方法在网页中引用CSS。

2.3 JavaScript 脚本语言

JavaScript 具有非常丰富的特性，是一种动态、弱类型、基于原型的语言，内置支持类。JavaScript 可与 HTML、CSS 一起实现在一个 Web 页面中链接多个对象及与 Web 客户交互的作用，从而开发出客户端的应用程序。JavaScript 通过嵌入或调入 HTML 文档实现其功能，它弥补了 HTML 语言的不足，是 Java 与 HTML 折中的选择。JavaScript 的开发环境很简单，不需要 Java 编译器，而是直接运行在浏览器中，因此备受网页设计者的喜爱。

2.3.1 在网页中调用 JavaScript

在网页中调用 JavaScript 有 3 种方法：直接加入 HTML 文档、链接脚本文件和在 HTML 标签内添加脚本。

1. 直接加入 HTML 文档

JavaScript 的脚本程序包括在 HTML 中，使之成为 HTML 文档的一部分。其格式为：

```
<script type="text/javascript">
    JavaScript 语言代码；
    JavaScript 语言代码；
    …
</script>
```

【说明】<script>：脚本标记。它必须以<script type="text/javascript">开头，以</script>结束，界定程序开始的位置和结束的位置。

script 在页面中的位置决定了什么时候装载脚本，如果希望在其他所有内容之前装载脚本，就要确保脚本在页面的<head>…</head>之间。

JavaScript 脚本本身不能独立存在，它是依附于某个 HTML 页面在浏览器端运行的。在编写 JavaScript 脚本时，可以像编辑 HTML 文档一样，在文本编辑器中输入脚本的代码。

需要注意的是，HTML 中不能省略</script>标签，这种标签不符合规范，所以得不到某些浏览器的正确解析。另外，最好将<script>标签放在<body>标签之前，这样能使浏览器更快地加载页面。

2. 链接脚本文件

如果已经存在一个脚本文件（以 js 为扩展名），则可以使用 script 标记的 src 属性引用外部脚本文件的 URL。采用引用脚本文件的方式，可以提高程序代码的利用率。其格式为：

```
<head>
    …
    <script type="text/javascript" src="脚本文件名.js"></script>
    …
</head>
```

其中，type="text/javascript"属性定义文件的类型是 javascript；src="脚本文件名.js"属性定义.js 文件的 URL。

若使用 src 属性，则浏览器只使用外部文件中的脚本，并忽略任何位于＜script＞…＜/script＞之间的脚本。脚本文件可以用任何文本编辑器（如记事本）打开并编辑，一般脚本文件的扩展名为 js，内容是脚本，不包含 HTML 标记。其格式为：

```
JavaScript 语言代码；         //注释
JavaScript 语言代码；
```

3. 在 HTML 标签内添加脚本

可以在 HTML 表单的输入标签内添加脚本，以响应输入的事件。

2.3.2 JavaScript 制作网页特效

1. 循环滚动的图文字幕

在网站的首页经常可以看到循环滚动的图文展示信息，来引起浏览者的注意，这种技术是通过滚动字幕技术实现的。

在网页中，制作滚动字幕使用＜marquee＞标签，其格式为：

```
＜marquee direction="left|right|up|down" behavior="scroll|side|alternate"
loop="i|-1|infinite" hspace="m" vspace="n" scrollamount="i" scrolldelay="j"
bgcolor="色彩" width="x|x%" height="y">流动文字或（和）图片</marquee>
```

字幕属性的含义如下：
- direction：设置字幕内容的滚动方向。
- behavior：设置滚动字幕内容的运动方式。
- loop：设置字幕内容滚动次数，默认值为无限。"-1"和"infinite"为无限循环滚动。
- hspace：设置字幕水平方向空白像素数。
- vspace：设置字幕垂直方向空白像素数。
- scrollamount：设置字幕滚动的数量，单位是像素。
- scrolldelay：设置字幕滚动的延迟时间，单位是毫秒。
- bgcolor：设置字幕的背景颜色。
- width：设置字幕的宽度，单位是像素。
- height：设置字幕的高度，单位是像素。

2. 幻灯片切换的广告

在网站的首页中经常能够看到幻灯片播放的广告，既美化了页面的外观，又可以节省版面的空间。

幻灯片切换广告的特效需要使用特定的 Flash 幻灯片播放器，【案例 2-1】中使用的幻灯片播放器为 playswf.swf，将其复制到根文件夹中。

【案例 2-1】 制作幻灯片切换的家用电器产品广告，每隔一段时间，广告将自动切换到下一幅画面；若单击广告下方的数字，则将直接切换到相应的画面；若单击链接文字，则可以打开相应的网页。浏览器显示效果如图 2-4 所示。

图 2-4 幻灯片广告效果

页面代码如下：

```
<!DOCTYPE html PUBLIC "-//W3C//DTD XHTML 1.0 Transitional//EN"
        "http://www.w3.org/TR/xhtml1/DTD/xhtml1-transitional.dtd">
<html xmlns="http://www.w3.org/1999/xhtml">
<head>
<meta http-equiv="Content-Type" content="text/html; charset=utf-8" />
<title>幻灯片切换的广告</title>
</head>
<body>
<div style="width:420px;height:400px;border:1px solid #000">
<script type=text/javascript>
<!--
    imgurl1="images/dfb.png";
    imgtext1="电饭煲";
    imglink1=escape("#");
    imgurl2="images/jsq.png";
    imgtext2="加湿器";
    imglink2=escape("#");
    imgurl3="images/xyj.png";
    imgtext3="洗衣机";
    imglink3=escape("#");
    imgurl4="images/xyyj.png";
    imgtext4="吸油烟机";
    imglink4=escape("#");
    var focus_width=420/*图片的宽度*/
    var focus_height=400/*图片的高度*/
    var text_height=20/*文字的高度*/
    var swf_height=focus_height+text_height/*播放器的高度=图片的高度+文字的高度*/
    var pics = imgurl1+"|"+imgurl2+"|"+imgurl3+"|"+imgurl4
```

```
            var links = imglink1+"|"+imglink2+"|"+imglink3+"|"+imglink4
            var texts = imgtext1+"|"+imgtext2+"|"+imgtext3+"|"+imgtext4
            document.write('<object ID="focus_flash" classid="clsid:d27cdb6e-ae6d-11cf-96b8-44553540000" codebase="http://fpdownload.macromedia.com/pub/shockwave/cabs/flash/swflash.cab#version=6,0,0,0" width="'+focus_width+'" height="'+swf_height+'">');
            document.write('<param name="allowScriptAccess" value="sameDomain"><param name="movie" value="playswf.swf"><param name="quality" value="high"><param name="bgcolor" value="#fff">');
            document.write('<param name="menu" value="false"><param name="wmode" value="opaque">');
            document.write('<param name="FlashVars" value="pics='+pics+'&links='+links+'&texts='+texts+'&borderwidth='+focus_width+'&borderheight='+focus_height+'&textheight='+text_height+'">');
            document.write('<embed ID="focus_flash" src="playswf.swf" wmode="opaque" FlashVars="pics='+pics+'&links='+links+'&texts='+texts+'&borderwidth='+focus_width+'&borderheight='+focus_height+'&textheight='+text_height+'" menu="false" bgcolor="#c5c5c5" quality="high" width="'+focus_width+'" height="'+swf_height+'" allowScriptAccess="sameDomain" type="application/x-shockwave-flash" pluginspage="http://www.macromedia.com/go/getflashplayer" />');
            document.write('</object>');
        -->
        </script>
    </div>
</body>
</html>
```

任务二　实现"电子商城"网站首页

任务描述

实现"电子商城"网站首页，要求利用 HTML、CSS 和 JavaScript 制作网站首页，实现内容和样式的分离。

任务实施

1. 前期准备

创建站点根目录，并创建一般通用的目录结构，其中 images 目录存放网站的所有图片；css 目录存放 CSS 样式文件，实现内容和样式的分离；js 目录存放 JavaScript 脚本文件。

网站首页包括网站的 Logo、导航菜单、广告、品牌、新品发布和体验中心等信息,效果如图 2-5 所示,布局示意图如图 2-6 所示。

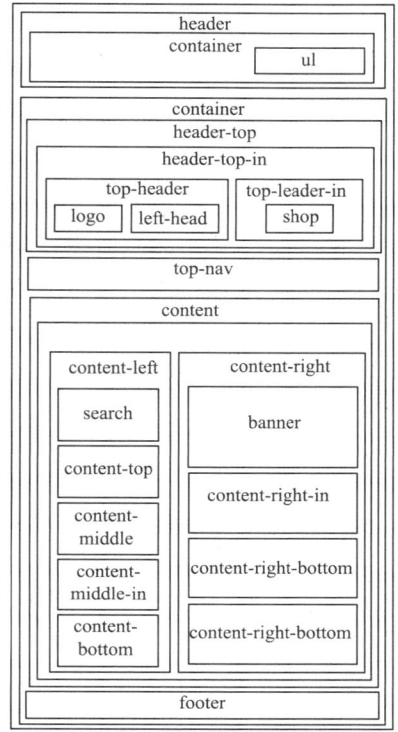

图 2-5　电子商城首页

图 2-6　电子商城布局

2. 页面的制作

(1)页面整体的制作

页面全局规划包括页面 body、表格、图像、超链接和列表等元素的 CSS 定义,CSS 样式文件为 style.css。

(2)页面顶部的制作

页面顶部的内容放置在名为 header 的 DIV 容器中,主要用来显示网站的登录、注册和联系链接。

(3)网站标志和购物车信息的制作

网站标志和购物车信息的内容放置在 header-top 的 DIV 容器中。

(4)主导航菜单的制作

主导航菜单的内容放置在名为 top-nav 的 DIV 容器中。

(5)主体左侧区域的制作

主体左侧区域的内容放置在名为 content-left 的 DIV 容器中,主要用来显示查询表单、特殊礼品等信息。

(6)主体右侧区域的制作

主体右侧区域的内容放置在名为 content-right 的 DIV 容器中,用来显示广告图片、系列产品等信息。

(7) 页面底部区域的制作

页面底部区域的内容放置在名为 footer 的 DIV 容器中，用来显示版权信息。

本章小结

本章以 HTML 技术为基础，由浅入深，系统、全面地介绍 HTML5、CSS3 和 JavaScript 三种 Web 前端开发关键技术的基本知识及常用技巧。

本章涵盖的内容包括 HTML 网页基础、页面元素、文字与排版、网页图像、超链接、表格与表单、CSS 基础、CSS 样式、CSS 选择器、JavaScript 技术等，帮助读者掌握基于 HTML5+CSS+JavaScript 技术开发 Web 前端应用的方法。

习题

一、单选题

❶ HTML 页面由结构、表现和行为 3 个方面内容组成，(　　)是用来实现表现的。
A. HTML　　　　　B. CSS　　　　　C. JavaScript　　　　　D. P

❷ (　　)标签是脚本标签，用于为 HTML 文档定义客户端脚本信息。
A. link　　　　　B. title　　　　　C. script　　　　　D. head

❸ 下面是样式定义片段：
.red{color:red}
请问下列正确使用该样式的代码是(　　)。
A. <p id="red">…</p>　　　　　B. <p>…</p>
C. <p class="red">…</p>　　　　　D. <p red="red">…</p>

❹ 在 CSS 中，通常会在属性值后面加上长度单位，下列是绝对长度单位的是(　　)。
A. pt　　　　　B. em　　　　　C. px　　　　　D. ex

❺ 样式文件的扩展名是(　　)。
A. .aspx　　　　　B. .css　　　　　C. .js　　　　　D. .html

❻ HTML 文件的扩展名是(　　)。
A. .aspx　　　　　B. .cs　　　　　C. .js　　　　　D. .html

❼ 要使下拉列表框支持多选功能，必须设置 select 标记的(　　)属性。
A. size　　　　　B. name　　　　　C. multiple　　　　　D. id

❽ 设置表格跨列的属性是(　　)。
A. rows　　　　　B. rowspan　　　　　C. cols　　　　　D. colspan

第 3 章　ASP.NET 常用控件

学习目标
- 了解服务器控件的概念和类型
- 掌握在页面中添加服务器控件
- 掌握常用 Web 标准服务器控件的使用
- 掌握验证控件的使用
- 掌握常用的第三方控件的使用

相关知识点
- 服务器控件的概念和类型
- 在页面中添加 HTML 服务器控件和 Web 服务器控件
- 常用 Web 标准服务器控件的功能、常用属性和事件
- 验证控件的功能和常用属性
- 第三方控件的使用(WebValidates 控件、CKEditor 控件、JS 版控件)

3.1 服务器控件概述

3.1.1 服务器控件的定义

服务器控件是 ASP.NET 网页中的对象，在 ASP.NET 页面中，服务器控件表现为一个标记，如<asp:textbox.../>。这些标记不是标准的 HTML 元素，因此，当它们出现在网页上时，浏览器是无法解释运行的。当客户端浏览器向 Web 服务器请求一个 ASP.NET 页面时，这些服务器控件对象将在 Web 服务器上运行转换为对应的 HTML 标记，然后在客

户端呈现 HTML 标记。使用 ASP.NET 服务器控件，可以大幅度减少开发 Web 应用程序所需要的代码量，提高开发效率和 Web 应用程序的性能。

3.1.2　服务器控件分类

在 ASP.NET 中，服务器控件分为两种：HTML 服务器控件和 Web 服务器控件。

1. HTML 服务器控件

HTML 服务器控件是把 HTML 控件封装成服务器控件，在 HTML 标记符中添加 runat="server"属性，该标记符转换为 HTML 服务器控件，这样就可以在服务器端的代码中通过 ID 访问该控件属性和方法。所有的 HTML 服务器控件都位于 System.Web.UI.HtmlControls 命名空间中。

例如，以下的代码：

```
<input id="Button1" type="button" value="button" runat="server"/>
```

添加 runat="server"属性后，这个 HTML 标记符就转换为 HTML 服务器控件。

2. Web 服务器控件

Web 服务器控件比 HTML 服务器控件具有更多的功能，提供了统一的编程模型，包含属性、方法及与之相关的事件处理程序，并且这些代码都在服务器端执行。所有的 Web 服务器控件位于 System.Web.UI.WebControls 命名空间中。

Web 服务器控件的标签都以 asp:开头，成为标记前缀，后面是控件类型，另外还必须包含 runat="server"属性，这个属性声明了该控件在服务器端运行。

例如，Button 控件的标签如下：

```
<asp:Button ID="Button2" runat="server" Text="Button" />
```

3.1.3　在页面中添加 HTML 服务器控件

比较如下的代码：

```
<input id="Text1" type="text" />
```

添加服务器端属性后的代码如下：

```
<input id="Text1" type="text" runat="server"/>
```

可以看出，只要在 HTML 标记符中添加 runat="server"属性，该标记符就转换为 HTML 服务器控件。

3.1.4　在页面中添加 Web 服务器控件

在页面中添加服务器控件有如下两种方式：一是通过工具箱添加控件，直接将控件拖动到页面需要添加的位置；二是直接进入页面的源视图，通过输入控件对应的标签代码，将该控件添加到页面相应的位置。

【案例 3-1】　在页面中添加 Web 服务器控件。

(1) 新建一个网站，网站名称为 ch3，在网站中添加页面 exp3-1.aspx。

(2) 双击新建的页面，单击页面底部的"设计"标签进入页面的设计视图，打开"工具箱"，在"标准"控件组中选择"Button"控件，用拖动或双击的方式将该控件添加到页面中。

(3) 切换到页面的源视图，可以看到，在页面中自动添加了如下代码：

```
<asp:Button ID="Button1" runat="server" Text="Button" />
```

通过以上步骤可以看出,在页面中使用工具箱或在源视图中输入控件的标签代码均可完成控件的添加。

3.1.5 设置服务器控件的属性

通过"属性"窗口可以设置控件的属性,只需在设计视图下右击该控件,从弹出的菜单中选择"属性"命令,打开属性窗口,如图 3-1 所示,在该窗口中即可设置控件的属性。

图 3-1 属性窗口

3.2 标准服务器控件

标准服务器控件是 ASP.NET 最常用的控件,这些控件是制作网页时使用频率最高的控件,主要包括文本类型控件、按钮类型控件、选择类型控件和链接类型控件。

3.2.1 标准服务器控件常用的共同属性

ASP.NET 标准服务器控件都有一些共同的属性,表 3-1 列出了控件常用的共同属性。

表 3-1 控件常用的共同属性

属性	说明
ID	设置控件的名称
BackColor	设置控件的背景颜色
ForeColor	设置控件的前景颜色,即控件上的文本颜色
BorderColor	设置控件的边框颜色

(续表)

属性	说明
BorderStyle	设置控件的边框类型
BorderWidth	设置控件的边框宽度
Enabled	设置控件是否使能,即控件是可用状态还是禁用状态
Visible	设置控件是否可见
Width	设置控件的宽度
Height	设置控件的高度
Text	设置、获取控件中显示文本内容

3.2.2 文本类型控件

文本类型控件常用的有 Label 控件和 TextBox 控件。

1. Label 控件

Label 控件即标签控件,用于在页面上显示文本。

Label 控件常用的属性只有一个 Text,用于设置 Label 控件中显示的文本内容或获取 Label 控件中的文本内容。

2. TextBox 控件

TextBox 控件用来接收用户输入的信息,默认情况下是一个单行文本框。通过修改 TextMode 属性,可以将文本框设置为多行文本框、密码框等形式。

TextBox 控件的常用属性见表 3-2。

表 3-2　　　　　　　　　　　TextBox 控件的常用属性

属性	说明
AutoPostBack	布尔值,规定当内容改变时,是否回传到服务器,默认是 false
MaxLength	文本框中所允许的最大字符数
ReadOnly	规定能否改变文本框中的文本
Columns	设置文本框的宽度
Rows	多行文本框中显示的行数
Text	文本框控件的内容
TextMode	设置文本框控件的模式。SingleLine:单行文本框;MultiLine:多行文本框;Password:密码输入框
Wrap	布尔值,设置多行文本框的文本内容是否换行

【案例 3-2】 演示 Label 控件、TextBox 控件的使用。

(1)创建页面 exp3-2.aspx,在页面添加两个 Label 控件和两个 TextBox 控件,代码如下:

```
<asp:Label ID="Label1" runat="server" Text="用户名:"></asp:Label>
<asp:TextBox ID="TextBox1" runat="server"></asp:TextBox>
<br/>
<br/>
<asp:Label ID="Label2" runat="server" Text="密 码:"></asp:Label>
<asp:TextBox ID="TextBox2" runat="server" Width="155px"></asp:TextBox>
```

(2)运行 exp3-2.aspx 页面,结果如图 3-2 所示。

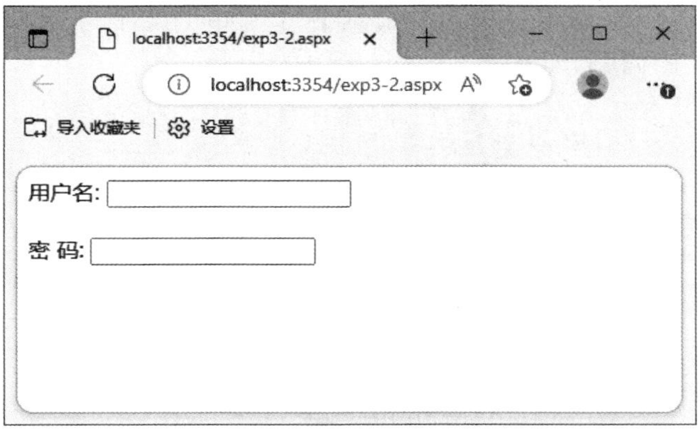

图 3-2　Label 和 TextBox 控件的使用

3.2.3　按钮类型控件

用户在使用 Web 应用程序时,经常需要向服务器端提交表单信息,这时就需要使用按钮类型的控件。按钮控件能触发事件或将网页中的信息回传给 Web 服务器端。在 ASP.NET 中包含两种类型的按钮控件:Button 控件和 ImageButton 控件。

1. Button 控件

Button 控件是标准的按钮控件,用于向服务器端提交表单信息。

Button 控件的常用属性见表 3-3。

表 3-3　　　　　　　　　　　　　Button 按钮控件的常用属性

属性	说明
CommandArgument	用于指定传给 Command 事件的命令参数
CommandName	指定传给 Command 事件的命令名
Enable	设置控件是否使能,即控件是可用状态还是禁用状态
OnClientClick	指定单击按钮时执行的客户端脚本
PostBackUrl	设置将表单传给某个页面
Text	设置 Button 控件上显示的文本

除了上面所列的属性外,Button 控件还支持事件。Button 控件的常用事件见表 3-4。

表 3-4　　　　　　　　　　　　　　Button 控件的常用事件

事件	说明
Click	单击 Button 控件时引发
Command	单击 Button 控件时引发,CommandName 和 CommandArgument 传给这个事件

2. ImageButton 控件

ImageButton 控件是可以用来显示图片的按钮,它的功能与 Button 控件相同,在外观上呈现为图片形式。ImageButton 控件除了 Button 控件所具有的属性,还具有 ImageUrl 属性,该属性用于指定图片所在的路径。

【案例 3-3】 演示 Button 控件、ImageButton 控件的使用。

(1) 创建页面 exp3-3.aspx，在页面中添加两个 Label 控件、一个 Button 控件和一个 ImageButton 控件，主体代码如下：

```
<body>
<form id="form1" runat="server">
<div>
<asp:Button ID="Button1" runat="server" Text="Button" Width="100px" />
<asp:Label ID="Label1" runat="server" Text="Label"></asp:Label>
<br/>
<br/>
<asp:ImageButton ID="ImageButton1" runat="server"
    ImageUrl="~/ch03/images/button1.JPG" />
<asp:Label ID="Label2" runat="server" Text="Label"></asp:Label>
</div>
</form>
</body>
```

(2) 在 exp3-3.aspx.cs 中分别添加 Button1、ImageButton1 按钮的 Click 事件，代码如下：

```
protected void Button1_Click(object sender, EventArgs e)
{
    Label1.Text = "单击普通按钮";
}
protected void ImageButton1_Click(object sender, ImageClickEventArgs e)
{
    Label2.Text = "单击图片按钮";
}
```

(3) 运行 exp3-3.aspx 页面，效果如图 3-3 所示，分别单击 Button 和图片按钮的运行效果如图 3-4 所示。

图 3-3　案例 3-3 页面运行效果　　　　图 3-4　单击两个按钮的运行效果

3.2.4　选择类型控件

选择类型控件包含一个或多个项目，在选择类型控件中可以选择这些项目，主要包括 RadioButton 控件、RadioButtonList 控件、CheckBox 控件、CheckBoxList 控件、

DropDownList 控件和 ListBox 控件。

1. RadioButton 控件

RadioButton 控件是一个单选按钮控件，一般情况下都是成组出现的，同一组的单选按钮只能选择一个，如果将多个单选按钮设置为一组，就需要将多个单选按钮的 GroupName 属性设置为同一个值。

RadioButton 控件常用属性见表 3-5。

表 3-5　　　　　　　　　　RadioButton 控件常用属性

属性	说明
Checked	设置或返回单选按钮是否被选中，选中时值为 true，没有选中时值为 false
Text	设置或返回单选按钮内显示的文本
GroupName	设置单选按钮所处的组名
TextAlign	控件文本的位置

RadioButton 控件最常用的事件是 CheckedChanged，当控件的选中状态改变时触发该事件。

【案例 3-4】 演示 RadioButton 控件的使用。

(1) 创建页面 exp3-4.aspx，在页面中添加一个 Label 控件、两个 RadioButton 控件，将两个 RadioButton 控件的 GroupName 属性设置为同一个值，代码如下：

```
<form id="form1" runat="server">
<div>
<asp:RadioButton ID="RadioButton1" runat="server"
      oncheckedchanged="RadioButton1_CheckedChanged" Text="男"
      GroupName="xb" AutoPostBack="True" />
<asp:RadioButton ID="RadioButton2" runat="server"
      oncheckedchanged="RadioButton2_CheckedChanged" Text="女"
      GroupName="xb" AutoPostBack="True" />
<br/>
<asp:Label ID="Label1" runat="server" Text="Label"></asp:Label>
</div>
</form>
```

(2) 在 exp3-4.aspx.cs 中分别添加两个单选按钮的 CheckedChanged 事件，当控件的选中状态改变时，则触发该事件，代码如下：

```
protected void RadioButton1_CheckedChanged(object sender, EventArgs e)
    {
        if (RadioButton1.Checked == true)
        {
            Label1.Text = "选择的单选按钮是：" + RadioButton1.Text;
        }
    }
protected void RadioButton2_CheckedChanged(object sender, EventArgs e)
    {
        if (RadioButton2.Checked == true)
```

```
            {
                Label1.Text = "选择的单选按钮是:" + RadioButton2.Text;
            }
        }
```

(3) 运行 exp3-4.aspx 页面,效果如图 3-5 所示,单击"男"单选按钮的运行效果如图 3-6 所示。

图 3-5　案例 3-4 页面运行效果　　　　　图 3-6　单击"男"单选按钮的运行效果

2. RadioButtonList 控件

RadioButtonList 控件是包含了一组单选按钮的列表控件,在任意时刻,只有一个单选按钮被选中。RadioButtonList 控件中的每个选项是通过 ListItem 元素来定义的。

RadioButtonList 控件常用属性见表 3-6。

表 3-6　　　　　　　　　　RadioButtonList 控件常用属性

属性	说明
RepeatDirection	设置项的布局方向:水平方向|竖直方向
SelectedIndex	获取选定项的索引值
SelectedItem	获取列表控件中的选定项
SelectedValue	获取列表控件中选定项的值

SelectedItem.Text、SelectedItem.Value 分别可以获得选择项的文本内容和值。

RadioButtonList 控件最常用的事件是 SelectedIndexChanged,当控件的选中状态改变时触发该事件。

【案例 3-5】　演示 RadioButtonList 控件的使用。

(1) 创建页面 exp3-5.aspx,在页面中添加一个 Label 控件、一个 RadioButtonList 控件,主体代码如下:

```
<asp:Label ID="Label2" runat="server" Text="请选择性别:"></asp:Label>
<asp:RadioButtonList ID="RadioButtonList1" runat="server"
    AutoPostBack="True"
    onselectedindexchanged="RadioButtonList1_SelectedIndexChanged"
    RepeatDirection="Horizontal"/>
<asp:ListItem>男</asp:ListItem>
<asp:ListItem>女</asp:ListItem>
</asp:RadioButtonList>
```

```
<br/>
<asp:Label ID="Label1" runat="server" Text="Label"></asp:Label>
```

(2) 在 exp3-5.aspx.cs 中添加单选按钮组的事件是 SelectedIndexChanged,代码如下:

```
protected void RadioButtonList1_SelectedIndexChanged(object sender, EventArgs e)
{
    Label1.Text ="你选择的是:"+ RadioButtonList1.SelectedItem.Text;
}
```

(3) 运行 exp3-5.aspx 页面,效果如图 3-7 所示,单击"女"单选按钮的运行效果如图 3-8 所示。

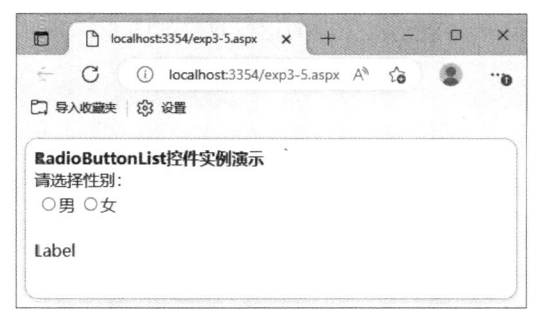

图 3-7　案例 3-5 页面运行效果　　　　　　　图 3-8　单击"女"单选按钮的运行效果

3. CheckBox 控件

CheckBox 控件是一个复选框控件,通常用于某选项的打开或关闭。在任意时刻,可以同时选择多个复选框控件。CheckBox 控件的常用属性见表 3-7。

表 3-7　　　　　　　　　　CheckBox 控件的常用属性

属性	说明
Checked	设置或返回复选框是否被选中,选中时值为 true,没有选中时值为 false
Text	设置或返回复选框的文本内容
Value	设置或返回复选框的值的内容
GroupName	设置单选按钮所处的组名
TextAlign	控件文本的位置

CheckBox 控件最常用的事件是 CheckedChanged,当控件的选中状态改变时触发该事件。

【案例 3-6】　演示 CheckBox 控件的使用。

(1) 创建页面 exp3-6.aspx,在页面中添加一个 CheckBox 控件、一个 Button 控件和一个 Label 控件,代码如下:

```
<form id="form1" runat="server">
<div>
<asp:CheckBox ID="CheckBox1" runat="server" AutoPostBack="True"
    oncheckedchanged="CheckBox1_CheckedChanged" Text="记住邮箱名" />
<br/>
<asp:Label ID="Label1" runat="server" Text="Label"></asp:Label>
</div>
</form>
```

(2)在 exp3-6.aspx.cs 中添加复选框控件的 CheckedChanged 事件代码,当控件的选中状态改变时,则触发该事件。代码如下:

```
protected void CheckBox1_CheckedChanged(object sender, EventArgs e)
    {
        if (CheckBox1.Checked)
        { Label1.Text = "复选框按钮被选中"; }
        else
        { Label1.Text = "复选框按钮取消选中"; }
    }
```

(3)运行 exp3-6.aspx 页面,效果如图 3-9 所示,单击复选框控件的运行效果如图 3-10 所示。

图 3-9　案例 3-6 页面运行效果　　　　　　图 3-10　单击复选框控件的运行效果

4. CheckBoxList 控件

CheckBoxList 控件是一组被封装到一起的 CheckBox 控件集合,CheckBoxList 控件允许同时选中多个选项。CheckBoxList 控件的常用属性见表 3-8。

表 3-8　　　　　　　　　　　　CheckBoxList 控件的常用属性

属性	说明
RepeatDirection	获取或设置 CheckBoxList 控件中复选框控件的布局方向:水平方向|竖直方向
RepeatColumns	获取或设置 CheckBoxList 控件中显示的列数
Items	获取或设置 CheckBoxList 控件中的列表项,是一个集合属性
TextAlign	控件文本的位置

【案例 3-7】　演示 CheckBoxList 控件的使用。

(1)创建页面 exp3-7.aspx,在页面中添加两个 Label 控件、一个 Button 控件和一个 CheckBoxList 控件,主体代码如下:

```
<form id="form1" runat="server">
<div>
    选择个人爱好:<br/>
<asp:CheckBoxList ID="CheckBoxList1" runat="server"/>
<asp:ListItem>篮球</asp:ListItem>
<asp:ListItem>排球</asp:ListItem>
<asp:ListItem>足球</asp:ListItem>
</asp:CheckBoxList>
```

```
<asp:Button ID="Button1" runat="server" onclick="Button1_Click" Text="确定" />
<br/>
<asp:Label ID="Label1" runat="server" Text="Label"></asp:Label>
</div>
</form>
```

（2）在 exp3-7.aspx.cs 中添加 Button1 按钮的 Click 事件，代码如下：

```
protected void Button1_Click(object sender, EventArgs e)
{
    string str ="你选择的是:";
    for (int i = 0; i < CheckBoxList1.Items.Count; i++)
    {
        if (CheckBoxList1.Items[i].Selected)
            str += CheckBoxList1.Items[i].Text + "、";
    }
    if (str.EndsWith("、") == true) str = str.Substring(0, str.Length - 1);
    Label1.Text = str;
}
```

（3）运行 exp3-7.aspx 页面，效果如图 3-11 所示，选中篮球、足球复选框后，单击确定按钮后，效果如图 3-12 所示。

图 3-11　案例 3-7 页面运行效果　　　　　　图 3-12　选中复选框后的运行效果

5. DropDownList 控件

DropDownList 控件为用户提供多个选项，使用该控件时，用户只能选择一个选项，DropDownList 控件中的每个选项是通过 ListItem 元素来定义的。DropDownList 控件最常用的事件是 SelectedIndexChanged，当用户选择一项时触发该事件。

DropDownList 控件常用的属性见表 3-9。

表 3-9　　　　　　　　　　　DropDownList 控件常用属性

属性	说明
AutoPostBack	布尔值，规定当控件的选择状态改变时，是否回传到服务器，默认是 false
Text	用于返回选中项的文本内容
Items	该控件的所有选项的集合

(续表)

属性	说明
SelectedIndex	获取选定项的索引值
SelectedItem	获取列表控件中的选定项
SelectedValue	获取列表控件中选定项的值

【案例 3-8】 演示 DropDownList 控件的使用。

(1) 创建页面 exp3-8.aspx，在页面中添加一个 DropDownList 控件和一个 Label 控件，主体代码如下：

```
<form id="form1" runat="server">
<div>
<asp:DropDownList ID="DropDownList1" runat="server"
            onselectedindexchanged="DropDownList1_SelectedIndexChanged">
<asp:ListItem>C++</asp:ListItem>
<asp:ListItem>JAVA</asp:ListItem>
<asp:ListItem>Python</asp:ListItem>
    </asp:DropDownList>
<br/>
<asp:Label ID="Label1" runat="server" Text="Label"></asp:Label>
</div>
</form>
```

(2) 在 exp3-8.aspx.cs 中添加 DropDownList1 控件的 SelectedIndexChanged 事件代码如下：

```
protected void DropDownList1_SelectedIndexChanged(object sender, EventArgs e)
{
    Label1.Text ="你选择的课程是："+ DropDownList1.Text;
}
```

(3) 运行 exp3-8.aspx 页面，效果如图 3-13 所示，选中选项后的运行效果如图 3-14 所示。

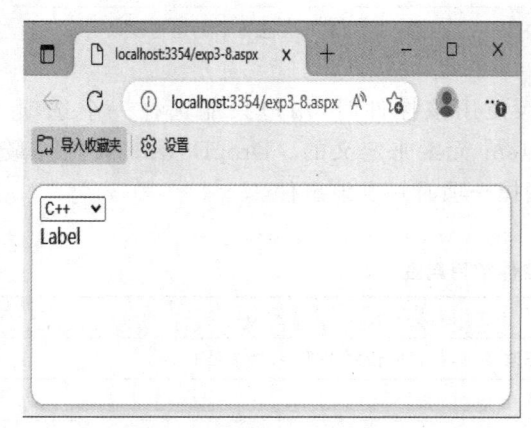

图 3-13 案例 3-8 页面运行效果 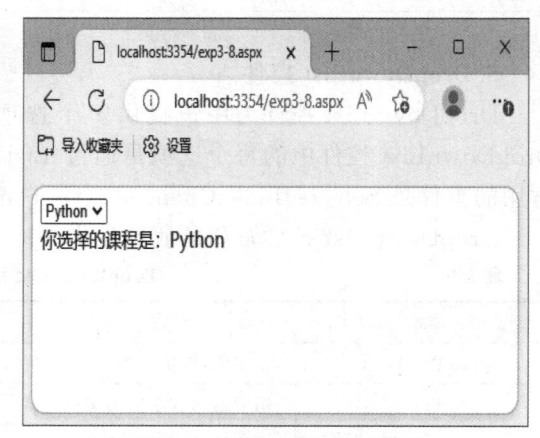　　　　图 3-14 选中选项后的运行效果

6. ListBox 控件

ListBox 控件是将所有选项都显示出来，当使用该控件时，允许用户一次选择多个选项。ListBox 控件最常用的事件是 SelectedIndexChanged，当用户选择一项时触发该事件。

ListBox 控件常用属性见表 3-10。

表 3-10　　　　　　　　　　　　ListBox 控件常用属性

属性	说明
AutoPostBack	布尔值，规定当控件的选择状态改变时，是否回传到服务器，默认是 false
Items	该控件的所有选项的集合
Rows	获取或设置 ListBox 控件控件显示的行数，默认行数为 4
SelectedIndex	获取选定项的索引值
SelectedItem	获取列表控件中的选定项
SelectedValue	获取列表控件中选定项的值

【案例 3-9】 演示 ListBox 控件的使用。

（1）创建页面 exp3-9.aspx，在页面中添加一个 ListBox 控件和一个 Label 控件，主体代码如下：

```
<form id="form1" runat="server">
<div>
<asp:ListBox ID="ListBox1" runat="server" AutoPostBack="True"
        onselectedindexchanged="ListBox1_SelectedIndexChanged"
        SelectionMode="Multiple">
<asp:ListItem>读书</asp:ListItem>
<asp:ListItem>运动</asp:ListItem>
<asp:ListItem>听音乐</asp:ListItem>
</asp:ListBox>
<br/>
<asp:Label ID="Label1" runat="server" Text="Label"></asp:Label>
</div>
</form>
```

（2）在 exp3-9.aspx.cs 中添加 ListBox1 控件的 SelectedIndexChanged 事件代码如下：

```
protected void ListBox1_SelectedIndexChanged(object sender, EventArgs e)
{
    string str = "你选择的是：";
    for (int i = 0; i < ListBox1.Items.Count; i++)
    {
        if (ListBox1.Items[i].Selected)
            str += ListBox1.Items[i].Text + "、";
    }
    if (str.EndsWith("、") == true) str = str.Substring(0, str.Length - 1);
    Label1.Text = str;
}
```

(3) 运行 exp3-9.aspx 页面，效果如图 3-15 所示，选中选项后的效果如图 3-16 所示。

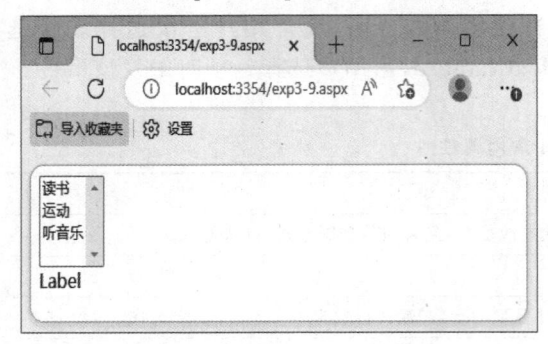

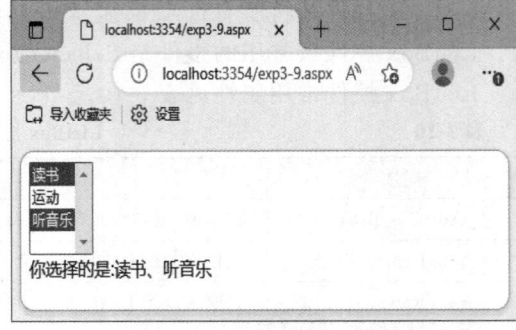

图 3-15　案例 3-9 页面运行效果　　　　　　图 3-16　选中选项后的运行效果

3.2.5　链接类型的控件

链接类型的控件常用的有 LinkButton 控件和 HyperLink 控件。

1. LinkButton 控件

LinkButton 控件又称为超链接按钮控件，该控件在功能上与 Button 控件相似，但外观上以超链接的形式显示。LinkButton 控件常用属性见表 3-11。

表 3-11　　　　　　　　　　　LinkButton 控件常用属性

属性	说明
CommandArgument	用于指定传给 Command 事件的命令参数
CommandName	指定传给 Command 事件的命令名
Enable	设置控件是否使能，即控件是可用状态，还是禁用状态
OnClientClick	指定单击按钮时执行的客户端脚本
PostBackUrl	用于指定单击 LinkButton 按钮时从当前页发送到网页的 url
Text	用于设置 Button 控件上显示的文本

LinkButton 控件最常用的事件与 Button 控件相同，此处不再一一列举。

2. HyperLink 控件

HyperLink 控件又称为超链接控件，与 LinkButton 控件不同的是，HyperLink 控件不向服务器端提交表单。HyperLink 控件常用属性见表 3-12。

表 3-12　　　　　　　　　　　HyperLink 控件常用属性

属性	说明
Enable	设置控件是否使能，即控件是可用状态，还是禁用状态
NavigateUrl	用于设置超链接指向的 url
ImageUrl	用于为超链接指定一个图片
Text	用于设置 HyperLink 控件的文本
Target	用于 url 的目标框架

如果同时设置了 Text 和 ImageUrl 属性，则 ImageUrl 属性优先。

3.2.6　图像控件（Image 控件）

Image 控件是用于显示图像的控件，其常用属性见表 3-13。

表 3-13 Image 控件常用属性

属性	说明
ImageUrl	要显示图像的 url
ImageAlign	图像的对齐方式
AlternateText	当图像无法显示时显示的替代文本

Image 控件的声明代码如下：

```
<asp:Image ID="控件名称" runat="server" ImageAlign="对齐方式"
    ImageUrl="要显示图像的 URL" />
```

3.2.7 文件上传控件（FileUpload 控件）

FileUpload 控件又称为文件上传控件，该控件显示一个文本框控件和一个浏览按钮，使用户可以单击"浏览"按钮选择客户端的文件并将它上传到 Web 服务器。FileUpload 控件常用属性见表 3-14。

表 3-14 FileUpload 控件常用属性

属性	说明
FileName	获取上传文件名
FileContent	获取上传文件流（Stream）对象
HasFile	获取一个布尔值，用于表示 FileUpload 控件是否已经包含一个文件
PostedFile	获取上传文件对象，使用该对象可以获取上传文件的相关属性

FileUpload 控件不会自动上传文件，需要调用该控件的 SaveAs 方法才能上传文件，SaveAs 方法的语法结构如下：

```
SaveAs(String filename)
```

其中参数 filename 是指保存在服务器中的上传文件的绝对路径，在调用 SaveAs 方法之前，先判断 HasFile 属性是否为 true。

【案例 3-10】 演示 FileUpload 控件的使用。

（1）创建页面 exp3-10.aspx，在页面中添加两个 Label 控件、一个 Button 控件和一个 FileUpload 控件，主体代码如下：

```
<form id="form1" runat="server">
<div>
<asp:Label ID="Label1" runat="server" Text="请选择文件"></asp:Label>
<asp:FileUpload ID="FileUpload1" runat="server" />
<br/>
<asp:Button ID="Button1" runat="server" onclick="Button1_Click" Text="上传文件" />
<asp:Label ID="Label2" runat="server" Text="Label"></asp:Label>
</div>
</form>
```

（2）在 exp3-10.aspx.cs 中添 Button1 控件的 Click 事件代码如下：

```
protected void Button1_Click(object sender, EventArgs e)
{
    if (FileUpload1.HasFile == true)
```

```
        {
            string path = Server.MapPath("~/images/");
            FileUpload1.PostedFile.SaveAs(path + FileUpload1.FileName);
            Label2.Text = "文件上传成功";
        }
```

（3）运行 exp3-10.aspx 页面，选中一个文件后，单击"上传文件"按钮后的效果如图 3-17 所示。

图 3-17　FileUpload 控件上传文件后的运行效果

任务 3-1　实现"电子商城"用户注册页面

任务描述

- 使用控件设计如图 3-18 所示的用户注册页面。
- "已经有账号，马上登录"是 HyperLink 控件，NavigateUrl 属性设置为空。

图 3-18　"电子商城"用户注册页面

任务实施

(1)在"ch03"网站项目中添加 tast3-1.aspx 页面。

(2)按照图 3-18 所示,添加 Label、TextBox、Button 和 HyperLink 控件至页面的相应位置,并在该页面中添加样式代码,主要页面代码如下:

```
<table class="nav-justified">
<tr>
<td colspan="4" style="height:20px">
<asp:Image ID="Image1" runat="server" ImageUrl="~/ch03/images/reg.png" />
</td>
</tr>
<tr>
<td style="height:20px; width:80px;">
<asp:Label ID="Label3" runat="server" Text="*" ForeColor="Red"></asp:Label>
<asp:Label ID="Label1" runat="server" Text="用户名"></asp:Label>
</td>
<td style="height:20px; width:170px;">
<asp:TextBox ID="txtLoginId" runat="server"></asp:TextBox>
</td>
<td style="height:20px; width:190px;"> </td>
<td style="height:20px; width:130px;"> </td>
</tr>
<tr>
<td style="height:20px; width:80px">
<asp:Label ID="Label4" runat="server" ForeColor="#FF3300" Text="*"></asp:Label>
<asp:Label ID="Label5" runat="server" Text="真实姓名"></asp:Label>
</td>
<td style="height:20px; width:170px">
<asp:TextBox ID="txtName" runat="server"></asp:TextBox>
</td>
<td style="height:20px; width:190px;"> </td>
<td style="height:20px; width:130px;"> </td>
</tr>
<tr>
<td style="height:20px; width:80px">
<asp:Label ID="Label2" runat="server" ForeColor="#FF3300" Text="*"></asp:Label>
<asp:Label ID="Label6" runat="server" Text="密码"></asp:Label>
</td>
<td style="height:20px; width:170px">
<asp:TextBox ID="txtLoginPwd" runat="server"></asp:TextBox>
</td>
```

```html
<td style="height: 20px; width: 190px;"> </td>
<td style="height: 20px; width: 130px;"></td>
</tr>
<tr>
<td style="height: 20px; width: 80px">
<asp:Label ID="Label7" runat="server" ForeColor="#FF3300" Text="*"></asp:Label>
<asp:Label ID="Label8" runat="server" Text="确认密码"></asp:Label>
</td>
<td style="height: 20px; width: 170px">
<asp:TextBox ID="TextBox4" runat="server"></asp:TextBox>
</td>
<td style="height: 20px; width: 190px;"> </td>
<td style="height: 20px; width: 130px;"> </td>
</tr>
<tr>
<td style="height: 20px; width: 80px">
<asp:Label ID="Label9" runat="server" ForeColor="#FF3300" Text="*"></asp:Label>
<asp:Label ID="Label10" runat="server" Text="E-mail"></asp:Label>
</td>
<td style="height: 20px; width: 170px">
<asp:TextBox ID="txtEmail" runat="server"></asp:TextBox>
</td>
<td style="height: 20px; width: 190px;"> </td>
<td style="height: 20px; width: 130px;"> </td>
</tr>
<tr>
<td style="height: 20px; width: 80px">
<asp:Label ID="Label11" runat="server" ForeColor="#FF3300" Text="*"></asp:Label>
<asp:Label ID="Label12" runat="server" Text="地址"></asp:Label>
</td>
<td style="height: 20px; width: 170px">
<asp:TextBox ID="txtAddress" runat="server" ForeColor="Black"></asp:TextBox>
</td>
<td style="height: 20px; width: 190px;"> </td>
<td style="height: 20px; width: 130px;"> </td>
</tr>
<tr>
<td style="height: 20px; width: 80px">
<asp:Label ID="Label13" runat="server" ForeColor="#FF3300" Text="*"></asp:Label>
<asp:Label ID="Label14" runat="server" Text="手机"></asp:Label>
</td>
<td style="height: 20px; width: 170px">
<asp:TextBox ID="txtTele" runat="server"></asp:TextBox>
```

```
</td>
<td style="height: 20px; width: 190px;"> </td>
<td style="height: 20px; width: 130px;"> </td>
</tr>
<tr>
<td style="height: 20px; width: 80px">
<asp:Label ID="Label21" runat="server" ForeColor="#FF3300" Text="*"></asp:Label>
<asp:Label ID="Label22" runat="server" Text="验证码"></asp:Label>
</td>
<td style="height: 20px; width: 170px">
<asp:TextBox ID="txtCode" runat="server"></asp:TextBox>
</td>
<td style="height: 20px; width: 190px;"> </td>
<td style="height: 20px; width: 130px;"> </td>
<td style="height: 20px"> </td>
</tr>
<tr>
<td style="height: 50px; width: 47px"> </td>
<td style="width: 169px">
<asp:Button ID="Button1" runat="server" Text="确定了,马上提交"/>
</td>
<td style="width: 197px"> </td>
<td style="width: 131px"> </td>
</tr>
<tr>
<td style="width: 47px; height: 50px;"></td>
<td style="width: 169px; height: 20px;">
<asp:Label ID="Label15" runat="server" ForeColor="#CCCCCC" Text="加"></asp:Label>
<asp:Label ID="Label16" runat="server" ForeColor="#FF3300" Text="*"></asp:Label>
<asp:Label ID="Label17" runat="server" ForeColor="#CCCCCC" Text="的为必填项"></asp:Label>
</td>
<td style="height: 20px; width: 197px;"></td>
<td style="height: 20px; width: 131px;"> </td>
</tr>
<tr>
<td style="width: 47px;"> </td>
<td style="width: 169px">
<asp:Label ID="Label18" runat="server" Text=">" ForeColor="#CCCCCC"></asp:Label>
<asp:LinkButton ID="LinkButton1" runat="server" PostBackUrl="~/UserLogin.aspx">已经有账号,马上登录
</asp:LinkButton>
</td>
```

```
<td style="width:197px"> </td>
<td style="width:131px"> </td>
</tr>
</table>
```

(3) 运行 tast3-1.aspx 页面，效果如图 3-18 所示。

3.3 验证控件

3.3.1 验证控件概述

验证控件是一种特殊的 Web 控件，用来检验当表单提交到服务器端时用户输入数据的合法性，如果数据合法，则页面可以正常提交；否则验证控件将定义好的错误信息显示到页面上，验证控件是直接在客户端执行，因此减少了服务器与客户端之间的往返过程。

在 ASP.NET 中包含了 6 种验证控件，这些验证控件的功能见表 3-15。

表 3-15　　　　　　　　　　验证控件及其功能说明

控件名称	说明
RequiredFieldValidator	验证一个必填字段，判断控件是否输入内容
CompareValidator	将用户输入的内容与一个常数值或另一个控件的值进行比较
RangeValidator	判断用户输入的内容是否在规定的范围之内
RegularExpressionValidator	判断用户输入的内容是否匹配所指定正则表达式的模式
CustomValidator	用于用户自定的验证
ValidationSummary	该控件不执行验证，它需要与其他验证控件一起使用来显示页面上所有验证控件的错误信息

验证控件共有的属性见表 3-16。

表 3-16　　　　　　　　　　验证控件共有的属性

属性	说明
Dislay	用于设置错误消息的显示方式
ErrorMessage	验证失败时在 ValidationSummary 控件中显示的错误信息
Text	验证失败时验证控件中显示的文本
ControlToValidator	指定要进行验证控件的 ID
EnableClientScript	获取或设置一个值，该值指示是否启用客户端验证

3.3.2 非空验证控件（RequiredFieldValidator）

RequiredFieldValidator 控件又称为非空验证控件，常用于文本框的非空验证，如果使用该控件，当用户提交页面到服务器时，系统就会自动检查被验证控件的输入是否为空，若为空，则显示错误信息。RequiredFieldValidator 控件的常用属性见表 3-17。

表 3-17　　　　　　　　　　　RequiredFieldValidator 控件的常用属性

属性	说明
ControlToValidator	指定要进行验证控件的 ID
ErrorMessage	验证失败时在 ValidationSummary 控件中显示的错误信息

【案例 3-11】　演示 RequiredFieldValidator 控件的使用。

（1）创建页面 exp3-11.aspx，在页面添加两个 Label 控件、两个 TextBox 控件、两个 RequiredFieldValidator 控件和一个 Button 控件，主要代码如下：

```
<form id="form1" runat="server">
<div>
<table>
<tr>
<td align="right">
<asp:Label ID="Label1" runat="server" Text="用户名："></asp:Label>
</td>
<td>
<asp:TextBox ID="TextBox1" runat="server"></asp:TextBox>
<asp:RequiredFieldValidator ID="RequiredFieldValidator1" runat="server"
        ControlToValidate="TextBox1" ErrorMessage="用户名不能为空">
        </asp:RequiredFieldValidator>
</td>
</tr>
<tr>
<td align="right">
<asp:Label ID="Label2" runat="server" Text="密码： "></asp:Label>
</td>
<td class="style2">
<asp:TextBox ID="TextBox2" runat="server"></asp:TextBox>
<asp:RequiredFieldValidator ID="RequiredFieldValidator2" runat="server"
ControlToValidate="TextBox2" ErrorMessage="密码不能为空">
        </asp:RequiredFieldValidator>
</td>
</tr>
<tr>
<td></td>
<td>
<asp:Button ID="Button1" runat="server" Text="登录" />
</td>
</tr>
</table>
<br/>
</div>
</form>
```

(2)运行 exp3-11.aspx 页面,单击"登录"按钮后,效果如图 3-19 所示。

图 3-19 RequiredFieldValidator 控件的使用

3.3.3 比较验证控件(CompareValidator)

CompareValidator 控件又称为比较验证控件,用于将一个输入控件的值与另一个输入控件的值或常数值进行比较,判断控件中的值是否满足开发人员的要求。比如在网站注册时,经常需要输入两次密码,如果两次输入不一致的话,就会收到错误的提示。CompareValidator 控件的常用属性见表 3-18。

表 3-18　　　　　　　　　　CompareValidator 控件的常用属性

属性	说明
ControlToValidator	要进行验证控件的 ID
ControlToCompare	用来做比较值的控件的 ID
Operator	要使用的比较运算符
Type	要比较两个值的数据类型
ValueToCompare	以字符串形式输入的表达式,用于比较的值

【案例 3-12】　演示 CompareValidator 控件的使用。

(1)创建页面 exp3-12.aspx,在页面添加两个 Label 控件、两个 TextBox 控件、一个 CompareValidator 控件和一个 Button 控件,代码如下:

```
<form id="form2" runat="server">
<div><table>
<tr>
<td align="right">
<asp:Label ID="Label1" runat="server" Text="密码:"></asp:Label>
</td>
<td>
<asp:TextBox ID="TextBox1" runat="server"></asp:TextBox>
</td>
</tr>
<tr>
<td align="right">
<asp:Label ID="Label2" runat="server" Text="确认密码:">
        </asp:Label>
</td>
```

```
      <td>
      <asp:TextBox ID="TextBox2" runat="server"></asp:TextBox>
      </td>
      </tr>
      <tr>
      <td></td>
      <td>
      <asp:Button ID="Button1" runat="server" Text="确定" />
      </td>
      </tr>
      <tr>
      <td colspan="2">
      <asp:CompareValidator ID="CompareValidator1" runat="server"
      ControlToCompare="TextBox1" ControlToValidate="TextBox2" ErrorMessage="密码不一致">
              </asp:CompareValidator>
      </td>
      </tr>
      </table>
      <br>
      </div>
      </form>
```

(2) 运行 exp3-12.aspx 页面,单击"确定"按钮后,效果如图 3-20 所示。

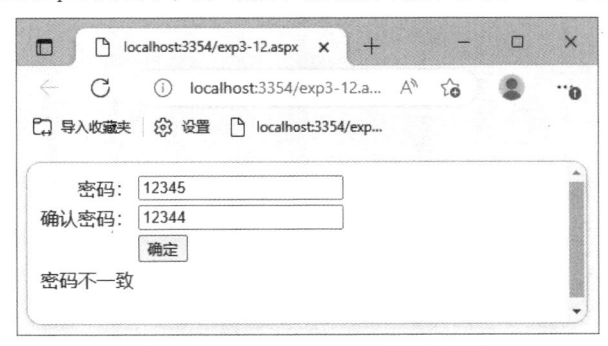

图 3-20 CompareValidator 控件的使用

3.3.4 范围验证控件(RangeValidator)

RangeValidator 控件又称为范围验证控件,用于检测表单字段的值是否在指定的最小值和最大值之间。如果输入的内容不在验证范围内时,就会收到错误的提示,该控件提供了 Integer、String、Date、Double 和 Currency 5 种验证类型。

- Integer:用来验证输入数据是否在指定的整数范围内。
- String:用来验证输入数据是否在指定的字符串范围内。
- Date:用来验证输入数据是否在指定的日期范围内。
- Double:用来验证输入数据是否在指定的双精度范围内。
- Currency:用来验证输入数据是否在指定的货币范围内。

RangeValidator 控件的常用属性见表 3-19。

表 3-19　　　　　　　　　RangeValidator 控件的常用属性

属性	说明
MinimumValue	指定有效范围的最小值
ControlToCompare	指定有效范围的最大值
Type	要比较两个值的数据类型

【案例 3-13】　演示 RangeValidator 控件的使用。

（1）创建页面 exp3-13.aspx，在页面添加两个 Label 控件、两个 TextBox 控件、两个 RangeValidator 控件和一个 Button 控件，代码如下：

```
<form id="form1" runat="server">
<div>
<table>
<tr>
<td align="right">
<asp:Label ID="Label2" runat="server" Text="年龄:"></asp:Label>
</td>
<td>
<asp:TextBox ID="TextBox2" runat="server"></asp:TextBox>
<asp:RangeValidator ID="RangeValidator2" runat="server"
    ControlToValidate="TextBox2" ErrorMessage="年龄应在1~200" MaximumValue="200"
            MinimumValue="1"></asp:RangeValidator>
</td>
</tr>
<tr>
<td></td>
<td>
<asp:Button ID="Button1" runat="server" Text="提交" />
</td>
</tr>
</table>
</div>
</form>
```

（2）运行 exp3-13.aspx 页面，单击提交按钮后，效果如图 3-21 所示。

图 3-21　RangeValidator 控件的使用

3.3.5 正则表达式验证控件(RegularExpressionValidator)

RegularExpressionValidator 控件又称为正则表达式验证控件,用于检测表单字段的值是否与设定的正则表达式相匹配。RegularExpressionValidator 控件常用的属性是 ValidationExpression,用来指定用于验证的输入控件的正则表达式。常用的正则表达式字符及其含义见表 3-20。

表 3-20   常用的正则表达式字符及其含义

正则表达式字符	含义
*	匹配前面的子表达式零次或多次
+	匹配前面的子表达式一次或多次
?	匹配前面的子表达式零次或一次
{n}	恰好匹配前面表达式 n 次
\d	匹配一个数字字符(0~9)
\D	匹配一个非数字字符(^0~9)
\w	匹配任何单词字符
{n,}	最少匹配前面表达式 n 次
{n,m}	最少匹配前面表达式 n 次,最多为 m 次
[...]	匹配指定范围内的任意字符
[^...]	匹配任何不在指定范围内的任意字符

【案例 3-14】 演示 RegularExpressionValidator 控件的使用。

(1)创建页面 exp3-14.aspx,在页面添加一个 Label 控件、一个 TextBox 控件、一个 RegularExpressionValidator 控件和一个 Button 控件,代码如下:

```
<form id="form1" runat="server">
<div>
<asp:Label ID="Label1" runat="server" Text="电子邮件地址:"></asp:Label>
<asp:TextBox ID="TextBox1" runat="server"></asp:TextBox>
<asp:RegularExpressionValidator ID="RegularExpressionValidator1" runat="server"
    ControlToValidate="TextBox1" ErrorMessage="错误的电子邮件地址"
    ValidationExpression="\w+([-+.']\w+)*@\w+([-.]\w+)*\.\w+([-.]\w+)*">
</asp:RegularExpressionValidator>
<br/>
<asp:Button ID="Button1" runat="server" Text="提交" />
<br/>
</div>
</form>
```

(2)运行 exp3-14.aspx 页面,单击"提交"按钮后,效果如图 3-22 所示。

图 3-22　RegularExpressionValidator 控件的使用

3.3.6　自定义验证控件（CustomValidator）

CustomValidator 控件又称为自定义验证控件，该控件允许用户根据程序设计需要自定义控件的验证方法。自定义验证控件与其他验证控件最大的区别是该控件可以添加客户端验证方法和服务器端验证方法。ClientValidatorFunction 属性指定客户端验证方法，OnServerValidate 属性指定服务器端验证方法。

【案例 3-15】 演示 CustomValidator 控件的使用。

（1）创建页面 exp3-15.aspx，在页面添加一个 Label 控件、一个 TextBox 控件、一个 CustomValidator 控件和一个 Button 控件，代码如下：

```
<form id="Form1" runat="server">
<asp:Label ID="Label1" runat="server" Text="请输入一个小写字母" />
<asp:TextBox ID="TextBox1" runat="server"></asp:TextBox>
<asp:CustomValidator ID="CustomValidator1" ControlToValidate="TextBox1"
        OnServerValidate="CustomValidator1_ServerValidate1"
        runat="server" ErrorMessage="请输入一个小写字母"/>
<br/>
<asp:Button ID="Button1" runat="server" Text="提交" />
<br/>
</form>
```

（2）运行 exp3-15.aspx 页面，单击"提交"按钮后，效果如图 3-23 所示。

图 3-23　CustomValidator 控件的使用

3.3.7　验证总结控件（ValidationSummary）

ValidationSummary 控件又称为验证总结控件，该控件本身没有验证功能，但该控件可以通过 ErrorMessage 属性为页面上的每个验证控件显示错误信息。

【案例 3-16】 演示 ValidationSummary 控件的使用。

（1）创建页面 exp3-16.aspx，在页面添加一个 Label 控件、一个 TextBox 控件、一个 CustomValidator 控件和一个 Button 控件，代码如下：

```
<form id="form1" runat="server">
<div>
<asp:Label ID="Label1" runat="server" Text="姓名:"></asp:Label>
<asp:TextBox ID="TextBox1" runat="server"></asp:TextBox>
<asp:RequiredFieldValidator ID="RequiredFieldValidator1"
        runat="server"
        ErrorMessage="姓名不能为空" ControlToValidate="TextBox1"
        Display="None"></asp:RequiredFieldValidator>
<br/>
<asp:Label ID="Label2" runat="server" Text="年龄:"></asp:Label>
<asp:TextBox ID="TextBox2" runat="server"></asp:TextBox>
<asp:RangeValidator ID="RangeValidator1" runat="server"
        EnableTheming="True"
        ErrorMessage="请输入 1~150 的整数" MaximumValue="150" MinimumValue="1"
        ControlToValidate="TextBox2" Display="None">
        </asp:RangeValidator>
<br/>
<asp:Button ID="Button1" runat="server" Text="确定" />
<asp:ValidationSummary ID="ValidationSummary1" runat="server" />
</div>
</form>
```

（2）运行 exp3-16.aspx 页面，单击"确定"按钮后，效果如图 3-24 所示。

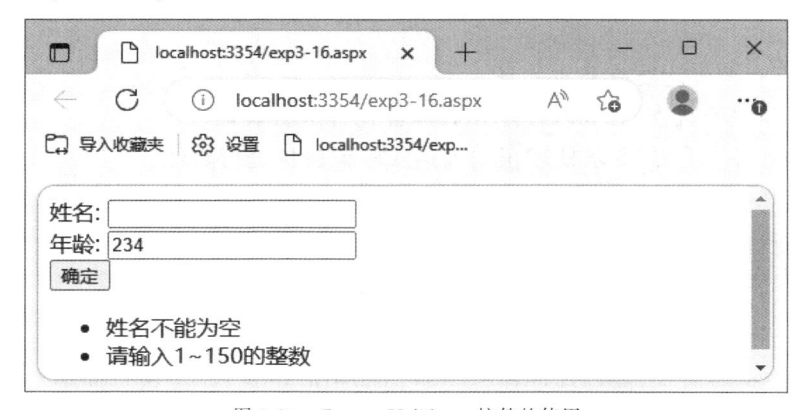

图 3-24 CustomValidator 控件的使用

任务 3-2　实现"电子商城"用户注册页面添加验证功能

任务描述

在任务 3-1 的基础上实现"电子商城"的用户注册页面的验证功能,效果如图 3-25 所示。

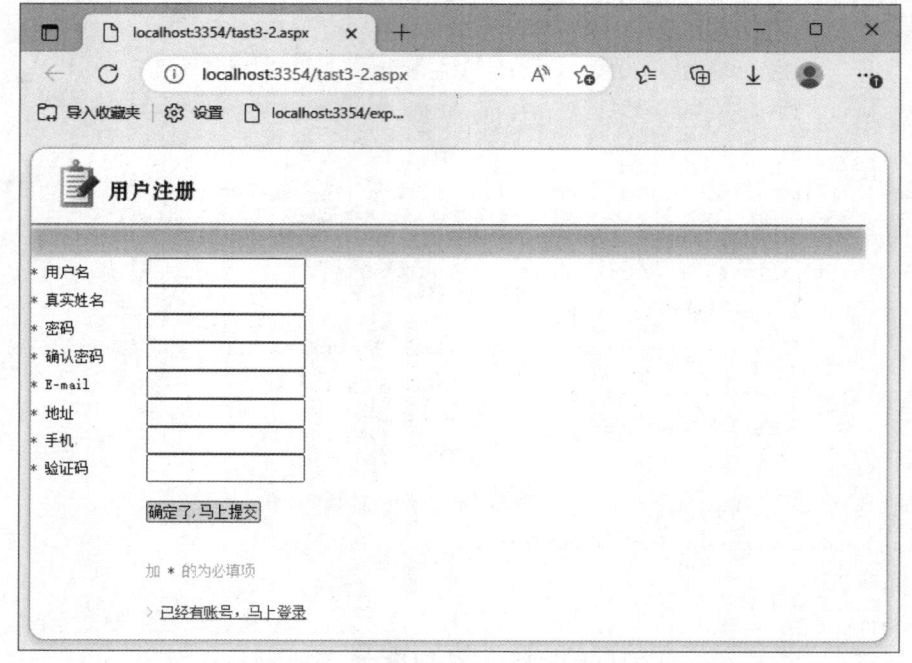

图 3-25　"电子商城"用户注册页面的验证功能

具体要求如下:
(1)要求所有控件均要有非空验证。
(2)"密码"和"确认密码"要求使用比较验证控件进行验证。
(3)"E-mail"和"手机"要求使用正则表达式验证控件进行验证。

任务实施

(1)在"ch03"网站项目中添加 tast3-2.aspx 页面。
(2)按照图 3-25 所示,添加验证控件至页面的相应位置,并在该页面中添加样式代码,页面主要代码如下:

```
<table class="nav-justified">
<tr>
```

```html
<td colspan="4" style="height: 20px">
<asp:Image ID="Image1" runat="server" ImageUrl="~/ch03/images/reg.png" />
</td>
</tr>
<tr>
<td style="height: 20px; width: 80px;">
<asp:Label ID="Label3" runat="server" Text=" * " ForeColor="Red"></asp:Label>
<asp:Label ID="Label1" runat="server" Text="用户名"></asp:Label>
</td>
<td style="height: 20px; width: 170px;">
<asp:TextBox ID="txtLoginId" runat="server"></asp:TextBox>
</td>
<td style="height: 20px; width: 190px;">
<asp:RequiredFieldValidator ID="RequiredFieldValidator1" runat="server" ControlToValidate="txtLoginId" ErrorMessage="用户名不能为空" ForeColor="Red" Display="Dynamic"></asp:RequiredFieldValidator>
</td>
<td style="height: 20px; width: 130px;"> </td>
</tr>
<tr>
<td style="height: 20px; width: 80px">
<asp:Label ID="Label4" runat="server" ForeColor="#FF3300" Text=" * "></asp:Label>
<asp:Label ID="Label5" runat="server" Text="真实姓名"></asp:Label>
</td>
<td style="height: 20px; width: 170px">
<asp:TextBox ID="txtName" runat="server"></asp:TextBox>
</td>
<td style="height: 20px; width: 190px;">
<asp:RequiredFieldValidator ID="RequiredFieldValidator2" runat="server" ControlToValidate="txtName" ErrorMessage="姓名不能为空" ForeColor="Red" Display="Dynamic"></asp:RequiredFieldValidator>
</td>
<td style="height: 20px; width: 130px;"> </td>
</tr>
<tr>
<td style="height: 20px; width: 80px">
<asp:Label ID="Label2" runat="server" ForeColor="#FF3300" Text=" * "></asp:Label>
<asp:Label ID="Label6" runat="server" Text="密码"></asp:Label>
</td>
<td style="height: 20px; width: 170px">
<asp:TextBox ID="txtLoginPwd" runat="server"></asp:TextBox>
</td>
```

```
        <td style="height: 20px; width: 190px;">
        <asp:RequiredFieldValidator ID="RequiredFieldValidator3" runat="server" ControlToValidate="txtLoginPwd" ErrorMessage="密码不能为空" ForeColor="Red" Display="Dynamic"></asp:RequiredFieldValidator>
        </td>
        <td style="height: 20px; width: 130px;"></td>
        </tr>
        <tr>
        <td style="height: 20px; width: 80px">
        <asp:Label ID="Label7" runat="server" ForeColor="#FF3300" Text="*"></asp:Label>
        <asp:Label ID="Label8" runat="server" Text="确认密码"></asp:Label>
        </td>
        <td style="height: 20px; width: 170px">
        <asp:TextBox ID="TextBox4" runat="server"></asp:TextBox>
        </td>
        <td style="height: 20px; width: 190px;">
        <asp:RequiredFieldValidator ID="RequiredFieldValidator4" runat="server" ControlToValidate="TextBox4" ErrorMessage="确认密码不能为空" ForeColor="Red" Display="Dynamic"></asp:RequiredFieldValidator>
        <asp:CompareValidator ID="CompareValidator1" runat="server" ControlToCompare="txtLoginPwd" ControlToValidate="TextBox4" ErrorMessage="两次密码不一致" ForeColor="Red" Display="None"></asp:CompareValidator>
        </td>
        <td style="height: 20px; width: 130px;"> </td>
        </tr>
        <tr>
        <td style="height: 20px; width: 80px">
        <asp:Label ID="Label9" runat="server" ForeColor="#FF3300" Text="*"></asp:Label>
        <asp:Label ID="Label10" runat="server" Text="E-mail"></asp:Label>
        </td>
        <td style="height: 20px; width: 170px">
        <asp:TextBox ID="txtEmail" runat="server"></asp:TextBox>
        </td>
        <td style="height: 20px; width: 190px;">
        <asp:RequiredFieldValidator ID="RequiredFieldValidator5" runat="server" ControlToValidate="txtEmail" ErrorMessage="Email不能为空" ForeColor="Red" Display="Dynamic"></asp:RequiredFieldValidator>
        <asp:RegularExpressionValidator ID="RegularExpressionValidator1" runat="server" ControlToValidate="txtEmail" ErrorMessage="E-mail格式不正确" ForeColor="Red" ValidationExpression="\w+([-+.']\w+)*@\w+([-.]\w+)*\.\w+([-.]\w+)*" Display="None"></asp:RegularExpressionValidator>
        </td>
```

```html
            <td style="height: 20px; width: 130px;"> </td>
        </tr>
        <tr>
            <td style="height: 20px; width: 80px">
                <asp:Label ID="Label11" runat="server" ForeColor="#FF3300" Text="*"></asp:Label>
                <asp:Label ID="Label12" runat="server" Text="地址"></asp:Label>
            </td>
            <td style="height: 20px; width: 170px">
                <asp:TextBox ID="txtAddress" runat="server" ForeColor="Black"></asp:TextBox>
            </td>
            <td style="height: 20px; width: 190px;">
                <asp:RequiredFieldValidator ID="RequiredFieldValidator6" runat="server" ControlToValidate="txtAddress" ErrorMessage="地址不能为空" ForeColor="Red" Display="Dynamic"></asp:RequiredFieldValidator>
            </td>
            <td style="height: 20px; width: 130px;"> </td>
        </tr>
        <tr>
            <td style="height: 20px; width: 80px">
                <asp:Label ID="Label13" runat="server" ForeColor="#FF3300" Text="*"></asp:Label>
                <asp:Label ID="Label14" runat="server" Text="手机"></asp:Label>
            </td>
            <td style="height: 20px; width: 170px">
                <asp:TextBox ID="txtTele" runat="server"></asp:TextBox>
            </td>
            <td style="height: 20px; width: 190px;">
                <asp:RequiredFieldValidator ID="RequiredFieldValidator7" runat="server" ControlToValidate="txtTele" ErrorMessage="手机不能为空" ForeColor="Red" Display="Dynamic"></asp:RequiredFieldValidator>
                <asp:RegularExpressionValidator ID="RegularExpressionValidator2" runat="server" ErrorMessage="手机格式不正确" ControlToValidate="txtTele" Display="None" ForeColor="Red" ValidationExpression="^1[35678]\d{9}$"></asp:RegularExpressionValidator>
            </td>
            <td style="height: 20px; width: 130px;"> </td>
        </tr>
        <tr>
            <td style="height: 20px; width: 80px">
                <asp:Label ID="Label21" runat="server" ForeColor="#FF3300" Text="*"></asp:Label>
                <asp:Label ID="Label22" runat="server" Text="验证码"></asp:Label>
            </td>
            <td style="height: 20px; width: 170px">
                <asp:TextBox ID="txtCode" runat="server"></asp:TextBox>
```

```
            </td>
            <td style="height: 20px; width: 190px;">
                <asp:RequiredFieldValidator ID="RequiredFieldValidator8" runat="server" ControlToValidate="txtCode" ErrorMessage="验证码不能为空" ForeColor="Red" Display="Dynamic"></asp:RequiredFieldValidator>
            </td>
            <td style="height: 20px; width: 130px;"> </td>
            <td style="height: 20px"> </td>
        </tr>
        <tr>
            <td style="height: 50px; width: 47px"> </td>
            <td style="width: 169px">
                <asp:Button ID="Button1" runat="server" Text="确定了,马上提交" />
            </td>
            <td style="width: 197px"> </td>
            <td style="width: 131px"> </td>
        </tr>
        <tr>
            <td style="width: 47px; height: 50px;"></td>
            <td style="width: 169px; height: 20px;">
                <asp:Label ID="Label15" runat="server" ForeColor="#CCCCCC" Text="加"></asp:Label>
                <asp:Label ID="Label16" runat="server" ForeColor="#FF3300" Text="*"></asp:Label>
                <asp:Label ID="Label17" runat="server" ForeColor="#CCCCCC" Text="的为必填项"></asp:Label>
            </td>
            <td style="height: 20px; width: 197px;"></td>
            <td style="height: 20px; width: 131px;"> </td>
        </tr>
        <tr>
            <td style="width: 47px;"> </td>
            <td style="width: 169px">
                <asp:Label ID="Label18" runat="server" Text=">" ForeColor="#CCCCCC"></asp:Label>
                <asp:LinkButton ID="LinkButton1" runat="server" PostBackUrl="~/UserLogin.aspx">已经有账号,马上登录</asp:LinkButton>
            </td>
            <td style="width: 197px"> </td>
            <td style="width: 131px"> </td>
        </tr>
    </table>
```

(3)运行 tast3-2.aspx 页面,效果如图 3-25 所示。

3.4 第三方控件

ASP.NET 虽然提供了大量的内置控件,但程序员的实际编程需求远不止这些,这些控件也难以满足用户快速开发程序的需要。为此,有些厂家专门开发了一些可以添加到 ASP.NET 中的控件,我们统称为第三方控件,使用第三方控件能提高程序的开发效率。

3.4.1 验证码控件(WebValidates)

我们在网站上登录或注册时,常常需要输入一个验证码,验证码通过每次生成不同的验证内容,防止基于程序循环的方式而产生的恶意攻击。在网页中编写生成验证码的功能代码是很麻烦的,使用 WebValidates 第三方控件可以方便地生成验证码。

使用 WebValidates 控件的步骤如下:

(1)将 WebValidates.dll 复制至站点内的 Bin 文件夹。

(2)将 Bin 文件夹中的 WebValidates.dll 文件添加到 Visual Studio 工具箱。

(3)拖放控件到页面相应位置。

(4)页面初始化时,编程生成验证码(假设验证码控件 ID 为 snCode)。

snCode.Create();//首次加载生成新验证码

(5)编码对比用户的输入(假设用户输入验证码的文本框 ID 是 txtCode),并做相应的处理。

snCode.CheckSN(txtCode.Text.Trim());//返回 bool 型的值

【案例 3-17】 演示 WebValidates 控件的使用。

(1)创建页面 exp3-17.aspx,在页面添加两个 Label 控件、一个 TextBox 控件、一个 Button 控件和一个 WebValidates 控件,主要代码如下:

```
<form id="form1" runat="server">
<div>
<asp:Label ID="Label1" runat="server" Text="验证码:"></asp:Label>
<asp:TextBox ID="txtCode" runat="server"></asp:TextBox>
<cc1:SerialNumber ID="snCode" runat="server">
</cc1:SerialNumber>
<br/>
<asp:Button ID="Button1" runat="server" Text="登录" onclick="Button1_Click" />
<asp:Label
        ID="label2" Visible="False" runat="server"></asp:Label>
</div>
</form>
```

(2)运行 exp3-17.aspx 页面,单击"登录"按钮后,效果如图 3-26 所示。

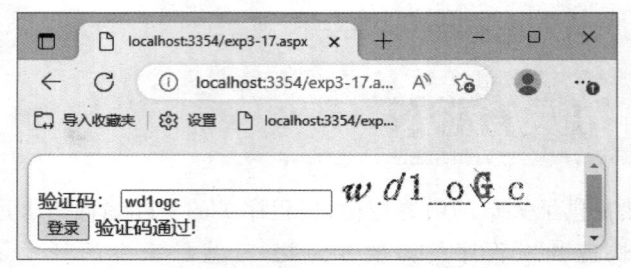

图 3-26　WebValidates 控件的使用

3.4.2　富文本控件（CKEditor）

CKEditor 控件是一款富文本编辑器，是优秀的网页在线文字编辑器之一，该控件实现的功能类似 Word，可以进行文字的输入、编辑、排版，也可以设置文字样式、在线排版、图片上传、文件上传等。

使用 CKEditor 控件的步骤如下：

1. 下载 CKEditor 控件

最新的 CKEditor 可以从 CKEditor 的官网下载，这里我们使用是 CKEditor 3.6.4 版本。将下载的 ckeditor_aspnet_3.6.4.zip 压缩包解压后，得到如图 3-27 所示。

图 3-27　ckeditor_aspnet_3.6.4 文件结构

2. 配置 CKEditor 控件

（1）将 ckeditor_aspnet_3.6.4\bin\Debug 文件夹下的 CKEditor.NET.dll 文件复制到网站的 Bin 文件夹中。

（2）将 ckeditor_aspnet_3.6.4_Samples 文件下的 ckeditor 文件夹复制到网站的根文件夹中。

（3）将 Bin 文件夹中的 CKEditor.NET.dll 文件添加到 Visual Studio 工具箱。

3. 使用 CKEditor 控件

(1)在页面中添加 CKEditor 控件,会自动生成如下的代码:

<% @Register assembly="CKEditor.NET" namespace="CKEditor.NET" tagprefix="CKEditor" %>
<CKEditor:CKEditorControl ID="CKEditorControl1" runat="server" Height="300px" Width="800px"></CKEditor:CKEditorControl>

(2)获取 CKEditor 控件中输入的内容需要使用 Text 属性。

【案例 3-18】 演示 CKEditor 控件的使用。

(1)创建页面 exp3-18.aspx,在页面添加一个 Label 控件、一个 Button 控件和一个 CKEditor 控件。

```
<% @Register assembly="CKEditor.NET" namespace="CKEditor.NET" tagprefix="CKEditor" %>
……
<body>
<form id="form1" runat="server">
<div>
<CKEditor:CKEditorControl ID="CKEditorControl1" runat="server" Height="200px" Width="600px">
</CKEditor:CKEditorControl>
<asp:Button ID="Button1" runat="server" onclick="Button1_Click" Text="提交" />
<br/>
<asp:Label ID="Label1" runat="server"></asp:Label>
<br/>
</div>
</form>
</body>
</html>
```

(2)运行 exp3-18.aspx 页面,单击"提交"按钮后,效果如图 3-28 所示。

图 3-28 CKEditor 控件的使用

3.4.3 JS 日历控件

使用 ASP.NET 中自带的 Calendar 控件有一个缺陷,就是每次日历的显示、隐藏和用户的选择都会造成回传。在访问量大的网站中是很忌讳这些事情的,所以可以选择第三方 JS 版的日历控件。

JS 版的日历控件有很多种,它们具有页面刷新、美观等优点,本教材介绍的是 My97DatePicker 日历控件,它是一款非常灵活好用的日期控件,可以从官网免费下载该控件。

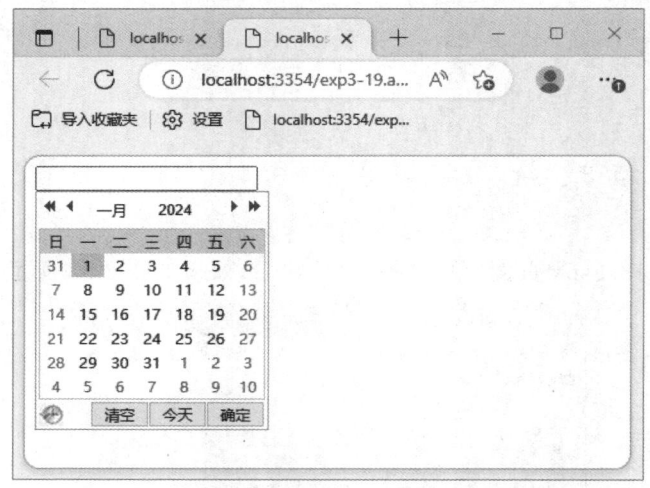

【案例 3-19】 演示 My97DatePicker 日历控件的使用。

(1)创建页面 exp3-19.aspx,在该页面添加一个 TextBox 控件。

(2)将下载的文件复制到网站的根文件夹中,这里放在 My97DatePicker 文件夹中。

(3)在页面 exp3-19.aspx 中添加如下代码,即引入 js 文件。

```
<script language="javascript" type="text/javascript" src="My97DatePicker/WdatePicker.js"></script>
```

(4)给文本框控件添加 onFocus 属性,修改代码如下:

```
<asp:TextBox ID="TextBox1" runat="server" onFocus="WdatePicker()"></asp:TextBox>
```

(5)运行 exp3-19.aspx 页面,单击"文本框"控件,效果如图 3-29 所示。

图 3-29 My97DatePicker 日历控件的使用

任务 3-3 实现"学生基本信息登记表"页面

任务描述

使用控件设计如图 3-30 所示的用户注册页面。

第 3 章 ASP.NET 常用控件

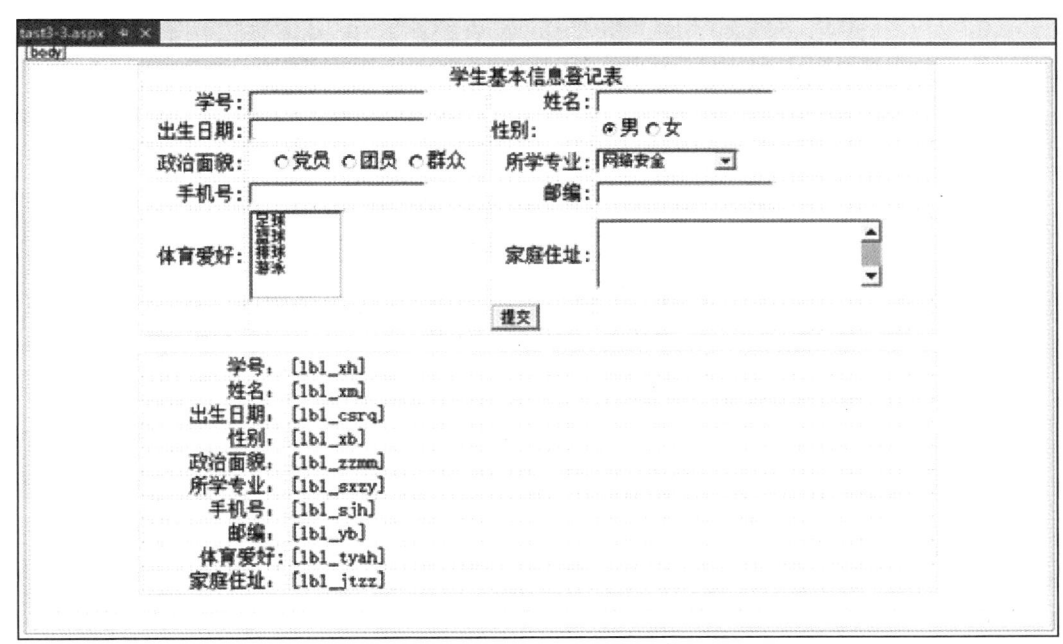

图 3-30 "学生基本信息登记表"添加页面

任务实施

(1) 在 "ch03" 网站项目中添加 tast3-3.aspx 页面。
(2) 按照图 3-30 所示，添加验证控件至页面的相应位置，页面主要代码如下：

```
<head runat="server">
<title></title>
<script language="javascript" type="text/javascript" src="My97DatePicker/WdatePicker.js">
</script>
<style type="text/css">
    .style1
    {
        width: 118px;
    }
</style>
</head>
<body>
<form id="form1" runat="server">
<div>
<table style="width: 78%;" align="center">
<tr>
<td align="center" colspan="4">
学生基本信息登记表</td>
```

```html
</tr>
<tr>
<td align="right">
            学号:</td>
<td>
<asp:TextBox ID="txt_xh" runat="server"></asp:TextBox>
</td>
<td align="right">
            姓名:</td>
<td>
<asp:TextBox ID="txt_xm" runat="server"></asp:TextBox>
</td>
</tr>
<tr>
<td align="right">
            出生日期:</td>
<td>
<asp:TextBox ID="txt_csrq" runat="server" onFocus="WdatePicker()"></asp:TextBox>
</td>
<td>
            性别:</td>
<td>
<asp:RadioButton ID="rdo_na" runat="server" GroupName="sex" Text="男" Checked="True"/>
<asp:RadioButton ID="rdo_nv" runat="server" GroupName="sex" Text="女" />
</td>
</tr>
<tr>
<td align="right">
            政治面貌:</td>
<td>
<asp:RadioButtonlist ID="rdo_zzmm" runat="server"
            RepeatDirection="Horizontal">
<asp:ListItem>党员</asp:ListItem>
<asp:ListItem>团员</asp:ListItem>
<asp:ListItem>群众</asp:ListItem>
</asp:RadioButtonList>
</td>
<td align="right">
            所学专业:</td>
<td class="style4">
<asp:DropDownList ID="ddl_sxzy" runat="server">
<asp:ListItem>网络安全</asp:ListItem>
<asp:ListItem>计算机科学技术</asp:ListItem>
```

```
<asp:ListItem>电气自动化</asp:ListItem>
<asp:ListItem>软件工程</asp:ListItem>
</asp:DropDownList>
</td>
</tr>
<tr>
<td align="right">
                    手机号:</td>
<td>
<asp:TextBox ID="txt_sjh" runat="server"></asp:TextBox>
</td>
<td align="right">
                    邮编:</td>
<td>
<asp:TextBox ID="txt_yb" runat="server"></asp:TextBox>
</td>
</tr>
<tr>
<td align="right">
                    体育爱好:</td>
<td class="style2">
<asp:ListBox ID="lst_tyah" runat="server" Height="76px" Width="79px"
                    SelectionMode="Multiple">
<asp:ListItem>足球</asp:ListItem>
<asp:ListItem>篮球</asp:ListItem>
<asp:ListItem>排球</asp:ListItem>
<asp:ListItem>游泳</asp:ListItem>
</asp:ListBox>
</td>
<td align="right">
                    家庭住址:</td>
<td class="style4">
<asp:TextBox ID="txt_jtzz" runat="server" Height="52px" TextMode="MultiLine"
                    Width="233px"></asp:TextBox>
</td>
</tr>
<tr>
<td align="right">
 </td>
<td>
 </td>
<td align="left">
<asp:Button ID="Button1" runat="server" onclick="Button1_Click" Text="提交" />
```

```html
</td>
<td>
 </td>
</tr>
</table>
<br/>
<table style="width: 78%;" align="center" runat="server" visible="false"
        id="table1">
<tr>
<td align="right" class="style1">
            学号:</td>
<td>
<asp:Label ID="lbl_xh" runat="server"></asp:Label>
</td>
</tr>
<tr>
<td align="right" class="style1">
            姓名:</td>
<td>
<asp:Label ID="lbl_xm" runat="server"></asp:Label>
</td>
</tr>
<tr>
<td align="right" class="style1">
            出生日期:</td>
<td>
<asp:Label ID="lbl_csrq" runat="server"></asp:Label>
</td>
</tr>
<tr>
<td align="right" class="style1">
            性别:</td>
<td>
<asp:Label ID="lbl_xb" runat="server"></asp:Label>
</td>
</tr>
<tr>
<td align="right" class="style1">
            政治面貌:</td>
<td>
<asp:Label ID="lbl_zzmm" runat="server"></asp:Label>
</td>
</tr>
```

```
<tr>
<td align="right" class="style1">
        所学专业：</td>
<td>
<asp:Label ID="lbl_sxzy" runat="server"></asp:Label>
</td>
</tr>
<tr>
<td align="right" class="style1">
        手机号：</td>
<td>
<asp:Label ID="lbl_sjh" runat="server"></asp:Label>
</td>
</tr>
<tr>
<td align="right" class="style1">
        邮编：</td>
<td>
<asp:Label ID="lbl_yb" runat="server"></asp:Label>
</td>
</tr>
<tr>
<td align="right" class="style1">
        体育爱好：</td>
<td>
<asp:Label ID="lbl_tyah" runat="server"></asp:Label>
</td>
</tr>
<tr>
<td align="right" class="style1">
        家庭住址：</td>
<td>
<asp:Label ID="lbl_jtzz" runat="server"></asp:Label>
</td>
</tr>
</table>
<br/>
</div>
</form>
</body>
```

（3）在 tast3-3.aspx.cs 中添加"提交"按钮事件过程代码，如下：

```
protected void Button1_Click(object sender, EventArgs e)
    {
        table1.Visible = true;
        lbl_xh.Text = txt_xh.Text;
        lbl_xm.Text = txt_xm.Text;
        lbl_csrq.Text = txt_csrq.Text;
        if (rdo_na.Checked) lbl_xb.Text ="男"; else lbl_xb.Text = "女";
        lbl_zzmm.Text = Chk_zzmm.SelectedItem.Text;
        lbl_sxzy.Text = ddl_sxzy.SelectedItem.Text;
        lbl_sjh.Text = txt_sjh.Text;
        lbl_yb.Text = txt_yb.Text;
        lbl_tyah.Text = "";
        for (int i=0;i<lst_tyah.Items.Count;i++)
        {
            if (lst_tyah.Items[i].Selected)
            { lbl_tyah.Text += " " + lst_tyah.Items[i].Text; }
        }
        lbl_jtzz.Text = txt_jtzz.Text;
    }
```

（4）运行 tast3-3.aspx 页面，效果如图 3-31 所示。

图 3-31　单击"提交"按钮后的运行效果

本章小结

ASP.NET拥有大量的控件,这些控件为ASP.NET编程者提供了大量的编程资源,节省了编写代码的时间。ASP.NET的控件分为HTML服务器控件、Web服务器控件两大类。本章通过大量的案例主要介绍了标准Web服务器控件的使用,这些标准Web服务器控件包含了文本类型的控件、按钮类型的控件、选择类型的控件、链接类型的控件、图像控件和文件上传控件;重点介绍了验证控件的功能与使用方法;还介绍了非常实用的验证码控件、富文本控件、JS日历控件等第三方控件。

习题

一、单选题

❶ 在Web窗体中,放置一个HTML控件,采用下列(　　)方法变为HTML服务器控件。

A. 添加runat="server"和设置Attribute属性
B. 添加id属性和Attribute属性
C. 添加runat="server"和设置id属性
D. 添加runat="server"和设置Value属性

❷ (　　)用于在页面上显示文本输入。

A. Label　　　　B. TextBox　　　　C. Button　　　　D. LinkButton

❸ (　　)控件主要用于接收用户文本输入。

A. Label　　　　B. TextBox　　　　C. Button　　　　D. LinkButton

❹ 要把一个TextBox设置成密码输入框,应该设置(　　)属性。

A. Columns　　　B. Rows　　　　　C. Text　　　　　D. TextMode

❺ (　　)控件在浏览器中显示为一个单选按钮,一般情况下它是成组出现的,并且只能选择一个。

A. CheckBox　　B. TextBox　　　　C. RadioButton　　D. Button

❻ CheckBox是我们常用的控件,它是指(　　)。

A. 列表框　　　　B. 文本框　　　　C. 复选框　　　　D. 标签

❼ 下列控件可以同时被选中多个的是(　　)。

A. RadioButton　B. CheckBox　　　C. ListBox　　　　D. TextBox

❽ 下列控件不包含ImageUrl属性的是(　　)。

A. HyperLink　　B. Image　　　　C. ImageButton　　D. LinkButton

❾ 用于在ASP.net页面上显示图像的控件是(　　)。

A. orderColor　　B. BorderColor　　C. RadioButton　　D. Image

❿ AlternateText属性是(　　)控件特有的属性。

A. HyperLink　　B. Image　　　　C. ListBox　　　　D. LinkButton

⓫ 可使用户能够方便地在网站的不同页面之间实现跳转的控件是(　　)。

101

A. HyperLink　　　B. CausesValidation　C. Checked　　　　D. SelectedIndex

⑫ 添加一个服务器 CheckBox 控件，单击该控件不能生成一个回发，那么如何做才能让 CheckBox 的事件页面被提交？（　　）

A. 设置 IE 浏览器可以运行脚本　　　　B. AutoPostBack 属性设置为 true
C. AutoPostBack 属性设置为 false　　　D. 为 CheckBox 添加 Click 事件

⑬ 如果希望控件的内容变化后，立即回传页面，需要在控件中添加（　　）属性。

A. AutoPostBack="true"　　　　　　　B. AutoPostBack="false"
C. IsPostBack="true"　　　　　　　　　D. IsPostBack="false"

⑭ 下面控件中，（　　）可以将其他控件包含在其中，所以它常常用来包含一组控件。

A. Calendar　　　B. Button　　　　C. Panel　　　　D. DropDownList

⑮ 下面对服务器验证控件说法正确的是（　　）。

A. 可以在客户端直接验证用户输入，并显示出错消息
B. 服务器验证控件种类丰富共有十余种
C. 服务器验证控件只能在服务器端使用
D. 各种验证控件不具有共性，各自完成功能

⑯ 用户登录界面中要求用户必须填写用户名和密码才能提交，应使用（　　）控件。

A. RequiredFieldValidator　　　　　　B. RangeValidator
C. CustomValidator　　　　　　　　　D. CompareValidator

⑰ 在一个注册界面中，包含用户名、密码、身份证三项注册信息，并为每个控件设置了必须输入的验证控件，但为了测试的需要，暂时取消该页面的验证功能，该如何做？（　　）

A. 将提交按钮的 CausesValidation 属性设置为 true
B. 将提交按钮的 CausesValidation 属性设置为 false
C. 将相关的验证控件属性 ControlToValidate 设置为 true
D. 将相关的验证控件属性 ControlToValidate 设置为 false

⑱ 现有一课程成绩输入框，成绩范围为 0~100，这里最好使用（　　）验证控件。

A. RequiredFieldValidator　　　　　　B. CompareValidator
C. RangeValidator　　　　　　　　　　D. RegularExpressionValidator

⑲ 如果需要确保用户输入大于 30 的值，应该使用（　　）验证控件。

A. RequiredFieldValidator　　　　　　B. CompareValidator
C. RangeValidator　　　　　　　　　　D. RegularExpressionValidator

⑳ RegularExpressionValidator 控件中可以加入正则表达式，下面选项对正则表达式说法正确的是（　　）。

A. "."表示任意数字
B. "*"表示和其他表达式一起，表示任意组合
C. "\d"表示任意字符
D. "[A-Z]"表示 A-Z 有顺序的大写字母

㉑ 下面对 CustomValidator 控件说法错误的是（　　）。

A. 控件允许用户根据程序设计需要自定义控件的验证方法
B. 控件可以添加客户端验证方法和服务器端验证方法

C. ClientValidationFunction 属性指定客户端验证方法

D. runat 属性用来指定服务器端验证方法

㉒ 使用 ValidationSummary 控件时需要以对话框的形式来显示错误信息,需要( )。

A. 设置 ShowSummary 为 true　　B. 设置 ShowMessage 为 true

C. 设置 ShowMessage 为 false　　D. 设置 ShowSummary 为 false

㉓ 创建一个 Web 窗体,其中包括多个控件,并添加了验证控件进行输入验证,同时禁止所有客户端验证。当单击按钮提交窗体时,为了确保只有当用户输入的数据完全符合验证时才执行代码处理,需( )。

A. 在 Button 控件的 Click 事件处理程序中,测试 Page.IsValid 属性,若该属性为 true 则执行代码

B. 在页面的 Page_Load 事件处理程序中,测试 Page.IsValid 属性,若该属性为 true 则执行代码

C. 在 Page_Load 事件处理程序中调用 Page 的 Validate 方法

D. 为所有的验证控件添加 runat="server"

二、填空题

❶ RadioButtonList 服务器控件的_____属性决定单选按钮是水平还是垂直方式显示。_____属性可以获取或设置在 RadioButtonList 控件中显示的列数。

❷ 在 ASP.NET 中,服务器控件分为_____和_____。

❸ 文本类型的控件常用的有_____和_____。

❹ _____是一个可以用来显示图片的按钮。

❺ 如果将多个单选按钮设置为一组,就需要将多个单选按钮的_____属性设置为同一个值。

❻ DropDownList 控件中的每个选项是通过_____元素来定义的。

❼ _____是将所有选项都显示出来,使用该控件时,允许用户一次选择多个选项。

❽ 如果希望将特定的输入控件与另一个输入控件相比较,需要使用_____验证控件。

❾ 在 RangeValidator 控件中,通过_____属性指定要验证的输入控件;MinimumValue 属性指定有效范围的最小值;_____属性指定有效范围的最大值;Type 属性用于指定要比较的值的数据类型。

❿ 通过_____控件验证用户是否在文本框中输入了数据;通过 CompareValidator 控件将输入控件的值与常数值或其他输入控件的值相比较,以确定这两个值是否与比较运算符(小于、等于、大于)指定的关系相匹配;通过_____控件可以自定义验证规则;_____控件用于罗列网页上所有验证控件的错误消息。

三、判断题

❶ Label 控件显示的信息可分为静态和动态两种。　　　　　　　　(　)

❷ LinkButton 控件是一个超文本按钮,它的功能不同于 Button 控件。(　)

❸ 位于同一个 CheckBoxList 中的复选框允许同时选中几个或全部选项。(　)

❹ 单选按钮在任一时刻,可以有多个单选按钮被选中。　　　　　　(　)

❺ DropDownList 控件与 ListBox 控件的不同之处在于它只在框中显示选定项，同时还显示下拉按钮。（　　）

❻ 列表框可以为用户提供所有选项的列表。（　　）

❼ TextBox 常用的事件有 TextChanged，该事件在文本框被点击时发生。（　　）

四、问答题

❶ Button、LinkButton 和 ImageButton 控件有什么共同点？

❷ 比较 ListBox 和 DropDownList 控件的相同点和不同点。

❸ 验证控件有几种类型？分别写出它们的名称与功能。

❹ 验证控件的 ErrorMessage 和 Text 都可以设置验证失败时显示的错误信息，两者有什么不同？

❺ 什么是第三方控件，列举出三个常用的第三方控件并分别简述它们的作用。

第 4 章　ASP.NET 内置对象

学习目标
- 了解 ASP.NET 基本内置对象
- 掌握常用内置对象的基本功能
- 掌握常用内置对象的应用方法

相关知识点
- Response 对象的应用
- Request 对象的应用
- Application 对象的应用
- Cookie、Session 对象的应用
- Server 对象的应用

素质培养

4.1　内置对象概述

Web 应用程序在传统的意义上来说是无状态的，Web 应用不能维持客户端状态，所以在 Web 应用中，通常需要使用内置对象进行客户端状态的保存。这些内置对象能够为 Web 应用程序的开发提供设置、配置及检索等功能。

在 ASP 的开发中，内置对象就已经存在，这些内置对象包括 Request、Response、Application、Server 等，虽然 ASP 是一个可以称得上"过时的"技术，但是在 ASP.NET 开发人员中依旧可以使用这些对象。这些对象不仅能够获取页面传递的参数，某些对象还可以保存用户的信息，如 Cookie、Session 等。

4.2 Request 对象

4.2.1 Request 对象概述

Request 对象用于检索从浏览器向服务器所发送请求中的信息,它提供对当前页请求的访问,包括标题、Cookie、客户端证书、查询字符串等,并与 HTTP 协议的请求消息相对应。

4.2.2 Request 对象常用属性和方法

该对象可以获得 Web 请求的 HTTP 数据包的全部信息,其常用属性和方法见表 4-1 和表 4-2。

表 4-1　　　　　　　　　　　Request 对象常用属性及说明

属性	说明
ApplicationPath	获取服务器上 ASP.NET 应用程序虚拟应用程序的根目录路径
Browser	获取或设置有关正在请求的客户端浏览器的功能信息
ContentLength	指定客户端发送的内容长度(以字节计)
Cookies	获取客户端发送的 Cookie 集合
FilePath	与 ApplicationPath 相同,即获取服务器上当前请求的虚拟路径
Files	获取采用多部分 MIME 格式的由客户端上加载的文件集合
Form	获取窗体变量集合
Item	从 Cookies、Form、QueryString 或 ServerVariables 集合中获取指定的对象
Params	获取 QueryString、Form、ServerVariables 和 Cookies 项的组合集合
Path	获取当前请求的虚拟路径
QueryString	获取 HTTP 查询字符串变量集合
UserHostAddress	获取远程客户端 IP 主机地址
UserHostName	获取远程客户端 DNS 名称

表 4-2　　　　　　　　　　　Request 对象常用方法及说明

方法	说明
MapPath	为当前请求的 URL 中的虚拟路径映射到服务器上的物理路径
SaveAs	将 HTTP 请求保存到磁盘

4.2.3 使用 Request 对象获取页面间传送的值

Request 对象通过 Params 属性和 QueryString 属性获取页面间传送的值。

【案例 4-1】 获取页面间传送的值。本案例通过 Request 对象的不同属性实现获取请求页面的值。执行程序,单击"跳转"按钮,运行结果如图 4-1 所示。

图 4-1　Request 对象获取请求页的值

程序实现的主要步骤为：

(1)新建一个网站,默认主页为 Default.aspx。在页面上添加一个 Button 控件,ID 属性设置为 btnRedirect,Text 属性设置为"跳转"。在按钮的 btnRedirect_Click 事件中实现页面跳转并传值的功能。代码如下：

```
protected void btnRedirect_Click(object sender, EventArgs e)
{
    Response.Redirect("Request.aspx? value=获得页面间的传值");
}
```

(2)在该网站中,添加一个新页,将其命名为 Request.aspx。在页面 Request.aspx 的初始化事件中用不同方法获取 Request 传递过来的参数,并将其输出到页面上。代码如下：

```
protected void Page_Load(object sender, EventArgs e)
{
    Response.Write("使用Request[string key]方法"+Request["value"]+"<br>");
    Response.Write("使用Request.Params[string key]方法" + Request.Params["value"]
    +"<br>");
    Response.Write("用Request.QueryString[string key]方法"+ Request.QueryString
    ["value"]);
}
```

4.2.4　使用 Request 对象获取客户端浏览器信息

用户使用 Request 对象的 Browser 属性访问 HttpBrowserCapabilties 属性获得当前正在使用哪种类型的浏览器浏览网页,并且可以获得该浏览器是否支持某些特定功能。

【案例 4-2】　获取客户端浏览器信息,下面通过 Request 对象的 Browser 属性获取客户浏览器信息。执行程序,案例运行结果如图 4-2 所示。

程序实现的主要步骤为：

新建一个网站,默认主页为 Default.aspx。在 Default.aspx 的 Page_Load 事件中先定义 HttpBrowserCapabilities 的类对象用于获取 Request 对象的 Browser 属性的返回值。代码如下：

```
protected void Page_Load(object sender, EventArgs e)
{
    HttpBrowserCapabilities b = Request.Browser;
    Response.Write("客户端浏览器信息:");
    Response.Write("<hr>");
    Response.Write("类型:" + b.Type + "<br>");
    Response.Write("名称:" + b.Browser + "<br>");
    Response.Write("版本:" + b.Version + "<br>");
    Response.Write("操作平台:" + b.Platform + "<br>");
    Response.Write("是否支持框架:" + b.Frames + "<br>");
    Response.Write("是否支持表格:" + b.Tables + "<br>");
    Response.Write("是否支持Cookies:" + b.Cookies + "<br>");
    Response.Write("<hr>");
}
```

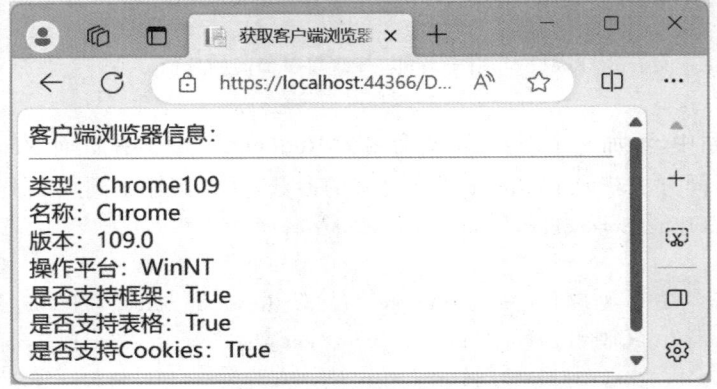

图 4-2 获取客户端浏览器信息

4.3 Response 对象

4.3.1 Response 对象概述

Response 对象用于将数据从服务器发送回浏览器。它允许将数据作为请求的结果发送到浏览器中，并提供有关响应的信息。Response 对象可以用来在页面中输入数据、在页面中跳转，还可以传递各个页面的参数，并与 HTTP 协议的响应消息相对应。

4.3.2 Response 对象常用属性和方法

Response 对象将 HTTP 相应数据发送到客户端，并包含有关响应的信息，其常用属性和方法见表 4-3 和表 4-4。

表 4-3　　　　　　　　　　　Response 对象常用属性及说明

属性	说明
Buffer	获取或设置一个值,该值指示是否缓冲输出,并在完成处理整个响应之后将其发送
Cache	获取 Web 页的缓存策略,如过期时间、保密性、变化子句等
Charset	设定或获取 HTTP 的输出字符编码
Expires	获取或设置在浏览器上缓存的页过期之前的分钟数
Cookies	获取当前请求的 Cookie 集合
IsClientConnected	传回客户端是否仍然和 Server 连接
SuppressContent	设定是否将 HTTP 的内容发送至客户端浏览器,若为 True,则网页将不会传至客户端

表 4-4　　　　　　　　　　　Response 对象常用方法及说明

方法	说明
AddHeader	将一个 HTTP 头添加到输出流
AppendToLog	将自定义日志信息添加到 IIS 日志文件
Clear	将缓冲区的内容清除
End	将目前缓冲区中所有的内容发送至客户端然后关闭
Flush	将缓冲区中所有的数据发送至客户端
Redirect	将网页重新导向另一个地址
Write	将数据输出到客户端
WriteFile	将指定的文件直接写入 HTTP 内容输出流

4.3.3　应用 Response 对象在页面中输出数据

Response 对象通过 Write 方法或 WriteFile 方法在页面上输出数据。输出的对象可以是字符、字符数组、字符串、对象或文件。

【案例 4-3】　在页面中输出数据。该案例主要是使用 Write 方法和 WriteFile 方法实现在页面上输出数据。在运行程序之前,在 F 盘上新建一个 WriteFile.txt 文件,文件内容为"Hello World!!! Hello World!!! Hello World!!!"。执行程序,运行结果如图 4-3 所示。

程序实现的主要步骤为:

新建一个网站,默认主页为 Default.aspx。在 Default.aspx 的 Page_Load 事件中先定义 4 个变量,分别为字符型变量、字符数组变量、字符串变量和 Page 对象,然后将定义的数据在页面上输出。代码如下:

```
char c = 'a';
string s = "Hello World!";
char[] cArray = { 'H', 'e', 'l', 'l', 'o', ' ', 'w', 'o', 'r', 'l', 'd' };
Page p = new Page();
Response.Write("输出单个字符");
Response.Write(c);
Response.Write("<br>");
Response.Write("输出一个字符串" + s + "<br>");
Response.Write("输出字符数组");
```

```
Response.Write(cArray, 0, cArray.Length);
Response.Write("<br>");
Response.Write("输出一个对象");
Response.Write(p);
Response.Write("<br>");
Response.Write("输出一个文件");
Response.WriteFile(@"F:\WriteFile.txt");
```

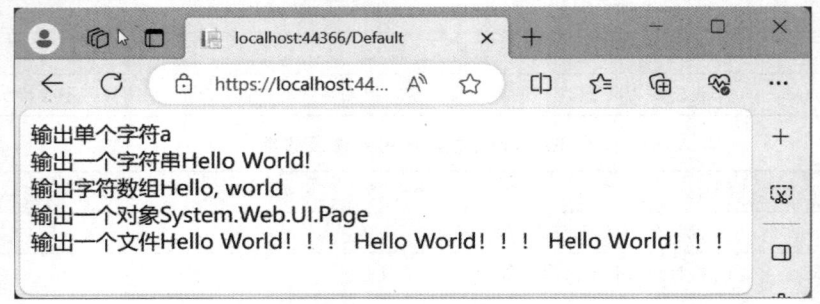

图 4-3　在页面输出数据

注意：输出一个文件时,该文件必须是已经存在的。如果不存在,将产生异常"未能找到文件"。

4.3.4　应用 Response 对象实现页面跳转并传递参数

Response 对象的 Redirect 方法可以实现页面重定向的功能,并且在重定向到新的 URL 时可以传递参数。

例如:将页面重定向到 welcome.aspx 页面的代码如下:

```
Response.Redirect("~/welcome.aspx");
```

在页面重定向 URL 时传递参数,使用"?"分隔页面的链接地址和参数,当有多个参数时,参数与参数之间使用"&"分隔。

例如:将页面重定向到 welcome.aspx 页面并传递参数的代码如下:

```
Response.Redirect("~/welcome.aspx?parameter=one");
Response.Redirect("~/welcome.aspx?parameter1=one&parameter2=other");
```

【**案例 4-4**】　页面跳转并传递参数。该案例主要通过 Response 对象的 Redirect 方法实现页面跳转并传递参数。执行程序 Default.aspx,在 TextBox 文本框中输入姓名并选择性别,单击"确定"按钮,跳转到 welcome.aspx 页面,程序运行结果如图 4-4 和图 4-5 所示。

图 4-4　页面跳转传递参数　　　　　　　　图 4-5　重定向的新页

程序实现主要步骤如下：

(1) 新建一个网站，默认主页为 Default.aspx，在 Default.aspx 页面上添加一个 TextBox 控件、一个 Button 控件和两个 RadioButton 控件，属性设置及用途见表 4-5。

表 4-5　　　　　　　　Default.aspx 页面中控件属性设置及其用途

控件类型	控件名称	主要属性设置	用途
标准/TextBox 控件	txtName	—	输入姓名
标准/Button 控件	btnOK	Text 属性设置为"确定"	执行页面跳转并传递参数的功能
标准/RadioButton 控件	rbtnSex1	Text 属性设置为"男"	显示"男"文本
		Checked 属性设置为 true	显示为选中状态
	rbtnSex2	Text 属性设置为"女"	显示"女"文本

在"确定"按钮的 btnOK_Click 事件中实现跳转到页面 welcome.aspx 页面并传递参数 Name 和 Sex。代码如下：

```
protected void btnOK_Click(object sender, EventArgs e)
{
string name=this.txtName.Text;
string sex="先生";
if(rbtnSex2.Checked)
sex="女士";
    Response.Redirect("~/welcome.aspx? Name="+name+"&Sex="+sex);
}
```

(2) 在该网站中，添加一个新页，将其命名为 welcome.aspx。在页面 welcome.aspx 的初始化事件中获取 Response 对象传递的参数，并将其输出在页面上。代码如下：

```
protected void Page_Load(object sender, EventArgs e)
{
string name = Request.Params["Name"];
string sex = Request.Params["Sex"];
Response.Write("欢迎"+name+sex+"!");
}
```

4.4　Application 对象

4.4.1　Application 对象概述

Application 对象用于共享应用程序级信息，即多个用户共享一个 Application 对象。

当第一个用户请求 ASP.NET 文件时，将启动应用程序并创建 Application 对象。一旦 Application 对象被创建，它就可以共享和管理整个应用程序的信息。在应用程序关闭之前，Application 对象将一直存在。所以，Application 对象是用于启动和管理 ASP.NET 应用程序的主要对象。

4.4.2 Application 对象常用集合、属性和方法

Application 对象的常用集合及说明见表 4-6。

表 4-6　　　　　　　　　　Application 对象的常用集合及说明

集合	说明
Contents	用于访问应用程序状态集合中的对象名
StaticObjects	确定某对象指定属性的值或遍历集合,并检索所有静态对象的属性

Application 对象的常用属性及说明见表 4-7。

表 4-7　　　　　　　　　　Application 对象的常用属性及说明

属性	说明
AllKeys	返回全部 Application 对象变量名到一个字符串数组中
Count	获取 Application 对象变量的数量
Item	允许使用索引或 Application 变量名称传回内容值

Application 对象的常用方法及说明见表 4-8。

表 4-8　　　　　　　　　　Application 对象的常用方法及说明

方法	说明
Add	新增一个 Application 对象变量
Clear	清除全部 Application 对象变量
Lock	锁定全部 Application 对象变量
Remove	使用变量名称移除 Application 对象变量
RemovcAll	移除全部 Application 对象变量
Set	使用变量名称更新 Application 对象变量的内容
UnLock	解除锁定的 Application 对象变量

4.4.3 使用 Application 对象存储和读取全局变量

Application 对象用来存储和维护某些值,这就需要通过定义变量来完成。Application 对象定义的变量为应用程序级变量,即全局变量。变量可以在 Global.asax 文件或 aspx 页面中进行声明。语法如下:

Application["varName"]=值;其中,varName 是变量名。例如:

```
Application.Lock();
Application["Name"]="小亮";
Application.UnLock();
Response.Write("Application[\"Name\"]的值为:"+Application["Name"].ToString());
```

> **注意**　由于应用程序中的所有页面都可以访问应用程序变量,因此为了确保数据的一致性,必须对 Application 对象加锁。

4.4.4 设计访问计数器

访问计数器主要是用来记录应用程序曾经被访问次数的组件。用户可以通过 Application 对象和 Session 对象实现这一功能。

【案例 4-5】 访问计数器，该案例主要在 Global.aspx 文件中对访问人数进行统计，并在 Default.aspx 文件中将统计结果显示出来。程序执行结果如图 4-6 所示。

图 4-6 访问计数器

程序实现的主要步骤为：

(1) 新建一个网站，添加一个全局应用程序类（Global.asax 文件），在该文件的 Application_Start 事件中将访问数初始化为 0，代码如下：

```
void Application_Start(object sender, EventArgs e)
{
    // 在应用程序启动时运行的代码
    Application["count"] = 0;
}
```

当有新的用户访问网站时，将建立一个新的 Session 对象，并在 Session 对象的 Session_Start 事件中对 Application 对象加锁，以防止因为多个用户同时访问页面造成并行，同时将访问人数加 1；当用户退出该网站时，将关闭该用户的 Session 对象，同时对 Application 对象加锁，然后将访问人数减 1。代码如下：

```
void Session_Start(object sender, EventArgs e)
{
    // 在新会话启动时运行的代码
    Application.Lock();
    Application["count"] = (int)Application["count"] + 1;
    Application.UnLock();
}
void Session_End(object sender, EventArgs e)
{
    // 在会话结束时运行的代码
    // 注意：只有在 Web.config 文件中的 sessionstate 模式设置为
    // InProc 时，才会引发 Session_End 事件。如果会话模式设置为 StateServer
    // 或 SQLServer，则不会引发该事件。
    Application.Lock();
    Application["count"] = (int)Application["count"] - 1;
    Application.UnLock();
}
```

(2)对 Global.asax 文件进行设置后,需要将访问人数在网站的默认主页 Default.aspx 中显示出来。在 Default.aspx 页面上添加一个 Label 控件,用于显示访问人数。代码如下:

```
protected void Page_Load(object sender, EventArgs e)
{
    Label1.Text = "您是该网站的第" + Application["count"].ToString() + "个访问者";
}
```

4.5 Session 对象

4.5.1 Session 对象概述

Session 对象用于存储在多个页面调用之间特定用户的信息。Session 对象只针对单一网站使用者,不同的客户端之间无法互相访问。Session 对象中止于联机机器离线时,也就是当网站使用者关掉浏览器或超过设定 Session 对象的有效时间时,Session 对象变量就会关闭。

4.5.2 Session 对象常用集合、属性和方法

Session 对象的常用集合及说明见表 4-9。

表 4-9　　　　　　　　　　Session 对象的常用集合及说明

集合名	说明
Contents	用于确定指定会话项的值或遍历 Session 对象的集合
StaticObjects	确定某对象指定属性的值或遍历集合,并检索所有静态对象的所有属性

Session 对象的常用属性及说明见表 4-10。

表 4-10　　　　　　　　　　Session 对象的常用属性及说明

属性	说明
TimeOut	传回或设定 Session 对象变量的有效时间,当使用者超过有效时间没有动作时,Session 对象就会失效。默认值为 20 分钟

Session 对象的常用方法及说明见表 4-11。

表 4-11　　　　　　　　　　Session 对象的常用方法及说明

方法	说明
Abandon	此方法为结束当前会话,并清除会话中的所有信息。如果用户随后访问页面,可以为它创建新会话("重新建立"非常有用,这样用户就可以得到新的会话)
Clear	此方法为清除全部的 Session 对象变量,但不结束会话

4.5.3 使用 Session 对象存储和读取数据

使用 Session 对象定义的变量为会话变量。会话变量只能用于会话中特定的用户,应用程序的其他用户不能访问或修改这个变量,而应用程序变量则可由应用程序的其他用户访问或修改。Session 对象定义变量的方法与 Application 对象相同,都是通过"键/值"对的方式来保存数据。语法如下:

Session[varName]=值；

其中,varName 为变量名,例如：

//将 TextBox 控件的文本存储到 Session["Name"]中

Session["Name"]=TextBox1.Text；

//将 Session["Name"]的值读取到 TextBox 控件中

TextBox1.Tex=Session["Name"].ToString();

【案例 4-6】 登录时使用 Session 对象保存用户信息。用户登录后通常会记录该用户的相关信息,而该信息是其他用户不可见并且不可访问的,这就需要使用 Session 对象进行存储。下面通过案例介绍如何使用 Session 对象保存当前登录用户的信息。执行程序,运行结果如图 4-7 所示。

图 4-7　Session 示例

程序实现的主要步骤为：

(1)新建一个网站,默认主页为 Default.aspx,将其命名为 Login.aspx。在 Login.aspx 页面上添加两个 TextBox 控件和两个 Button 控件,它们的属性设置见表 4-12。

表 4-12　　　　　　　Default.aspx 页面中控件属性设置及其用途

控件类型	控件名称	主要属性设置	用途
标准/TextBox 控件	txtUserName	——	输入用户名
	txtPwd	TextMode 属性设置为"Password"	输入密码
标准/Button 控件	btnLogin	Text 属性设置为"登录"	登录按钮
	btnCancel	Text 属性设置为"取消"	取消按钮

用户单击"登录"按钮,将触发按钮的 btnLogin_Click 事件。在该事件中,使用 Session 对象记录用户名及用户登录系统的时间,并跳转到 Welcome.aspx 页面。代码如下：

```
protected void btnLogin_Click(object sender, EventArgs e)
{
    if (txtUserName.Text=="wen" && txtPwd.Text =="8888")
    {
        Session["UserName"] = txtUserName.Text;//使用 Session 变量记录用户名
        Session["LoginTime"] = DateTime.Now;//使用 Session 变量记录用户登录系统的时间
        Response.Redirect("~/Welcome.aspx"); //跳转到主页
    }
    else
    {
        Response.Write("<script>alert('登录失败！请返回');location='Login.aspx'</script>");
    }
}
```

(2) 在该网站中，添加一个新页，将其命名为 Welcome.aspx。在页面 Welcome.aspx 的初始化事件中，将登录页中保存的用户登录信息显示在页面上。代码如下：

```
protected void btnCancel_Click(object sender, EventArgs e)
{
    txtPwd.Text = "";
    txtUserName.Text = "";
}
```

4.6 Cookie 对象

4.6.1 Cookie 对象概述

Cookie 对象用于保存客户端浏览器请求的服务器页面，也可用它存放非敏感性的用户信息，信息保存的时间可以根据用户的需要进行设置。并非所有的浏览器都支持 Cookie，并且数据信息是以文本的形式保存在客户端计算机中。

4.6.2 Cookie 对象常用属性和方法

Cookie 对象的常用属性及说明见表 4-13。

表 4-13　　　　　　　　　　Cookie 对象的常用属性及说明

属性	说明
Expires	设定 Cookie 变量的有效时间，默认为 1000 分钟，若设为 0，则可以实时删除 Cookie 变量
Name	取得 Cookie 变量的名称
Value	获取或设置 Cookie 变量的内容值
Path	获取或设置 Cookie 适用的 URL

Cookie 对象的常用方法及说明见表 4-14。

表 4-14　　　　　　　　　　Cookie 对象的常用方法及说明

方法	说明
Equals	确定指定 Cookie 是否等于当前的 Cookie
ToString	返回此 Cookie 对象的一个字符串表示形式

4.6.3 使用 Cookie 对象保存和读取客户端信息

要保存一个 Cookie 变量，可以通过 Response 对象的 Cookies 集合，其使用语法如下：

Response.Cookies[varName]=值；

其中，varName 为变量名。

要读取 Cookie，使用 Request 对象的 Cookies 集合，并将指定的 Cookies 集合返回，其使用语法如下：

变量名=Request.Cookies[varName].Value；

【案例 4-7】 使用 Cookie 对象保存和读取客户端信息。下面的案例分别通过 Response 对象和 Request 对象的 Cookies 属性将客户端的 IP 地址写入 Cookie 中并读取出来。执行程序，运行结果如图 4-8 所示。

程序实现的主要步骤为：

新建一个网站，默认主页为 Default.aspx，在 Default.aspx 页面上添加两个 Button 控件和一个 Label 控件，它们的属性设置见表 4-15。单击"将用户 IP 写入 Cookie"按钮，将触发按钮的 Click 事件。在该事件中首先利用 Request 对象的 UserHostAddress 属性获取客户端 IP 地址，然后将 IP 保存到 Cookie 中。代码如下：

```
protected void btnWrite_Click(object sender, EventArgs e)
{
    string UserIP = Request.UserHostAddress.ToString();
    Response.Cookies["IP"].Value = UserIP;
}
```

单击"将用户 IP 从 Cookie 中读出"按钮，从 Cookie 中读出写入的 IP，代码如下：

```
protected void btnRead_Click(object sender, EventArgs e)
{
    this.Label1.Text = Request.Cookies["IP"].Value;
}
```

由于 Cookie 对象可以保存和读取客户端的信息，用户可以通过它对登录的客户进行标识，防止用户恶意攻击网站。例如在线投票中，可以使用 Cookie，防止用户进行重复投票。

图 4-8 Cookie 示例

表 4-15　　Default.aspx 页面中控件属性设置及其用途

控件类型控件名称	主要属性设置	用途
标准/Label 控件 Label1	—	显示用户 IP
标准/Button 控件 btnWrite	Text 属性设置为"将用户 IP 写入 Cookie"	将用户 IP 保存在 Cookie 中
标准/Button 控件 btnRead	Text 属性设置为"将用户 IP 从 Cookie 中读出"	将用户 IP 从 Cookie 中读出

4.7 Server 对象

4.7.1 Server 对象概述

Server 对象定义了一个与 Web 服务器相关的类，用于访问服务器上的资源。

4.7.2 Server 对象的常用属性和方法

Server 对象的常用属性及说明见表 4-16。

表 4-16　　　　　　　　　Server 对象的常用属性及说明

属性	说明
MachineName	获取服务器的计算机名称
ScriptTimeout	获取和设置请求超时值（以秒计）

Server 对象的常用方法及说明见表 4-17。

表 4-17　　　　　　　　　Server 对象的常用方法及说明

方法	说明
Execute	在当前请求的上下文中执行指定资源的处理程序，然后将控制返回给该处理程序
HtmlDecode	对已被编码的消除无效的 HTML 字符的字符串进行解码
HtmlEncode	对要在浏览器中显示的字符串进行编码
MapPath	返回与 Web 服务器上的指定虚拟路径相对应的物理文件路径
UrlDecode	对字符串进行解码，该字符串为了进行 HTTP 传输而进行编码并在 URL 中发送到服务器
UrlEncode	编码字符串，以便通过 URL 从 Web 服务器到客户端进行可靠的 HTTP 传输
transfer	终止当前页的执行，并为当前请求开始执行新页

4.7.3 使用 Server 对象的 Execute 方法和 Transfer 方法重定向页面

Execute 方法用于执行从当前页而转移到另一个页面，并将执行返回到当前页面，执行所转移的页面在同一浏览器窗口中执行，然后原始页继续执行。故执行 Execute 方法后，原始页面保留控制权。

而 Transfer 方法用于执行完全转移到指定页面。与 Execute 方法不同，执行该方法时主调页面将失去控制权。

【案例 4-8】 重定向页面。该案例实现的主要功能是通过 Server 对象的 Execute 方法和 Transfer 方法重定向页面。执行程序，单击"Execute 方法"按钮，程序运行结果如图 4-9 所示。单击"Transfer 方法"按钮，运行结果如图 4-10 所示。

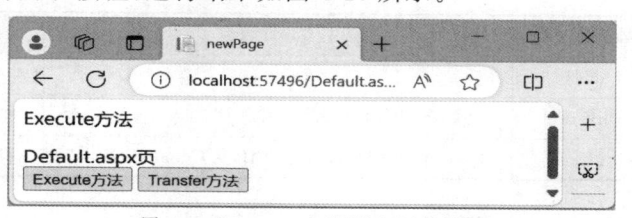

案例 4-8

图 4-9　"Execute 方法"按钮运行结果

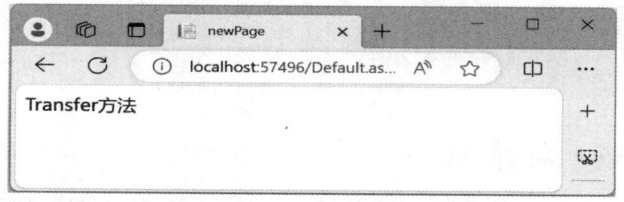

图 4-10　"Transfer 方法"按钮运行结果

程序实现的主要步骤为：

新建一个网站，默认主页为 Default.aspx，在 Default.aspx 页面上添加两个 Button 控件，它们的属性设置见表 4-18。

表 4-18　　　　　　　　Default.aspx 页面中控件属性设置及其用途

控件类型	控件名称	主要属性设置	用途
标准/Button 控件	btnExecute	Text 属性设置为"Execute 方法"	使用 Execute 方法重定向页面
标准/Button 控件	btnTransfer	Text 属性设置为"Transfer 方法"	使用 Transfer 方法重定向页面

单击"Execute 方法"按钮，利用 Server 对象的 Execute 方法从 Default.aspx 页重定向到 newPage.aspx 页，然后控制权返回到主调页面（Default.aspx）并执行其他操作，代码如下：

```
protected void btnExecute_Click(object sender, EventArgs e)
{
    Server.Execute("newPage.aspx? message=Execute");
    Response.Write("Default.aspx 页");
}
```

单击"Transfer 方法"按钮，利用 Server 对象的 Transfer 方法从 Default.aspx 页重定向到 newPage.aspx 页，控制权完全转移到 newPage.aspx 页。代码如下：

```
protected void btnTransfer_Click(object sender, EventArgs e)
{
    Server.Transfer("newPage.aspx? message=Transfer");
    Response.Write("Default.aspx 页");
}
```

4.7.4　使用 Server 对象的 MapPath 方法获取服务器的物理地址

MapPath 方法用来返回与 Web 服务器上的指定虚拟路径相对应的物理文件路径。语法如下：

Server.MapPath(path);

其中 path 表示 Web 服务器上的虚拟路径，如果 path 值为空，则该方法返回包含当前应用程序的完整物理路径。例如，下面的示例在浏览器中输出指定文件 Default.aspx 的物理文件路径。

Response.Wnite(Server.MapPath("Default.aspx"));

不能将相对路径语法与 MapPath 方法一起用，即不能将"."或".."作为指向指定文件或目录的路径。

4.7.5　使用 Server 对象的 UrlEncode 方法对字符串进行编码

Server 对象的 UrlEncode 方法用于对通过 URL 传递到服务器的数据进行编码。语法如下：

Server.UrlEncode(string);

其中，string 为需要进行编码的数据，例如：

Response.Write(Server.UrlEncode("http://Default.aspx"));

编码后的输出结果为：http%3a%21%2fDefault.aspx。
Server对象的UrlEncode方法的编码规则如下：
- 空格将被加号（+）字符所代替。
- 字段不被编码。
- 字段名将被指定为关联的字段值。
- 非ASCII字符将被转义码所替代。

4.7.6 使用Server对象的UrlDecode方法对字符串进行解码

UrlDecode方法用来对字符串进行URL解码并返回已解码的字符串，例如：
Response.Write(Server.UrlDecode("http%3a%2f%2fDefault.aspx"));
解码后的输出结果为：http://Default.aspx。

本章小结

本章主要介绍了ASP.NET技术内置对象，主要包括Request、Response、Application、Session、Server，本章所讲的对象、第3章讲的服务器控件和前面讲的系统类本质上都是.NET框架中的类。除此以外，.NET还提供了其他大量的类，只是因为本章提到的这几个类比较重要，所以才单独作为一章讲解。

习题

一、单选题

❶ 下列程序段执行完毕后，页面上显示的内容是(　　)。
```
<%
    ="祖国"
    ="您好"
%>
```
A. 祖国您好　　　　　　　　　　　　B. 祖国(换行)您好
C. 祖国　　　　　　　　　　　　　　D. 以上都不对

❷ 下列程序段执行完毕后，页面上显示的内容是(　　)。
Response.Write("春秋")
Response.End
Response.Write("战国")
A. 春秋　　　　　　　　　　　　　　B. 战国
C. 春秋战国　　　　　　　　　　　　D. 春秋(换行)战国

❸ Session对象的默认有效期为(　　)分钟。
A. 10　　　　B. 15　　　　C. 20　　　　D. 30

❹ 在同一个应用程序的页面1中执行Session.Timeout=30，在页面2中执行Response.Write(Session.Timeout)，则输出值为(　　)。
A. 10　　　　B. 15　　　　C. 25　　　　D. 30

❺ 如果 Session("a")=1,Session("b")=2,请问 Session("a")+Session("b")的值为(　　)。

A. 12　　　　　　B. 3　　　　　　C. ab　　　　　　D. 以上都不对

❻ Application 对象的默认有效期为(　　)分钟。

A. 10　　　　　　　　　　　　　　B. 15

C. 20　　　　　　　　　　　　　　D. 从应用程序启动到结束

❼ 下列程序段执行完毕后,页面上显示的内容是(　　)。

Message.text="<a hred='http://www.sina.com.cn'>新浪</a>"

A. 新浪

B. <a hred='http://www.sina.com.cn'>新浪</a>

C. 新浪(超链接)

D. 语句有错,无法正常输出

❽ 如果设置 Server.ScripTimeOut 为 60 秒,请问实际的脚本最长执行为(　　)秒。

A. 30　　　　　　B. 60　　　　　　C. 90　　　　　　D. 300

❾ 如果在 1.aspx 中添加 Server.ScripTimeout=300,在 2.aspx 中添加 c= Server.ScriptTimeout,请问 c 等于(　　)。

A. 300　　　　　　B. 60　　　　　　C. 90　　　　　　D. 以上都不对

二、简答题

❶ 简述 Session 对象和 Application 对象各自的使用方法和最主要的区别。

❷ 请将 Response 的 Write 方法与利用标签控件输出信息进行比较。

三、实践题

编程实现一个访问计数器程序,将网页被访问的次数显示在页面顶部。

第 5 章　母版页技术

学习目标

- 了解母版页和内容页的概念
- 掌握创建母版页及基于母版页的内容页的方法。
- 掌握使用站点地图文件实现网站导航的方法。
- 掌握网站导航控件 SitMapPath、Menu 和 TreeView 的使用

相关知识点

- 母版页、内容页的概念数据源控件 SqlDataSource 控件的使用
- 导航控件的应用（SitMapPath 控件、Menu 控件和 TreeView 控件）

5.1　母版页概述

母版页的主要功能是为 ASP.NET 应用程序创建统一的用户界面和样式。实际上母版页由两部分构成，即一个母版页和一个（或多个）内容页，这些内容页与母版页合并，将母版页的布局与内容页的内容组合在一起输出。

使用母版页简化了以往重复设计每个 Web 页面的工作。母版页中承载了网站的统一内容、设计风格，减轻了网页设计人员的工作量，提高了工作效率。如果将母版页比喻为未签名的名片，在这张名片上签字后就代表着签名人的身份，这就相当于为母版页添加内容后呈现出的各种网页效果。

1. 母版页

母版页为具有扩展名.master(如 MyMaster.master)的 ASP.NET 文件，它可以包括静态文本、HTML 元素和服务器控件的预定义布局。母版页由特殊的@Master 指令识别，该

指令替换了用于普通.aspx 页的@Page 指令。

2. 内容页

内容页与母版页关系紧密,内容页主要包含页面中的非公共内容。通过创建各个内容页来定义母版页的占位符控件的内容,这些内容页将绑定到特定母版页的 ASP.NET 页(.aspx 文件及可选的代码隐藏文件)。

> **注意** 使用母版页,必须首先创建母版页再创建内容页。

3. 母版页运行机制

在运行时,母版页按照以下步骤处理:

①用户通过输入内容页的 URL 来请求某页。

②获取该页后,读取@ Page 指令。如果该指令引用一个母版页,则读取相应的母版页。如果是第一次请求这两个页,则两个页都要进行编译。

③包含更新内容的母版页合并到内容页的控件树中。

④各个 Content 控件的内容合并到母版页中相应的 ContentPlaceHolder 控件中。

⑤浏览器中呈现得到的合并页。

4. 母版页的优点

使用母版页可以为 ASP.NET 应用程序页面创建一个通用的外观。开发人员可以利用母版页创建一个单页布局,然后将其应用到多个内容页中。母版页具有以下优点:

①使用母版页可以集中处理页的通用功能,以便只在一个位置上进行更新,在很大程度上提高了工作效率。

②使用母版页可以方便地创建一组公共控件和代码,并将其应用于网站内所有引用该母版页的网页中。例如,可以在母版页上使用控件来创建一个应用于所有页的功能菜单。

③可以通过控制母版页中的占位符 ContentPlaceHolder 对网页进行布局。

④由内容页和母版页组成的对象模型,能够为应用程序提供一种高效、易用的实现方式,并且这种对象模型的执行效率比以前的处理方式有了很大的提高。

5.2 母版页和内容页

5.2.1 创建母版页

创建母版页的方法和创建一般页面的方法非常相似,区别在于母版页无法单独在浏览器中查看,而必须通过创建内容页才能浏览。

创建母版页的具体步骤如下:

(1)在网站的解决方案下右击网站名称,在弹出的快捷菜单中选择"添加新项"命令。

(2)打开"添加新项"对话框,如图 5-1 所示。选择"母版页",默认名为 MasterPage.master。单击"添加"按钮即可创建一个新的母版页。

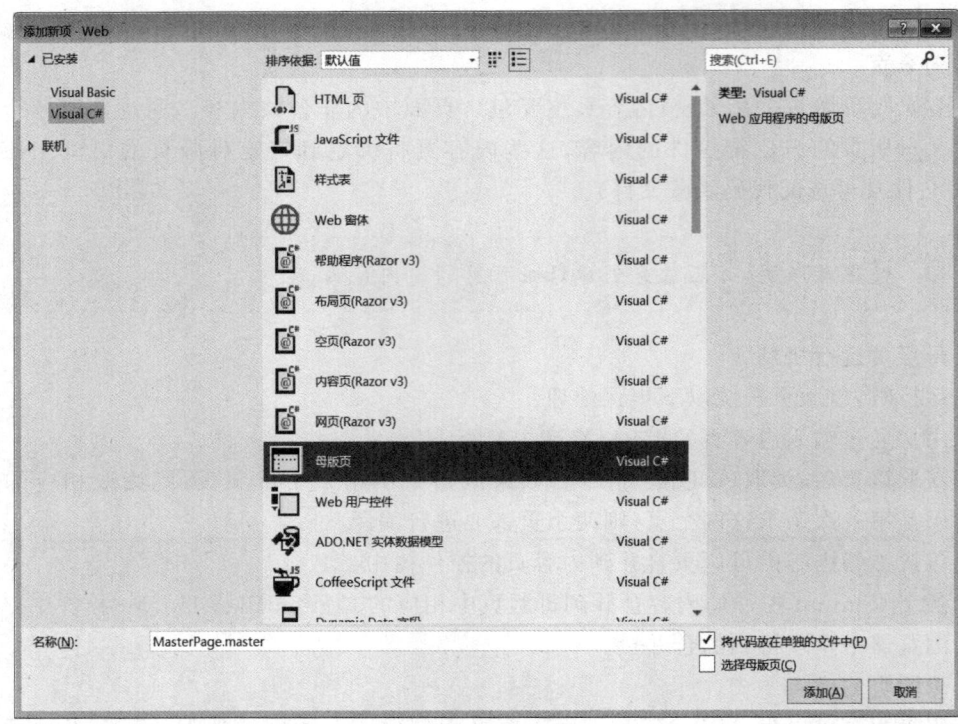

图 5-1 创建母版页

（3）母版页 MasterPage.master 中的代码如下：

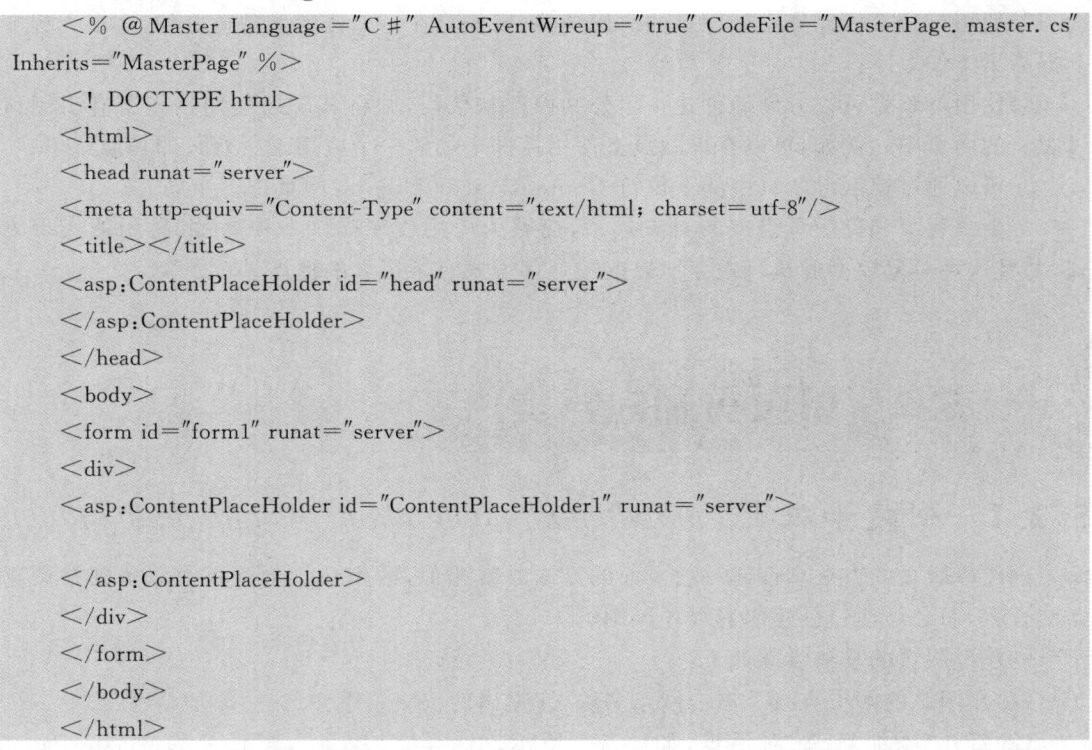

```
<%@ Master Language="C#" AutoEventWireup="true" CodeFile="MasterPage.master.cs" Inherits="MasterPage" %>
<!DOCTYPE html>
<html>
<head runat="server">
<meta http-equiv="Content-Type" content="text/html; charset=utf-8"/>
<title></title>
<asp:ContentPlaceHolder id="head" runat="server">
</asp:ContentPlaceHolder>
</head>
<body>
<form id="form1" runat="server">
<div>
<asp:ContentPlaceHolder id="ContentPlaceHolder1" runat="server">

</asp:ContentPlaceHolder>
</div>
</form>
</body>
</html>
```

以上代码中 ContentPlaceHolder 控件为占位符控件，它所定义的位置为内容出现的区域。

【说明】母版页中可以包含一个或多个 ContentPlaceHolder 控件。

5.2.2 创建内容页

创建母版页后,就可以创建内容页。内容页的创建与母版页类似,具体创建步骤如下:

(1)在网站的解决方案下右击网站名称,在弹出的快捷菜单中选择"添加新项"命令。

(2)打开"添加新项"对话框,如图 5-2 所示。在对话框中选择"Web 窗体"并为其命名,同时选中"将代码放在单独的文件中"和"选择母版页"复选框,单击"添加"按钮,弹出如图 5-3 所示的"选择母版页"对话框,在其中选择一个母版页,单击"确定"按钮,即可创建一个新的内容页。

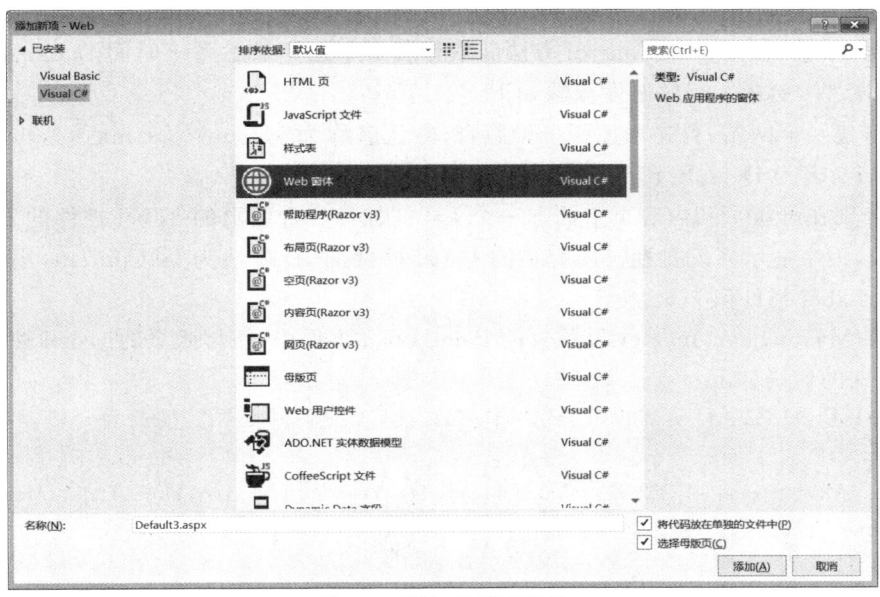

图 5-2 "添加新项"对话框

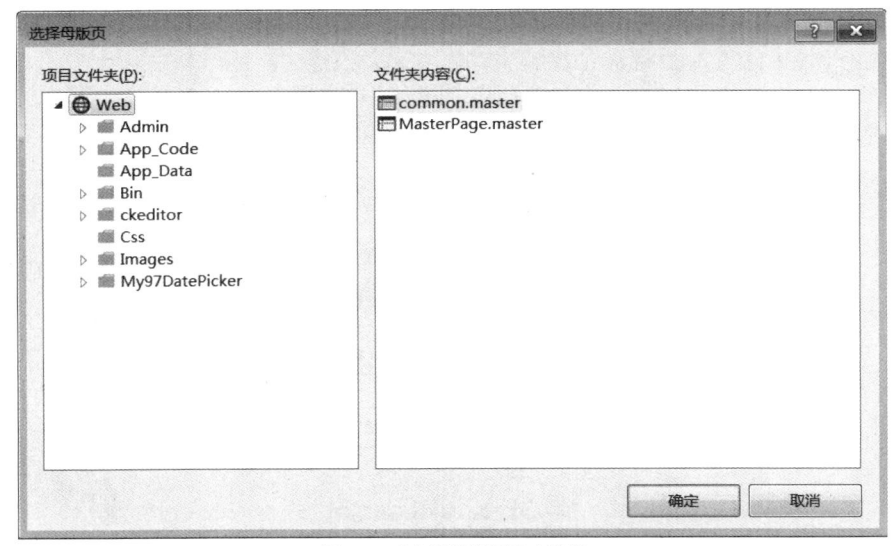

图 5-3 "选择母版页"对话框

5.2.3 访问母版页的控件和属性

在内容页中引用母版页的属性、方法和控件有一定的限制。对于属性和方法的规则是：如果它们在母版页上被声明为公共成员，则可以引用它们，这包括公共属性和公共方法。在引用母版页上的控件时，没有只能引用公共成员的这种限制。

1. 使用 Master.FindControl 方法访问母版页上的控件

在内容页中，Page 对象具有一个公共属性 Master，该属性能够实现对相关母版页基类 MasterPage 的引用，母版页中的 MasterPage 相当于普通 ASP.NET 页面中的 Page 对象。因此，可以使用 MasterPage 对象实现对母版页中各个子对象的访问，但由于母版页中的控件是受保护的，不能直接访问，所以必须使用 MasterPage 对象的 FindControl 方法实现。

【案例 5-1】 使用 FindControl 方法获取母版页中用于显示系统时间的 Label 控件，运行效果如图 5-4 所示。程序开发步骤如下：

(1) 新建一个网站，首先添加一个母版页，默认名称为 MasterPage.master，再添加一个 Web 窗体，命名为 Default.aspx 作为母版页的内容页。

(2) 分别在母版页和内容页上添加一个 Label 控件。母版页的 Label 控件的 ID 属性为 labMaster，用来显示系统日期。内容页的 Label 控件的 ID 属性为 labContent，用来显示母版页中的 Label 控件值。

(3) 在 MasterPage.master 母版页的 Page_Load 事件中，使母版页的 Label 控件显示当前系统日期的代码如下：

```
protected void Page_Load(object sender, EventArgs e)
{
    this.labMaster.Text = "今天是" + DateTime.Today.Year + "年" + DateTime.Today.Month + "月" + DateTime.Today.Day + "日";
}
```

(4) 在 Default.aspx 内容页中的 Page_LoadComplete 事件中，使内容页的 Label 控件显示母版页中的 Label 控件值的代码如下：

```
protected void Page_LoadComplete(object sender, EventArgs e)
{
    Label MLablel = (Label)this.Master.FindControl("labMaster");
    this.labContent.Text = MLablel.Text;
}
```

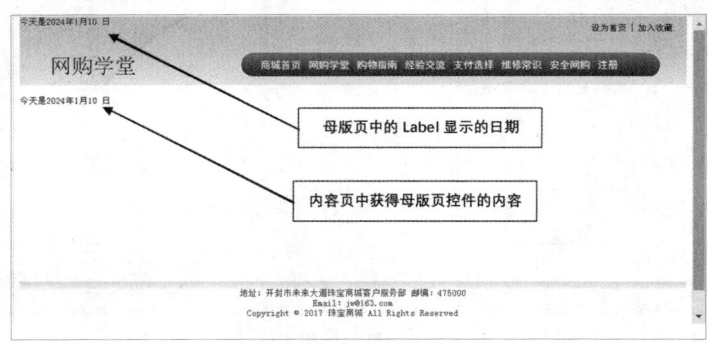

图 5-4 访问母版页上的控件

【说明】由于在母版页的 Page_Load 事件引发之前,内容页 Page_Load 事件已经引发,所以,此时从内容页中访问母版页中的控件比较困难。所以,本示例使用 ASP.NET 2.0(及以上版本)新增的 Page_LoadComplete 事件,利用 FindControl() 方法来获取母版页的控件,其中 Page_LoadComplete 事件是在生命周期内和网页加载结束时触发。当然还可以在 Label 控件的 PreRender 事件下完成此功能。

2. 引用 @ MasterType 指令访问母版页上的属性

引用母版页中的属性和方法,需要在内容页中使用 MasterType 指令,将内容页的 Master 属性强类型化,即通过 MasterType 指令创建与内容页相关的母版页的强类型引用。另外,在设置 MasterType 指令时,必须设置 VirtualPath 属性以便指定与内容页相关的母版页存储地址。

【案例 5-2】 通过使用 MasterType 指令引用母版页的公共属性。

程序开发步骤如下:

(1) 新建一个网站,创建母版页 MainMaster.master,在母版页中添加一个 RadioButtonList 控件,母版页中的主要源代码如下:

```
<form id="form1" runat="server">
<div>
<asp:RadioButtonList ID ="rblRole" runat ="server" RepeatDirection ="Horizontal" AutoPostBack ="True">
<asp:ListItem Value ="学生">学生</asp:ListItem>
<asp:ListItem Value ="教师">教师</asp:ListItem>
</asp:RadioButtonList>
<hr />
<asp:ContentPlaceHolder id="ContentPlaceHolder1" runat="server">
</asp:ContentPlaceHolder>
</div>
</form>
```

(2) 在母版页 MainMaster.master.cs 中添加如下代码,将选择 RadioButtonList 控件选项获取的 Value 值赋值给 string 类型的公共属性 MasterValue。

```
public string MasterValue
{
get { return this.rblRole.SelectedValue; }
}
```

【说明】由于母版页本身也是个类,所以可以在其中添加公共属性。

(3) 在内容页中编写访问代码。首先基于母版页创建 Default.aspx 内容页,在内容页中添加 <%@ MasterType VirtualPath ="~/mainMaste.master"%> 指令,添加一个 Label 控件,设置控件的 ID 属性为"lblText",然后在内容页的隐藏代码文件中通过调用 Master 属性访问母版页中的公共成员,代码如下:

```
protected void Page_Load (object sender, EventArgs e)
{
```

127

```
string strValue = this.Master.MasterValue.ToString();
if (strValue.Equals("学生"))
    this.lblText.Text ="祝学业有成!";
else if (strValue.Equals("教师"))
    this.lblText.Text ="祝工作愉快!";
}
```

(4)运行内容页 Default.aspx,效果如图 5-5 所示。

图 5-5 选择角色不同显示祝福语不同

任务 5-1 使用母版页搭建"电子商城"后台页面框架

任务描述

(1)使用母版页搭建如图 5-6 所示的"电子商城"管理端页面框架。
(2)在内容页中显示"欢迎使用电子商城管理端!"。

图 5-6 "电子商城"管理端页面框架

任务实施

(1)运行 Visual Studio 2022,创建名为 rw5-1 的网站项目。
(2)右击网站项目 rw5-1,新建文件夹 Admin,在 Admin 文件夹下创建 CSS 和 images 文件夹,用于存放新知书店管理端相关资源和代码文件。

(3) 在 Admin 文件夹下添加母版页 Admin.master,为母版页设计布局并添加样式,此处样式文件 admin.css 在文件夹 CSS 下。

(4) 在母版页 Admin.master 的<head></head>标记对之间写入导入样式文件的代码。主体部分编写布局的代码如下:

```
<head runat="server">
<title>电子商城管理平台</title>
<link href="CSS/admin.css" rel="stylesheet" type="text/css" />
</head>
<body>
<form id="form1" runat="server">
<div id="header">
<img src="images/admintop.png" alt="" /></div>
<div id="main">
<div id="opt_list">
<h1>
                    Hello,管理员! </h1>
<div id="subnav">
</div>
</div>
<div id="breadcrumb" class="black">
  您现在的位置:
</div>
<div id="opt_area">
<asp:ContentPlaceHolder ID="cphAdmin" runat="server">
</asp:ContentPlaceHolder>
</div>
</div>
</form>
</body>
```

(5) 添加基于母版页 Admin.master 的内容页 Default.aspx,并在内容页的 Content 控件中添加"欢迎使用电子商城管理端!"。注意内容页中 ContentPlaceHolder ID 属性要与母版页中的 ID 属性相同,代码如下:

```
<asp:Content ID="Content1" ContentPlaceHolder ID="cphAdmin" Runat="Server">
    欢迎使用电子商城管理端!
</asp:Content>
```

5.3 导航控件

在网站开发中,网站导航是很常见的模块,ASP.NET 提供了站点导航控件,即 SiteMapPath 控件、Menu 控件和 TreeView 控件,使用这三个控件能够快速建立导航,并且能够调整相应的属性为导航控件进行自定义。接下来将重点介绍 SiteMapPath 控件、Menu 控件和 TreeView 控件。

5.3.1 站点地图

若要使用 ASP.NET 的导航功能,则必须有一种标准的方法描述站点中的每个页面。这个标准不仅包含每个网页的名称,还应该能够表明它们的层次结构关系,该关系是由页面的实际物理关系决定的。

ASP.NET 中的站点地图文件包含这些信息,若要使用 ASP.NET 的导航控件,则必须建立站点地图文件。站点地图的文件名默认是 web.sitemap,默认放置于应用程序的根目录中。

建立站点地图的方法为:右击解决方案资源管理器中的 Web 站点,在弹出的快捷菜单中依次选择"添加"→"添加新项"命令,在中间的模板列表框中选择"站点地图",在下面的"名称"文本框中输入站点地图文件的名称,如图 5-7 所示。

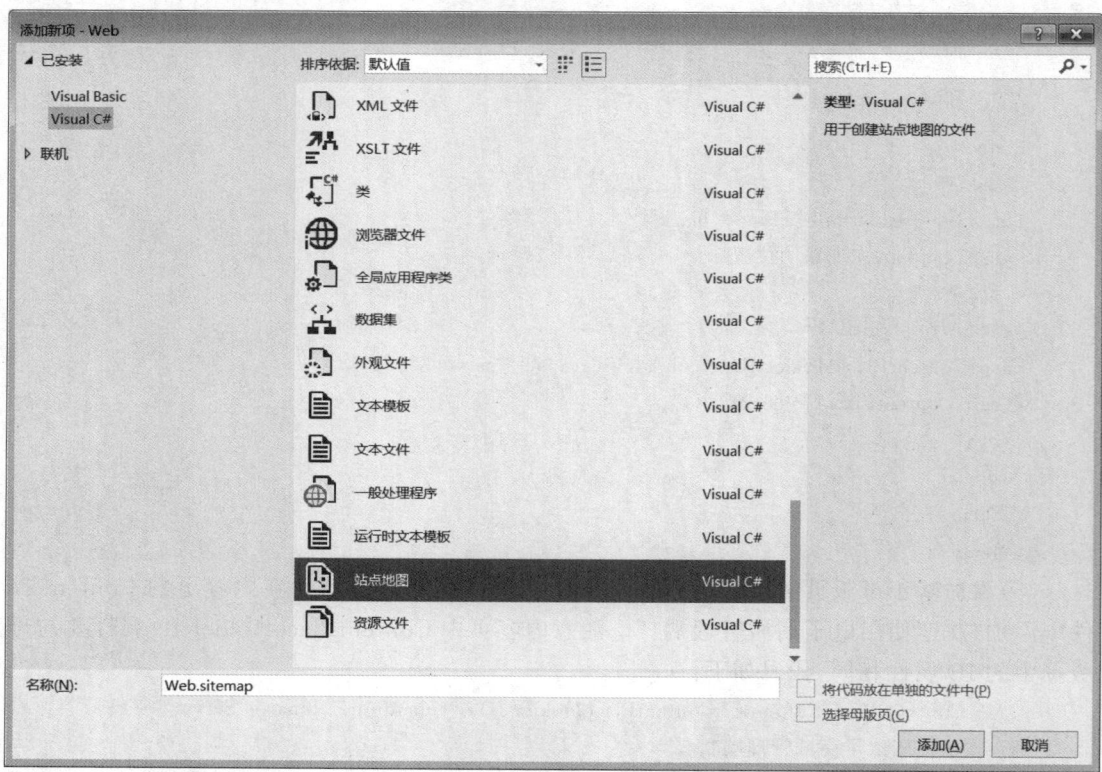

图 5-7 创建站点地图

站点地图文件示例代码如下:

```
<?xml version="1.0" encoding="utf-8"?>
<siteMap xmlns="http://schemas.microsoft.com/AspNet/SiteMap-File-1.0">
<siteMapNode url ="Default.aspx" title ="软件开发" description ="">
<siteMapNode url ="Default2.aspx" title ="开发语言" description ="">
<siteMapNode url ="csharp.aspx" title =" C#" description =""/>
```

```
      <siteMapNode url ="vbdotnet.aspx" title =" VB.NET" description =""/>
    </siteMapNode>
  </siteMapNode>
</siteMap>
```

在上述代码中，<siteMap>和</siteMap>是根元素，它包含若干对由<siteMapNode>和</siteMapNode>表示的节点。<siteMapNode>元素的常用属性有以下三个：

(1) title：表示超链接的显示文本。

(2) description：描述超链接作用的提示文本。

(3) url：超链接本网站中的目标页地址。

编写站点导航地图时应注意以下事项：

(1) 站点地图根节点为<siteMap>元素，每个文件有且仅有一个根节点。

(2) <siteMap>下一级有且仅有一个<siteMapNode>节点，该<siteMapNode>节点通常用来表示站点的首页。

(3) <siteMapNode>节点下面可以包含多个新的<siteMapNode>节点。

(4) 站点地图中，同一个URL仅能出现一次。

5.3.2 SiteMapPath 控件

SiteMapPath控件会显示一个导航路径，告诉访问者目前在网站中的位置及如何返回，通常称为面包屑导航。SiteMapPath控件可以根据在Web.sitemap中定义的数据自动显示网站的路径，此路径为用户显示当前网页的位置，并显示返回到主页的路径链接。

SiteMapPath控件与一般的数据控件不同，它自动绑定网站地图文件，所以要使用该控件，首先要有站点地图。SiteMapPath控件在设计窗口中的显示内容与本页面是否在网站地图文件中定义相关。如果页面没有作为一个节点在站点地图文件中定义，其所在的层次在SiteMapPath控件中就不会显示出来。

SiteMapPath控件的常用属性及说明见表5-1。

表5-1　　　　　　　　　SiteMapPath控件的常用属性及说明

属性	说明
CurrentNodeTemplate	获取或设置一个控件模板，用于代表当前显示页的站点导航路径的节点
NodeStyle	获取用于站点导航路径中所有节点的显示文本的样式
NodeTemplate	获取或设置一个控件模板，用于站点导航路径的所有功能节点
PathDirection	获取或设置导航路径节点的呈现顺序
PathSeparator	获取或设置一个字符串，该字符串在呈现的导航路径中分隔SiteMapPath节点
PathSeparatorTemplate	获取或设置一个控件模板，用于站点导航路径的路径分隔符
RootNodeTemplate	获取或设置一个控件模板，用于站点导航路径的根节点
SiteMapProvider	获取或设置用于呈现站点导航控件的SiteMapProvider的名称

下面对比较重要的属性进行详细介绍：

(1) ParentLevelsDisplayed属性

ParentLevelsDisplayed属性用于获取或设置SiteMapPath控件显示相对于当前显示节

点的父节点级别数,默认值为-1,表示将所有节点完全展开。例如,设置 SiteMapPath 控件在当前节点之前还要显示 3 级父节点,代码如下:

```
SiteMapPath1.ParentLevelsDisplayed = 3;
```

(2)SiteMapProvider 属性

SiteMapProvider 属性是 SiteMapPath 控件用来获取站点地图数据的数据源。如果未设置 SiteMapProvider 属性,SiteMapPath 控件会使用 SiteMap 类的 Provider 属性获取当前站点地图的默认 SiteMapProvider 对象。其中 SiteMap 类是站点导航结构在内存中的表示形式,导航结构由一个或多个站点地图组成。

【案例 5-3】 使用 SiteMapPath 控件实现面包屑导航。

(1)新建一个网站项目 WebSite5-3,右击网站项目,在弹出的快捷菜单中依次选择"添加"→"添加新项"命令,在中间的模板列表框中选择"站点地图",以默认的 Web.sitemap 作为站点地图文件的名称,Web.sitemap 的代码如下:

```
<?xml version="1.0" encoding="utf-8"?>
<siteMap xmlns="http://schemas.microsoft.com/AspNet/SiteMap-File-1.0">
<siteMapNode url="Default.aspx" title="软件开发" description="">
<siteMapNode url="Default2.aspx" title="开发语言" description="">
<siteMapNode url="csharp.aspx" title="C#" description=""/>
<siteMapNode url="vbdotnet.aspx" title="VB.NET" description=""/>
</siteMapNode>
</siteMapNode>
</siteMap>
```

(2)右击网站项目,向网站项目中添加四个页面文件,文件名分别是 Default.aspx、Default2.aspx、csharp.aspx、vbdotnet.aspx,在每个页面中放置一个 SiteMapPath 控件。分别浏览 Default.aspx、Default2.aspx、csharp.aspx、vbdotnet.aspx 四个页面,若用户所在页面为 Default.aspx,则显示效果为"软件开发";若用户所在页面为 Default2.aspx,则显示效果为"软件开发>开发语言";若用户所在页面为 csharp.aspx,则显示效果为"软件开发>开发语言>C#";若用户所在页面为 vbdotnet.aspx,则显示效果为"软件开发>开发语言>C#>VB.NET"。

任务 5-2　实现"电子商城"后台面包屑导航功能

任务描述

(1)编写站点地图,实现如图 5-8 所示的层次结构。
(2)在任务 5-1 的基础上实现"电子商城"管理端面包屑导航功能,效果如图 5-9 所示。

任务实施

（1）创建一个新项目，解决方案名为"rw5-2"，网站项目名为"Web"，将任务 5-1 站点目录下的文件及文件夹复制至新创建的网站项目 Web 下。

（2）右击网站项目，添加"站点地图文件"Web.sitemap，并根据如图 5-8 所示的层次结构编写代码。

图 5-8 "电子商城"管理端页面层次结构

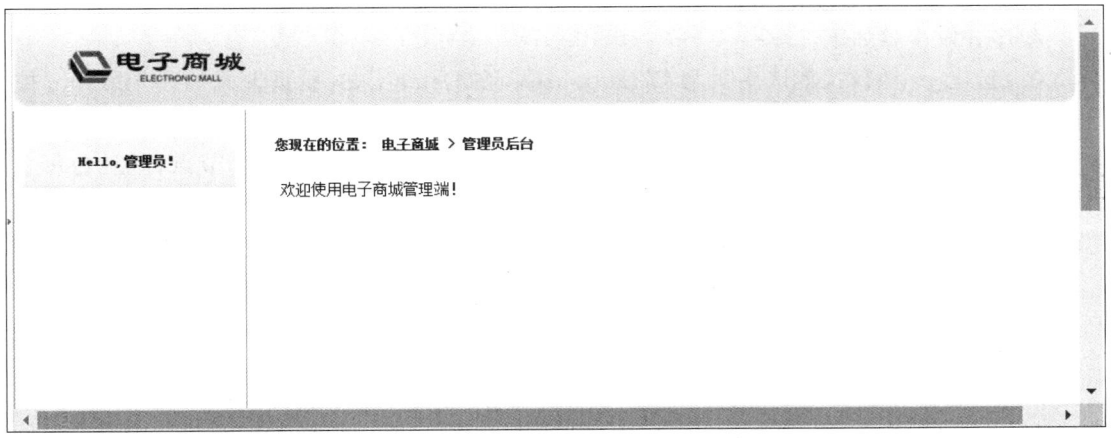

图 5-9 "电子商城"管理端页面面包屑导航

```
<? xml version="1.0" encoding="utf-8" ?>
<siteMap xmlns="http://schemas.microsoft.com/AspNet/SiteMap-File-1.0">
<siteMapNode url="" title="电子商城" description="">
<siteMapNode url="~\Admin\Default.aspx" title="管理员后台" description="">
<siteMapNode url="" title="用户管理" description="">
<siteMapNode url="~\Admin\UserStateM.aspx" title="用户状态管理" description="" />
<siteMapNode url="~\Admin\CooperationList.aspx" title="合作管理" description="" />
</siteMapNode>
<siteMapNode url="" title="电子资讯管理" description="">
<siteMapNode url="~\Admin\ELENewsList.aspx" title="资讯列表" description="" />
<siteMapNode url="~\Admin\ELENewsEdit.aspx" title="资讯信息编辑" description="" />
</siteMapNode>
<siteMapNode url="~\Admin\OfficeEquipmentM.aspx" title="办公设备管理" description="">
</siteMapNode>
```

```
            <siteMapNode url="~\Admin\CommunicationEquipmentM.aspx" title="通信设备管理" description="">
            </siteMapNode>
            <siteMapNode url="~\Admin\CategoryManage.aspx" title="商城类别管理" description="">
            </siteMapNode>
        </siteMapNode>
    </siteMapNode>
</siteMap>
```

(3)打开母版页 Admin.master,添加 SiteMapPath 控件,该控件会自动读取在根目录下创建的站点文件 Web.sitemap。

(4)浏览 Default.aspx 页面,运行效果如图 5-9 所示。

5.3.3 Menu 控件

使用 Menu 控件,可以在网页上模拟 Windows 的菜单导航效果。Menu 控件也可以通过绑定 Web.sitemap 文件实现站点导航。

【案例 5-4】 下面的示例将 Web.sitemap 与 Menu 控件集成实现站点导航。

程序开发步骤如下:

(1)新建一个网站,默认主页为 Default.aspx,在 Default.aspx 页上添加一个 Menu 控件和一个 SiteMapDataSource 控件。

(2)添加一个 Web.sitemap 文件,该文件包括一个根节点和多个嵌套节点,并且为每个节点都添加了 url、title 属性。文件源代码如下:

```
<?xml version="1.0" encoding="utf-8"?>
<siteMap xmlns="http://schemas.microsoft.com/AspNet/SiteMap-File-1.0">
    <siteMapNode title="Root">
        <siteMapNode url="Default1.aspx" title="首页"/>
        <siteMapNode url="Default2.aspx" title="读者管理"/>
        <siteMapNode url="Default3.aspx" title="图书管理"/>
        <siteMapNode url="Default4.aspx" title="图书借还">
            <siteMapNode url="Default5.aspx" title="图书借阅"/>
            <siteMapNode url="Default6.aspx" title="图书归还"/>
        </siteMapNode>
        <siteMapNode url="Default7.aspx" title="排行榜"/>
        <siteMapNode url="Default8.aspx" title="系统查询"/>
        <siteMapNode url="Default9.aspx" title="系统设置"/>
    </siteMapNode>
</siteMap>
```

(3)指定 Menu 控件的 DataSourceID 属性值为 SiteMapDataSource1。现在已经实现 Menu 控件绑定 Web.sitemap 文件,但是 Web.sitemap 文件的根节点 Root 将自动显示在 Menu 控件中,不是多根菜单。为了隐藏 Web.sitemap 文件中有且公有的根节点,必须将 SiteMapDataSource 控件的 ShowStartingNode 属性设置为 false(该属性的默认值为 true)。

(4)设置 Menu 控件的外观,在"自动套用格式"对话框中选择"传统型"样式,并将

Menu 控件的 Orientation 属性设置为 Horizontal 选项,水平显示菜单栏。浏览 Default. aspx 页面,效果如图 5-10 所示。

图 5-10 Web.sitemap 与 Menu 控件集成实现站点导航

【说明】

(1) 如何在 Menu 控件上显示图片

当使用 Menu 控件时,如果为 MenuItem 添加图片,就需要将 MenuItem 的 Text 和 Value 属性设为"",才能只显示图片。

(2) 如何设置 Menu 控件显示的节点数

当 Menu 控件绑定 Web.sitemap 时,显示的节点数与 Web.sitemap 中的节点数不符,原因是 Menu 控件默认的最大弹出数为 3,只要将 MaximumDynamicDisplayLevels 属性设为最大弹出层数即可解决。

5.3.4 TreeView 控件

TreeView 控件的基本功能可以总结为:将有序的层次化结构数据显示为树形结构。创建 Web 窗体后,可通过拖放的方法将 TreeView 控件添加到 Web 页的适当位置。在 Web 页上将会出现如图 5-11 所示的 TreeView 控件和 TreeView 快捷菜单。TreeView 任务快捷菜单中显示了设置 TreeView 控件常用的任务:自动套用格式(用于设置控件外观)、选择数据源(用于连接一个现有数据源或创建一个数据源)、编辑节点(用于编辑在 TreeView 中显示的节点)和显示行(用于显示 TreeView 上的行)。

图 5-11 添加 TreeView 控件

添加 TreeView 控件后,通常先添加节点,然后为 TreeView 控件设置外观。

添加节点可以通过选择"编辑节点"命令,弹出如图 5-12 所示的对话框,在其中可以定义 TreeView 控件的节点和相关属性。对话框的左侧是操作节点的命令按钮和控件预览窗口。命令按钮包括添加根节点、添加子节点、删除节点和调整节点相对位置;对话框右侧是当前选中节点的属性列表,可根据需要设置节点属性。

控件的外观属性可以通过属性面板进行设置,也可以通过 Visual Studio 2022 内置的 TreeView 控件外观样式进行设置。

选择"自动套用格式"命令,将弹出如图 5-13 所示的对话框,对话框左侧列出的是 TreeView 控件外观样式的名称,右侧是对应外观样式的预览窗口。

TreeView 控件支持绑定多种数据源,如站点地图、XML 文件、数据库等。

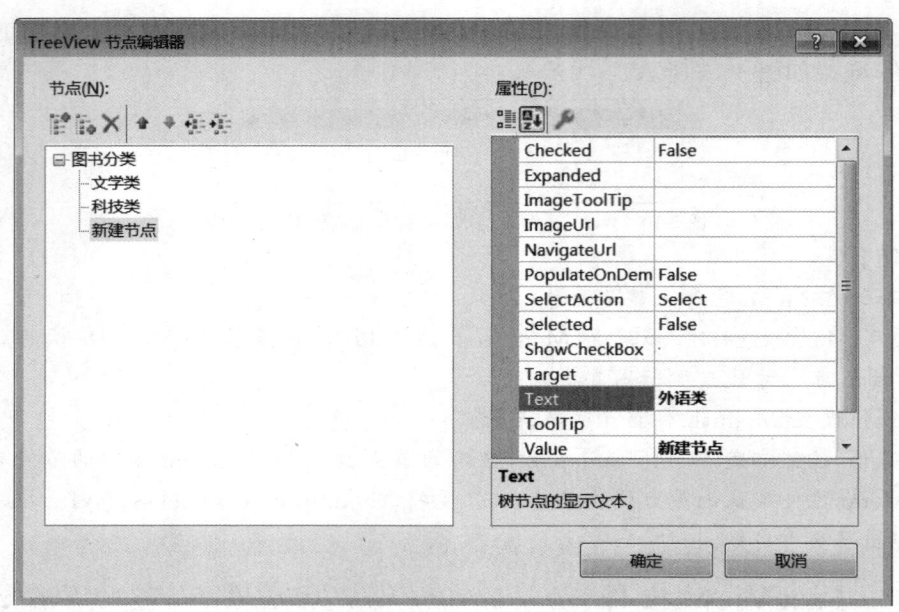

图 5-12 TreeView 控件节点编辑器

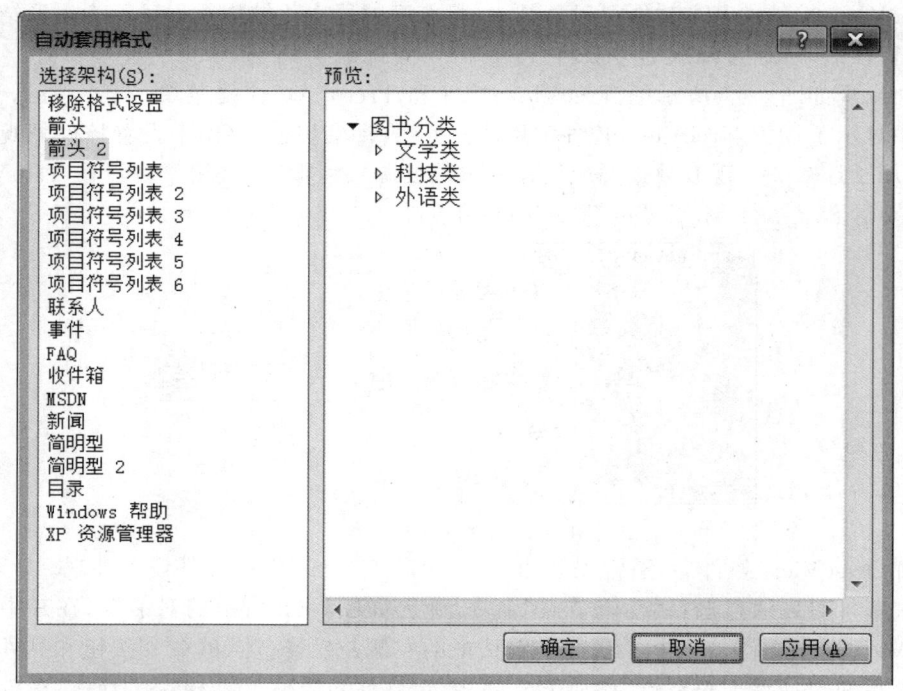

图 5-13 "自动套用格式"对话框

1. 使用 TreeView 控件实现站点导航

Web.sitemap 文件用于站点导航信息的存储,其数据采用 XML 格式,将站点逻辑结构层次化地列出。Web.sitemap 与 TreeView 控件集成的实质是以 Web.sitemap 文件为数据基础的,以 TreeView 控件的树形结构为表现形式,将站点的逻辑结构表现出来,实现站点导航的功能。

【案例 5-5】 将 Web.sitemap 与 TreeView 控件集成实现站点导航。

程序实现的主要步骤如下：

(1)新建一个网站,默认主页为 Default.aspx,在 Default.aspx 页上添加一个 TreeView 控件和一个 SiteMapDataSource 控件。

(2)添加一个 Web.sitemap 文件,该文件包括一个根节点和多个嵌套节点,并且为每个节点都添加了 url(超链接)、title(显示节点名称)、description (节点说明文字)属性。文件源代码如下：

```xml
<? xml version ="1.0" encoding ="utf-8"? >
<siteMap xmlns ="http://schemas.microsoft.com/AspNet/SiteMap-File-1.0">
<siteMapNode url ="Default.aspx" title="读者信息" description ="studentInfo">
    <siteMapNode url ="class1.aspx" title ="学生" description ="classOne">
        <siteMapNode url ="stu1.aspx" title ="张宏" description =""/>
            <siteMapNode url ="stu2.aspx" title ="王明" description =""/>
    </siteMapNode>
    <siteMapNode url ="class2.aspx" title ="教师" description ="classTwo">
        <siteMapNode url ="teacher1.aspx" title ="孙斌" description =""/>
        <siteMapNode url ="teacher2.aspx" title ="赵龙" description =""/>
    </siteMapNode>
</siteMapNode>
</siteMap>
```

(3)指定 TreeView 控件的 DataSourceID 属性值为 SiteMapDataSource。SiteMapDataSource 控件默认处理 Web.sitemap 文件,所以不需要相关设置。

(4)运行主页 Default.aspx,运行效果如图 5-14 所示。

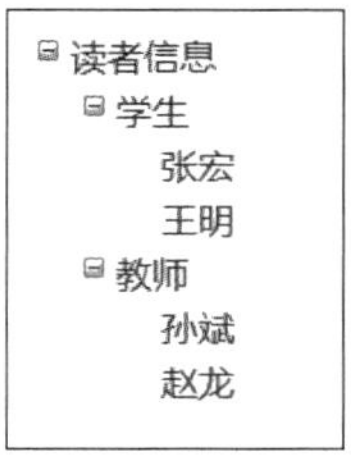

```
□读者信息
  □学生
     张宏
     王明
  □教师
     孙斌
     赵龙
```

图 5-14 Web.sitemap 与 TreeView 控件集成实现站点导航

TreeView 控件除了可以与站点地图绑定外,还可以与 XML 文件进行绑定。

【案例 5-6】 将 XML 文件绑定到 TreeView 控件。

程序实现的主要步骤如下：

(1)新建一个网站。

(2)编写一个 XML 格式的文件,该文件内容参考案例 5-5 中站点地图文件的内容。右击解决方案资源管理器中的 Web 站点,在弹出的快捷菜单中依次选择"添加"→"添加新项"命令,在中间的模板列表框中选择"XML 文件",在下面的"名称"文本框中输入 XML 文件的名称,然后单击"添加"按钮即可。

(3)右击网站项目,新建主页 Default.aspx,在页面中添加 TreeView 控件,在设计视图下单击 TreeView 控件右上角的箭头,弹出"TreeView 任务"快捷菜单,在"选择数据源"下拉列表框中选择"新建数据源"选项,在弹出的"数据源配置向导"对话框中,选择 XML 文件并指定数据源 ID,如图 5-15 所示。单击"确定"按钮后弹出"配置数据源"对话框,如图 5-16 所示。其中"数据文件"用于设置 XML 文件的路径,可单击后面的"浏览"按钮选择需要的 XML 文件,然后单击"确定"按钮。

(4) 设置 XML 节点对应的字段。在如图 5-17 所示的"TreeView 任务"快捷菜单中选择"编辑 TreeNode 数据绑定"命令,弹出"TreeView DataBinding 编辑器"对话框,在该编辑器对话框中,将要绑定的节点添加进来,然后在右侧设置绑定的元素,NavigateUrlField 属性设置为 url,TextField 属性设置为 title,ValueField 属性设置为 description,如图 5-18 所示。单击"确定"按钮关闭对话框,这时 TreeView 控件就已经绑定了 XML 文件。实现效果如图 5-14 所示。

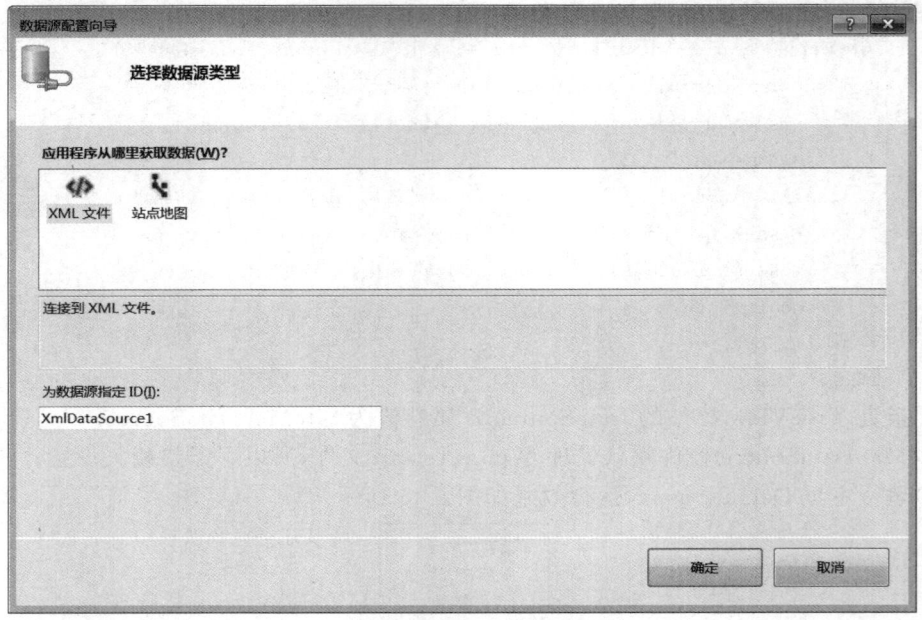

图 5-15 "数据源配置向导"对话框

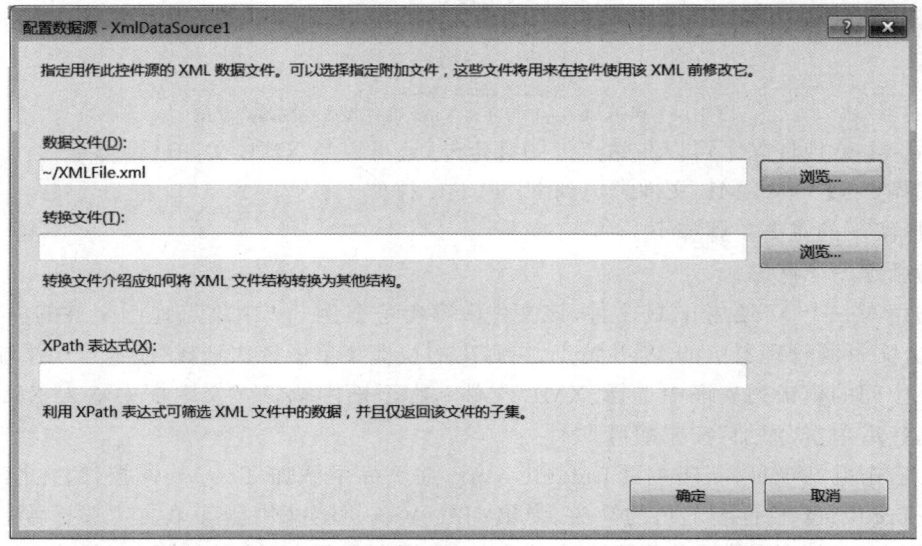

图 5-16 指定 XMLFile.xml 文件

图 5-17 "TreeView 任务"快捷菜单

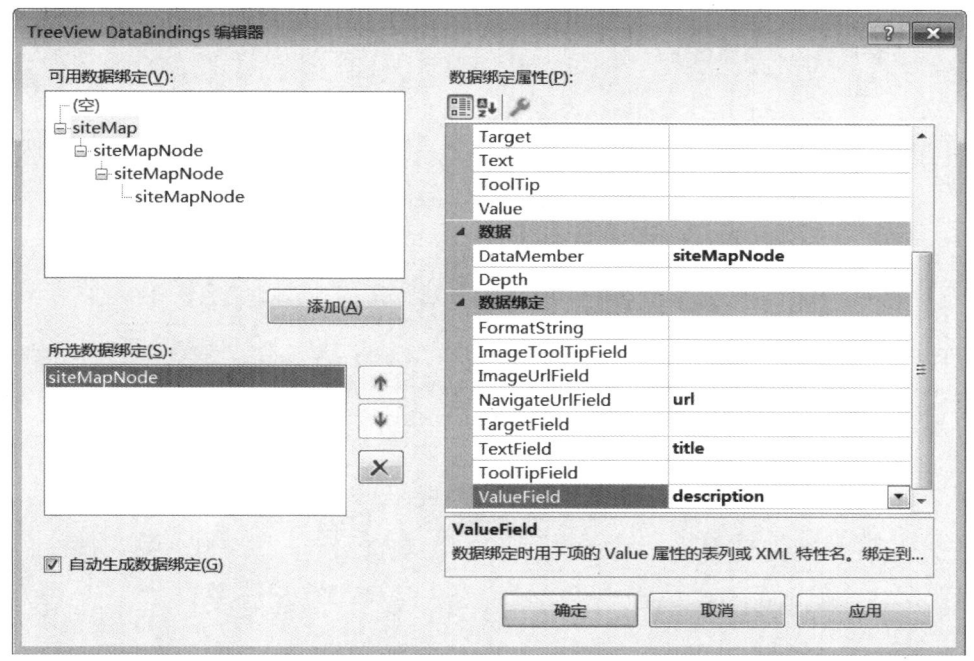

图 5-18 设置 XML 节点对应的字段

2. 使用 TreeView 控件绑定数据库

在实际项目开发中，菜单项作为数据的一部分通常被保存在数据库中，有专门的数据维护人员通过内部系统管理平台来操作维护菜单项，而菜单的深度也会随着网站的用户需求不断完善。但站点地图和 XML 文件维护这样的数据很困难。下面通过编程实现递归法动态添加节点、设置属性，从而实现数据与代码的分离，提高数据的可维护性。如图 5-19 所示是一个图书销售网站中的首页菜单表。其中"Id"字段为每个菜单项的编号，"SortNum"字段为显示顺序，"PId"字段为父节点的编号。如何按照图 5-19 中的数据结构将数据读取到 TreeView 中呢？

取"PId"为 0 的节点作为一级节点添加到 TreeView 中。根据每个一级节点的"Id"值找到与其相等的"PId"值，如果找到就把找到的节点作为子节点添加到该一级节点。我们看到的菜单表只有两级，随着业务的拓展，该表中的菜单项级别会越来越高，为了提高扩展性，采用递归方法进行无限级添加。关键代码如下：

```csharp
DataSet ds = new DataSet();
    protected void Page_Load(object sender, EventArgs e)
    {
        if (!IsPostBack)
        {//将数据库中的数据填充到 DataSet
         //使用递归方法动态添加节点
            this.tvMenu.Dispose();
            GetDataToTable();
            InitTreeByDataTable(this.tvMenu.Nodes, "0");
        }
    }
    private void InitTreeByDataTable(TreeNodeCollection tnc, string parentId)
    {// 动态视图方便筛选
        DataView dv = new DataView();
        TreeNode tnNode;
        dv.Table = ds.Tables[0];
        dv.RowFilter = "PId =" + parentId; foreach (DataRowView drv in dv);
        foreach (DataRowView drv in dv)
        {
            tnNode = new TreeNode();
            tnNode.Value = drv["Id"].ToString();
            tnNode.Text = drv["name"].ToString();
            //tnNode.NavigateUrl = drv["NodeURL"].ToString();
            tnc.Add(tnNode);
            InitTreeByDataTable(tnNode.ChildNodes, tnNode.Value);//递归调用
        }
    }
    private void GetDataToTable()
    {
        //实例化 SqlConnection 对象
        SqlConnection sqlCon = new SqlConnection();
        //实例化 SqlConnection 对象连接数据库的字符串
        sqlCon.ConnectionString = @"Data Source=.;Initial Catalog=BookShopPlus;Integrated Security=True ";//实例化 SqlDataAdapter 对象
        SqlDataAdapter da = new SqlDataAdapter("select * from Categories ", sqlCon);
        da.Fill(ds, "tb_booktype");
    }
```

上述代码中，TreeNodeCollection 表示 TreeView 控件中的 TreeNode 对象的集合。

这里默认"PId"为 0 的是一级节点，从一级节点开始，利用视图筛选出"PId"值与此节点的"Id"值相等的节点集合，遍历该节点集合并将其每个节点作为子节点进行添加。循环中调用的 InitTreeByDataTable 方法，每次将当前节点作为父节点传入，形成递归。

运行代码，效果如图 5-20 所示。

第 5 章 母版页技术

图 5-19 图书分类数据表

图 5-20 编程递归法添加 TreeView 节点数据

任务 5-3　实现"电子商城"后台菜单功能

任务5-3

任务描述

本任务使用 XML 文件保存菜单实现如图 5-21 所示的管理端菜单功能。

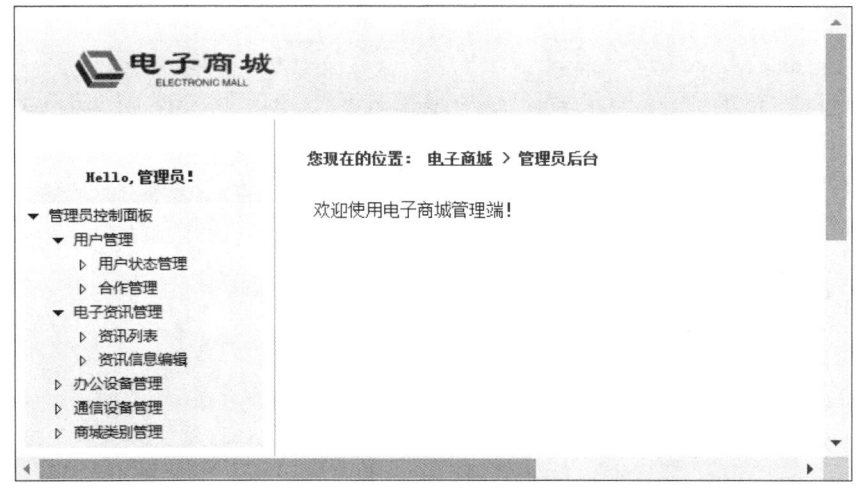

图 5-21 "电子商城"管理端菜单功能

141

任务实施

(1) 以任务 5-2 为基础,在 Admin 文件夹下创建 XML 文件 admin_menu.xml 存储菜单项,参照图 5-18 的层次结构设置菜单,代码如下:

```xml
<?xml version="1.0" encoding="utf-8"?>
<siteRoot Id="root" url="" title="管理员控制面板" description="">
<siteMapNode url="" title="用户管理" description="">
<siteMapNode url="UserStateM.aspx" title="用户状态管理" description="" />
<siteMapNode url="CooperationList.aspx" title="合作管理" description="" />
</siteMapNode>
<siteMapNode url="" title="电子资讯管理" description="">
<siteMapNode url="ELENewsList.aspx" title="资讯列表" description="" />
<siteMapNode url="ELENewsEdit.aspx" title="资讯信息编辑" description="" />
</siteMapNode>
<siteMapNode url="OfficeEquipmentM.aspx" title="办公设备管理" description="">
</siteMapNode>
<siteMapNode url="CommunicationEquipmentM.aspx" title="通信设备管理" description="">
</siteMapNode>
<siteMapNode url="CategoryManage.aspx" title="商城类别管理" description="">
</siteMapNode>
</siteRoot>
```

(2) 打开母版页 Admin.master,从工具箱中拖动一个 TreeView 控件至页面,单击右上方的箭头,弹出"TreeView 任务"快捷菜单,在"选择数据源"下拉列表框中选择"新建数据源"选项,在弹出的"数据源配置向导"对话框中,选择 XML 文件并指定数据源 ID 为 xdsAdmin,单击"下一步"按钮,选择第(1)步创建的数据文件 admin_menu.xml,进行布局调整,主要代码如下:

```html
<div id="opt_list">
<h1> Hello,管理员! </h1>
<div id="subnav">
<asp:TreeView ID="tvAdmin" runat="server" DataSourceID="xdsAdmin" ImageSet="Arrows" Width="191px">
<databindings>
<asp:TreeNodeBinding DataMember="siteMapNode" NavigateUrlField="url" TextField="title" />
<asp:TreeNodeBinding DataMember="siteRoot" TextField="title" />
</databindings>
<parentnodestyle font-bold="False" />
<hovernodestyle font-underline="True" forecolor="#5555DD" />
<selectednodestyle font-underline="True" horizontalpadding="0px" verticalpadding="0px" forecolor="#5555DD" />
```

```
<nodestyle font-names="Verdana" font-size="8pt" forecolor="Black"
horizontalpadding="5px" nodespacing="0px" verticalpadding="0px" />
</asp:TreeView>
</div>
</div>
```

(3)浏览 Default.aspx 页面,效果如图 5-21 所示。

本章小结

本章主要对 ASP.NET 中的母版页和导航控件的使用进行了讲解,通过这些技术的应用,开发人员可以创建具有统一风格的网站。

习题

一、单选题

❶ 创建一个 Web 页面,同时也有一个名为"master.master"的母版页,要让 Web 窗体使用 master.master 母版页,应该如何处理?(　　)

A. 加入 ContentPlaceHolder 控件

B. 加入 Content 控件

C. 在 Web 页面的@Page 指令中设置 MasterPageFile 属性为 master.master,然后将窗体中<form></form>之间的内容放置在<asp:Content>…</asp:Content>内

D. 创建页面不需要做任何处理

❷ 在一个 Web 站点中,有一个站点地图文件 Web.sitemap 和一个 Default.aspx 页面,在 Default.aspx 页面中包含一个 SiteMapDataSource 控件,该控件的 ID 为 SiteMapDataSource1。如果想以树形结构显示站点地图,应(　　)。

A. 拖拽一个 Menu 到页面中,并将其绑定到 SqlDataSource

B. 拖拽一个 TreeView 到页面中,并将其绑定到 SqlDataSource

C. 拖拽一个 Menu 到页面中,并设置该控件的 DataSourceID 属性设置为 SiteMapDataSource1

D. 拖拽一个 TreeView 到页面中,并设置该控件的 DataSourceID 属性设置为 SiteMapDataSource1

❸ 在一个产品站点中,使用 SiteMapDataSource 控件和 TreeView 控件进行导航,站点地图 Web.sitemap 配置如下:

```
<?xml version="1.0" encoding="utf-8"?>
<siteMap xmlns="http://schemas.microsoft.com/AspNet/SiteMap-File-1.0">
    <siteMapNode title="首页" description="网站首页" url="~/default.aspx">
        <siteMapNode title="产品分类" url="~/Products.aspx" />
        <siteMapNode title="系统管理" url="~/Admin/Default.aspx">
            <siteMapNode title="产品修改" url="~/Admin/Training.aspx" />
```

```
    <siteMapNode title="订单查询" url="~/Admin/Consulting.aspx" />
  </siteMapNode>
  </siteMapNode>
</siteMap>
```

要求当用户进入管理员页面后,只显示管理员节点及其子节点,(   )。

A. 将 SiteMapDataSource 控件的 ShowStartingNode 属性设置为 false

B. 在 Admin/Default.aspx 页重新应用一个新的只包含会员节点内容的 Web.sitemap 地图

C. 将 SiteMapPath 控件的 SkipLinkText 属性设置为~/Admin/Default.aspx

D. 将 SiteMapDataSource 控件的 StartingNodeUrl 属性设置为~/Admin/Default.aspx

❹ 要访问母版页中的控件,可以使用(   )。

A. 控件 ID   B. Master.FindControl

C. Master.控件 ID   D. 无法实现

❺ 需要动态改变内容页的母版页,应在页面的(   )事件方法中进行设置。

A. Page_Load   B. Page_Render

C. Page_PreRender   D. Page_PreInit

二、简答题

❶ 简述母版页和内容页之间的关系。

❷ 简述母版页的工作原理。

❸ 简述 SiteMapPath、Menu 和 TreeView 控件的用途。

第 6 章　ADO.NET 数据访问技术

学习目标

- 理解 ADO.NET 的相关概念及其结构
- 掌握数据库的两种访问模式及其区别
- 熟练掌握 ADO.NET 对象的使用

相关知识点

- ADO.NET 对象模型及数据访问命名空间
- Connection 数据连接对象
- Command 命令执行对象
- DataReader 数据读取对象
- DataSet 对象与 DataAdapter 对象

6.1　ADO.NET 概述

ADO.NET 是微软.NET 数据库的访问架构,是数据库应用程序和数据源之间沟通的桥梁,主要提供一个面向对象的数据访问架构,用来开发数据库应用程序。

6.1.1　ADO.NET 的组成

ADO.NET 采用层次管理模型,各部分的逻辑关系如图 6-1 所示。

ADO.NET 模型的最顶层是 Web 应用程序,中间是 ADO.NET 数据层和数据提供程序。在这个层次中数据提供程序相当于 ADO.NET 的通用接口,各种不同的数据源要使用不同的数据提供程序。

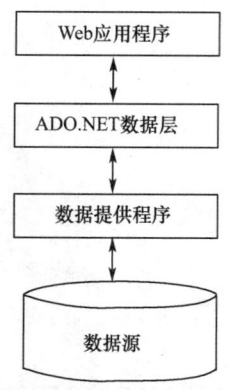

图 6-1　ADO.NET 的模型

6.1.2　数据访问命名空间

在 ADO.NET 中，连接数据源的接口有以下四种：SqlClient、OracleClient、ODBC 和 OLEDB。其中，SqlClient 是 Microsoft SQL Server 数据库专用连接接口；OracleClient 是 Oracle 数据库专用连接接口；ODBC 和 OLEDB 可用于其他数据源的连接。在应用程序中使用任何一种连接接口时，必须在后台代码中引用相应的命名空间，类的名称也随之发生变化，见表 6-1。

表 6-1　　　　　　　　　　ADO.NET 的数据库命名空间及其说明

命名空间	说明
System.Data	ADO.NET 的核心，包含处理非连接的架构所涉及的类，如 DataSet
System.Data.SqlClient	为 SQL Server 的.NET 数据提供程序
System.Data.OracleClient	为 Oracle 的.NET 数据提供程序
System.Data.OleDb	为 OLE DB 的.NET 数据提供程序
System.Data.Odbc	为 ODBC 的.NET 数据提供程序
System.Xml	提供基于标准 XML 的类、结构等
System.Data.Common	由.NET 数据提供程序继承或者实现的工具类和接口

6.1.3　ADO.NET 的对象

ADO.NET 对象主要指包含在.NET Framework 数据提供程序和数据集 DataSet 中的对象，主要包括 Connection、Command、DataReader、DataAdapter 和 DataSet 对象，ADO.NET 对象之间的关系如图 6-2 所示。

（1）Connection 对象主要提供与数据库的连接功能。

（2）Command 对象用于返回数据、修改数据、运行存储过程及发送或检索参数信息的数据库命令。

（3）DataReader 对象通过 Command 对象提供从数据库检索信息的功能，它以一种只读的、向前的、快速的方式访问数据库。

（4）DataAdapter 对象提供连接 DataSet 对象和数据源的桥梁，它主要使用 Command 对象在数据源中执行 SQL 命令，以便将数据加载到 DataSet 数据集中，并确保 DataSet 数据集中数据的更改与数据源保持一致。

（5）DataSet 对象是 ADO.NET 的核心概念,是支持 ADO.NET 断开式、分布式数据方案的核心对象。DataSet 对象是一个数据库容器,可以把它当作是存在于内存中的数据库,无论数据源是什么,它都会提供一致的关系编程模型。

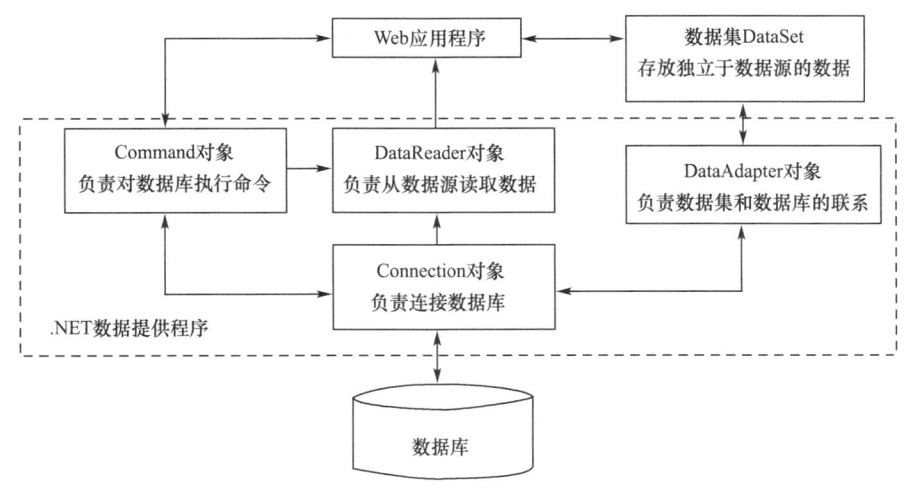

图 6-2　ADO.NET 对象之间的关系模型

6.2　Connection 对象

6.2.1　Connection 对象概述

所有对数据库的操作都是从建立数据库连接开始的,这就需要使用 Connection 对象。在打开数据库之前,必须先设置好连接字符串,然后再调用 Open 方法打开连接,此时便可对数据库进行访问,最后调用 Close 方法关闭连接。不同的数据源(.NET 数据提供程序)需要使用不同的类来建立连接。例如,要连接到 SQL Server,需要选择 SqlConnection 连接类。根据不同的数据源提供了表 6-2 的四种数据库连接方式。

表 6-2　　　　　　　　　　.NET 数据提供程序及对应的连接类

数据访问提供程序	名称空间	对应的连接类名称
SQL Server 数据提供程序	System.Data.SqlClient	SqlConnection
OLEDB 数据提供程序	System.Data.OleDb	OledbConnection
ODBC 数据提供程序	System.Data.Odbc	OdbcConnection
Oracle 数据提供程序	System.Data.OracleClient	OracleConnection

6.2.2　Connection 对象的常用属性和方法

ADO.NET 使用 SqlConnection 对象与 SQL Server 进行连接,下面以 SqlConnection 为列介绍 Connection 对象的使用。SqlConnection 对象提供了一些属性和方法,允许程序

员与数据源建立连接或断开连接。SqlConnection 对象的常用属性和常用方法见表 6-3、表 6-4。

表 6-3　　　　　　　　　　SqlConnection 对象的常用属性

属性	说明
ConnectionString	获取和设置数据库的连接字符串
ConnectionTimeOut	获取 SqlConnection 对象的超时时间,单位为秒,0 表示不限时。若在这段时间之内无法连接数据源,则产生异常
Database	获取当前数据库名称
DataSource	获取数据源的完整路径和文件名,若是 SQL Server 数据库,则获取所连接的 SQL Server 服务器名称
State	获取数据库的连接状态,它的值为 ConnectionState 枚举值

表 6-4　　　　　　　　　　SqlConnection 对象的常用方法

方法	说明
Open	打开与数据库的连接
Close	关闭与数据库的连接
ChangeDatabase	在打开连接的状态下,更改当前数据库
CreateCommand	创建并返回与 SqlConnection 对象有关的 SqlCommand 对象
Dispose	调用 Close 方法关闭与数据库的连接,并释放所占用的系统资源

> **注意**　除了 ConnectionString 属性之外,其他属性都是只读属性,只能通过连接字符串的标记配置数据库连接。

6.2.3　使用 SqlConnection 对象连接数据库

建立应用程序与数据库连接的步骤如下：

1. 定义数据库连接字符串

定义数据库连接字符串的常用方式有以下两种：

(1) 使用 Windows 身份验证

该方式又称信任连接,这种连接方式有助于在连接到 SQL Server 时提供安全保护,因为它不会在连接字符串中公开用户 ID 和密码,是安全级别要求较高时推荐的数据库连接方法。其连接字符串的语法格式如下：

　　string ConnStr =" Server=服务器名或 IP;Database=数据库名;Integrated Security = true ";

(2) 使用 SQL Server 身份验证

该方式又称非信任连接,这种连接方式将未登录的用户 ID 和密码写在连接字符串中,因此在安全级别要求较高的场合不要使用。其连接字符串的语法格式如下：

　　string ConnStr="Server =服务器名;Database =数据库名;uid=用户名;pwd=密码";

或

　　string ConnStr="Data Source=服务器名;Initial Catalog=数据库名;User ID=用户名;Password=密码";

数据库连接字符串由多个分号隔开的多个参数组成,其常用参数及其说明见表 6-5。

表 6-5　　　　　　　　　　　Sqlconnection 对象的连接字符串参数及其说明

参数	说明
Data Source 或 Serve	连接打开时使用的 SQL Server 数据库服务器名称或者是 Microsoft Access 数据库的文件名，可以是"local"、"."、"localhost"、"127.0.0.1"，也可以是具体数据库服务器名称
Initial Catalog 或 Database	数据库的名称
Integrated Security	此参数决定连接是否是安全连接。可能的值有 true、false 和 SSPI（SSPI 是 true 的同义词）
User ID 或 uid	SQL Server 账户的登录账号
Password 或 pwd	SQL Server 登录密码

例如，"电子商城"应用程序与本机的 ELEShop 数据库连接的字符串采用第一种方式，可以写成：

```
string ConnStr ="Server =.;Database = ELEShop;Integrated Security =true";
```

采用第二种方式可以写成：

```
string ConnStr ="Server =.;Database = ELEShop;uid = sa;pwd =123456";
```

如果数据库的密码为空，就可以省略 pwd 这一项。

2. 创建 Connection 对象

使用定义好的连接字符串创建 Connection 对象，代码如下：

```
SqlConnection sqlconn = new SqlConnection（connStr）;
```

3. 打开与数据库的连接

调用 Connection 对象的 Open 方法打开与数据库的连接，代码如下：

```
sqlconn.Open();
```

在上面的这三个步骤中，第 1、2 步的先后顺序可以调换，即可以先创建一个 Connection 对象，再设置它的 ConnectionString 属性，例如：

```
SqlConnection sqlconn = new SqlConnection();
string connStr =" Server =.;Database = ELEShop;uid = sa;pwd =123456";
sqlconn.ConnectionString = connStr;
```

因为数据库的连接资源有限，所以在需要的时候才打开连接，数据操作结束，就应该尽早地关闭连接，把资源归还给系统。

【案例 6-1】 使用 SqlConnection 对象建立与 SQL Server 数据库 ELEShop 的连接，并显示当前数据库的连接状态。

(1)在 SQL Server 2012 中附加数据库文件 Myblog.mdf。

(2)新建一个网站项目 WebSite6-1，在项目中新建一个 Default.aspx 页面。在页面中添加一个 Label 标签控件和两个 Button 命令按钮，两个命令按钮的 Text 属性分别设置为"打开连接"和"关闭连接"。页面设计代码如下：

```
<form id="form1" runat="server">
<div>
<asp:Label ID="lblMsg" runat="server" Text="Label"></asp:Label>
<br/>
```

```
<asp:Button ID="btnConn" runat="server" Text="打开连接" />
<asp:Button ID="btnClose" runat="server" Text="关闭连接" />
</div>
</form>
```

(3)在 Default.aspx.cs 文件中添加命名空间的引用,代码如下:

```
using System.Data.SqlClient;
```

在 Default.aspx.cs 文件的所有事件之外定义数据库连接字符串和连接对象,代码如下:

```
static string ConStr ="Server=.;Database=MyBlog;Integrated Security=true;
SqlConnection conn = new SqlConnection(ConStr);
```

在 Default.aspx.cs 文件中添加页面载入时执行的 Page_Load 事件过程代码,如下:

```
protected void Page_Load(object sender, EventArgs e)
{
    lblMsg.Text ="当前连接状态是:"+ conn.State.ToString();
}
```

在 Default.aspx.cs 文件中分别添加单击"打开连接"和"关闭连接"按钮时执行的事件过程代码,如下:

```
protected void btnConn_Click(object sender, EventArgs e)
{
    conn.Open();
    lblMsg.Text = "当前连接状态是:" + conn.State.ToString();
}

protected void btnClose_Click(object sender, EventArgs e)
{
    conn.Close();
    lblMsg.Text = "当前连接状态是:" + conn.State.ToString();
}
```

(4)浏览该页面,当页面载入时,显示的连接状态是 Close,打开连接时显是 Open,结果如图 6-3 所示。

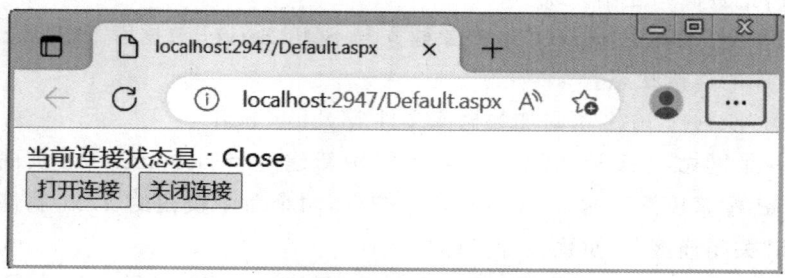

图 6-3 使用 SqlConnection 对象连接数据库

6.3 Command 对象

6.3.1 Command 对象概述

使用 Connection 对象与数据源建立连接后,可以使用 Command 对象对数据源执行查询、添加、删除和修改等各种操作,操作的实现方式可以是使用 SQL 语句,也可以是使用存储过程。同 Connection 对象一样,Command 对象属于.NET Framework 数据提供程序,不同的数据提供程序(数据源)有各自的 Command 对象,见表 6-6。

表 6-6　　　　　　　　　　.NET 数据提供程序及对应的命令类

数据访问提供程序	名称空间	对应的命令类名称
SQL Server 数据提供程序	System.Data.SqlClient	SqlCommand
OLEDB 数据提供程序	System.Data.OleDb	OledbCommand
ODBC 数据提供程序	System.Data.Odbc	OdbcCommand
Oracle 数据提供程序	System.Data.OracleClient	OracleCommand

6.3.2 SqlCommand 对象的常用属性和方法

SqlCommand 对象的常用属性和方法见表 6-7、表 6-8。

表 6-7　　　　　　　　　　SqlCommand 对象的常用属性

属性	说明
CommandText	获取或设置要对数据源执行的 SQL 命令、存储过程或数据表名称
CommandType	获取或设置命令类型,可取的值:CommandType.Text、CommandType.StoredProduce,对应 SQL 命令、存储过程,默认为 Text
Connection	获取或设置 SqlCommand 对象所使用的数据连接属性
Parameters	SQL 命令参数集合
Cancel	取消 SqlCommand 对象的执行

表 6-8　　　　　　　　　　SqlCommand 对象的常用方法

方法	说明
CreateParameter	创建 Parameter 对象
ExecuteNonQuery	执行 CommandText 属性指定的内容,返回数据表被影响的行数。该方法只能执行 Insert、Update 和 Delete 命令
ExecuteReader	执行 CommandText 属性指定的内容,返回 DataReader 对象。该方法用于执行返回多条记录的 Select 命令
ExecuteScalar	执行 CommandText 属性指定的内容,以 object 类型返回结果表第一行第一列的值。该方法一般用来执行查询单值的 Select 命令

6.3.3 创建 Command 对象

Command 对象的构造函数参数有两个,一个是需要执行的 SQL 语句,另一个是数据库连接对象。这里以它们为参数，调用 SqlCommand 类的构造方法创建 Command 对象，语法格式如下：

　　SqlCommand 命令对象名＝new SqlCommand(SOL 语句,连接对象);

用户可以先使用构造函数创建一个不含参数的 Command 对象，再设置 Command 对象的 Connection 属性和 CommandText 属性，其语法格式如下：

　　SqlCommand 命令对象名＝new SqlCommand ();
　　命令对象名.Connection ＝ 连接对象;
　　命令对象名.CommandText ＝ SOL 语句;

6.3.4 使用 Command 对象操作数据

使用 Command 对象操作数据，必须有一个 Connection 对象。使用 Command 对象进行数据操作的步骤如下：

（1）创建数据库连接：按照前面讲过的步骤创建一个 Connection 对象。

（2）定义执行的 SQL 语句：将对数据库执行的 SQL 语句赋给一个字符串。

（3）创建 Command 对象：使用已有的 Connection 对象和 SQL 语句字符串创建一个 Command 对象。

（4）执行 SQL 语句：使用 Command 对象的某个方法执行命令。

1. 使用 Command 对象增加数据库的数据

使用 Command 对象向数据库增加数据的一般步骤如下：首先，建立数据库连接；其次，创建 Command 对象，并设置它的 Connection 和 CommandText 属性；最后，使用 Command 对象的 ExecuteNoquery 方法执行数据库增加命令，ExecuteNoquery 方法表示要执行的是没有返回数据的命令。

【案例 6-2】 使用 Command 对象向数据库中添加新数据。

（1）新建网站项目 WebSite6-2。

（2）在网站项目添加一个 Web 页面 CommInsert.aspx。在页面中添加相应 Web 控件，使其设计外观如图 6-4 所示，页面主体部分代码如下：

```
<form id="form1" runat="server">
<div>
<table>
<tr>
<td style="text-align: right">用户名</td>
<td><asp:TextBox ID="txtUId" runat="server"></asp:TextBox>
</td>
</tr>
<tr>
<td style="text-align: right">密码</td>
<td>
<asp:TextBox ID="txtPwd" runat="server" TextMode="Password">
</asp:TextBox>
</td>
</tr>
```

```html
<tr>
<td style="text-align：right">真实姓名</td>
<td><asp:TextBox ID="txtName" runat="server"></asp:TextBox>
</td>
</tr>
<tr>
<td style="text-align：right">QQ</td>
<td><asp:TextBox ID="txtQQ" runat="server"></asp:TextBox>
</td>
</tr>
<tr>
<td style="text-align：right">邮箱</td>
<td><asp:TextBox ID="txtEMail" runat="server"></asp:TextBox>
</td>
</tr>
<tr>
<td colspan="2" style="text-align：center">
<asp:Button ID="btnAdd" runat="server" Text="添加" /></td>
</tr>
</table>
</div>
</form>
```

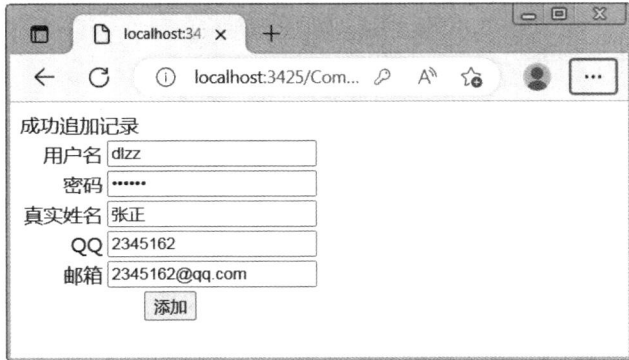

图 6-4 新增用户信息

（3）在 CommInsert.aspx.cs 文件的所有事件之外定义数据库连接字符串和连接对象，代码如下：

```csharp
static string ConStr =" Server =.;Database = MyBlog;Integrated Security = true";
SqlConnection conn = new SqlConnection(ConStr);
```

（4）编写 CommInsert.aspx 页面中"添加"按钮的 Click 事件过程代码，如下：

```csharp
protected void btnAdd_Click(object sender, EventArgs e)
{
        SqlCommand cmd = new SqlCommand(); //建立 Command 对象
        cmd.Connection = conn;
        //把 SQL 语句赋给 Command 对象
```

```
        cmd.CommandText = "insert into Users(LoginId,LoginPwd,Name,QQ,Mail)values(@
LoginId,@LoginPwd,@Name,@QQ,@Mail)";
        //在执行之前告诉 Command 对象@LoginId、@LoginPwd、@Name、@QQ、@Mail 将来用谁来代
替,即给参数赋值
        SqlParameter[] paras = new SqlParameter[]{
            new SqlParameter("@LoginId",txtUId.Text),
            new SqlParameter("@LoginPwd",txtPwd.Text),
            new SqlParameter("@Name",txtName.Text),
            new SqlParameter("@QQ",txtQQ.Text),
            new SqlParameter("@Mail",txtEMail.Text)
        };
        cmd.Parameters.AddRange(paras);
        try{
            conn.Open();//打开连接
            cmd.ExecuteNonQuery();//执行 SQL 命令
            Response.Write("成功追加记录");
        }
        catch (Exception ex){
            Response.Write("错误原因:" + ex.Message);
        }
        finally{
            cmd = null;
            conn.Close();
            conn = null;
        }
    }
}
```

(5) 程序运行结果如图 6-4 所示。

2. 使用 Command 对象删除数据库的数据

使用 Command 对象删除数据的一般步骤如下:首先,建立数据库连接;其次,创建 Command 对象,并设置它的 Connection 和 CommandText 属性,即使用 Command 对象的 Parameters 属性来设置输入参数;最后,使用 Command 对象的 ExecuteNoquery 方法执行数据删除命令。

【案例 6-3】 使用 Command 对象删除数据。

(1) 打开网站项目 WebSite6-2,添加 Web 页面 CommDelete.aspx。在 CommDelete.aspx 中添加一个 TextBox 控件和一个 Button 控件,其中 Button 控件作为"删除"按钮,页面主体部分代码如下:

```
<form id="form1" runat="server">
<div>
        输入要删除用户的用户名:<br/>
<asp:TextBox ID ="txtUID" runat ="server"></asp:TextBox>
```

```
<asp:Button ID ="btnDel" runat ="server" Text ="删除" OnClick ="btnDel_Click"/>
    </div>
</form>
```

(2)在 CommDelete.aspx.cs 文件的所有事件之外定义数据库连接字符串和连接对象，代码如下：

```
static string ConStr ="Server =.;Database = MyBlog;Integrated Security = true";
SqlConnection conn = new SqlConnection(ConStr);
```

(3)编写 CommDelete.aspx 页面中"删除"按钮的 Click 事件过程，代码如下：

```
protected void btnDel_Click(object sender, EventArgs e)
    {
        int intDeleteCount;
        SqlCommand cmd = new SqlCommand();//建立 Command 对象
        //为 Command 对象的 Connection 和 CommandText 属性赋值
        cmd.Connection = sqlconn;
        cmd.CommandText = "delete from Users where LoginId=@LoginId";
        SqlParameter p1 = new SqlParameter("@LoginId", txtUID.Text);
        cmd.Parameters.Add(p1);
        try{
            sqlconn.Open();
            intDeleteCount = cmd.ExecuteNonQuery();
            if (intDeleteCount> 0)
                Response.Write("删除成功!");
            else
                Response.Write("该记录不存在!");
        }
        catch (Exception ex){
            Response.Write("删除失败,错误原因:" + ex.Message);
        }
        finally{
            cmd = null;
            sqlconn.Close();
            sqlconn = null;
        }
    }
```

图 6-5 删除用户信息

任务 6-1　实现"电子商城"用户注册功能

任务描述

在任务 5-3 的基础上，在网站根目录下新建 Register.aspx 页面，实现用户注册功能。用户注册成功后弹出消息框，单击"确定"按钮后跳转到"电子商城"网站前台首页 Default.aspx 页面。注册页面运行效果如图 6-6 所示。

图 6-6　注册页面运行效果

任务实施

（1）运行 Visual Studio 2022，创建名为 rw6-1 的网站项目。本任务需要用到前台母版页 common.master 等相关文件，将"前台素材"文件夹下的所有内容复制到站点根目录下即可。

（2）在网站根目录下添加一个基于 common.master 母版页的内容页，名为 Register.aspx。在 Register.aspx 页中添加相应 Web 控件，使其设计外观如图 6-6 所示。

（3）在 Register.aspx.cs 文件中，编写方法 IsExists，用于判断用户数据表中是否存在相同的注册信息。代码如下：

```
static bool IsExists(string txtLoginId, string txtEmail)
{
    string strSqlConn = ConfigurationManager.ConnectionStrings["ELEShop"].ConnectionString;
    string strSql = "Select * From Users Where LoginId='" + txtLoginId + "' Or Mail='" + txtEmail + "'";
```

```csharp
            SqlConnection sqlConn = new SqlConnection();//创建连接对象
sqlConn.ConnectionString = strSqlConn;//给连接字符串赋值
sqlConn.Open();//打开数据库连接
            SqlCommand sqlComm = new SqlCommand(strSql, sqlConn);//创建命令对象
            //读取数据表中的数据
            SqlDataReader sdr = sqlComm.ExecuteReader();
            //使用 SqlDataReader 对象的 Read()方法判断是否存在记录,若存在则返回 True
            if (sdr.Read())
            {
                sdr.Close();
                return true;
            }
            else
            {
                sdr.Close();
                return false;
            }
}
```

(4) 编写页面中"确定了,马上提交"按钮的事件过程代码,如下:

```csharp
protected void btnSubmit_Click(object sender, EventArgs e)
{
    if (txtLoginId.Text == "")
    {
    Page.RegisterClientScriptBlock("alert", "<script>alert('用户名不能为空!')</script>");
        return;
    }
    if (txtName.Text == "")
    {
    Page.RegisterClientScriptBlock("alert", "<script>alert('姓名不能为空!')</script>");
        return;
    }
    if (txtLoginPwd.Text == "")
    {
Page.RegisterClientScriptBlock("alert", "<script>alert('密码不能为空!')</script>");
        return;
    }
    if (TextBox4.Text == "")
    {
Page.RegisterClientScriptBlock("alert", "<script>alert('确认密码不能为空!')</script>");
        return;
    }
    if (!CompareValidator1.IsValid)
```

```csharp
        {
            Page.RegisterClientScriptBlock("alert", "<script>alert('两次密码不一致!')</script>");
            return;
        }
        if (txtEmail.Text == "")
        {
            Page.RegisterClientScriptBlock("alert", "<script>alert('邮箱不能为空!')</script>");
            return;
        }
        if (!RegularExpressionValidator1.IsValid)
        {
            Page.RegisterClientScriptBlock("alert", "<script>alert('邮箱验证失败!')</script>");
            return;
        }
        if (txtAddress.Text == "")
        {
            Page.RegisterClientScriptBlock("alert", "<script>alert('地址不能为空!')</script>");
            return;
        }
        if (txtTele.Text == "")
        {
            Page.RegisterClientScriptBlock("alert", "<script>alert('手机不能为空!')</script>");
            return;
        }
        if (!RegularExpressionValidator2.IsValid)
        {
            Page.RegisterClientScriptBlock("alert", "<script>alert('手机格式不正确!')</script>");
            return;
        }
        if (txtCode.Text == "")
        {
            Page.RegisterClientScriptBlock("alert", "<script>alert('验证码不能为空!')</script>");
            return;
        }
    string ConStr = ConfigurationManager.ConnectionStrings["ELEShop"].ConnectionString;
        SqlConnection conn = new SqlConnection(ConStr);
        SqlCommand cmd = new SqlCommand();  //建立Command对象
        if (!CeckCode())
        {
            Page.RegisterClientScriptBlock("alert", "<script>alert('验证码错误!')</script>");
            return;
        }
```

```csharp
try
{
    cmd.Connection = conn;
    //把 SQL 语句赋给 Command 对象
    cmd.CommandText = "INSERT Users(LoginId, LoginPwd, Name, Address, Phone, Mail,UserRoleId,UserStateId)VALUES(@LoginId, @LoginPwd, @Name, @Address, @Phone, @Mail,1,1)";
    //在执行之前告诉 Command 对象将来用谁来代替,即给参数赋值
    SqlParameter[] para = new SqlParameter[]{
        new SqlParameter("@LoginId", txtLoginId.Text),
        new SqlParameter("@LoginPwd", txtLoginPwd.Text),
        new SqlParameter("@Name", txtName.Text),
        new SqlParameter("@Address", txtAddress.Text),
        new SqlParameter("@Phone", txtTele.Text),
        new SqlParameter("@Mail", txtEmail.Text)
    };
    cmd.Parameters.AddRange(para);
//调用 IsExists()自定义方法判断数据表中是否存在相同的注册信息
    if (! IsExists(txtLoginId.Text, txtEmail.Text))
    {
        conn.Open(); //打开连接
        cmd.ExecuteNonQuery(); //执行 SQL 命令
        Page.RegisterClientScriptBlock("alert", "<script>alert('注册成功,请登录!');window.location='../Default.aspx'</script>");
    }
    else
    {
        Page.RegisterClientScriptBlock("alert", "<script>alert('用户名已使用,请重新输入!')</script>");
    }
}
catch (Exception ex){
    Response.Write("错误原因:" + ex.Message);
}
finally{
    cmd = null;
    conn.Close();
    conn = null;
}
}
```

(5)页面运行效果如图6-6所示,注册成功后弹出如图6-7所示对话框。

图6-7 注册成功消息框

6.4 DataReader 对象

6.4.1 DataReader 对象概述

当 Command 对象返回结果集时,需要使用 DataReader 对象来检索数据。DataReader 对象返回一个来自 Command 的只读的、只能向前的数据集。DataReader 每次只能在内存中保留一行,所以开销非常小,提高了应用程序的性能。

由于 DataReader 只执行读操作,并且每次只在内存缓冲区里存储结果集中的一条数据,所以使用 DataReader 对象的效率比较高,如果要查询大量数据且不需要随机访问和修改数据,DataReader 是优先的选择。

DataReader 属于.NET 数据提供程序,每一种.NET 数据提供程序都有与之对应的 DataReader 类,见表6-9。

表6-9 .NET 数据提供程序及对应的 DataReader 类

数据提供程序	名称空间	对应的 DataReader 类名称
SQL Server 数据提供程序	System.Data.SqlClient	SqlDataReader
OLE DB 数据提供程序	System.Data.OleDb	OledbDataReader
ODBC 数据提供程序	System.Data.Odbc	OdbcDataReader
Oracle 数据提供程序	System.Data.OracleClient	OracleDataReader

6.4.2 SqlDataReader 对象的常用属性和方法

SqlDataReader 对象的常用属性和方法见表6-10、表6-11。

表6-10 SqlDataReader 对象的常用属性

属性	说明
FieldCount	获取由 DataReader 得到的一行数据中的字段数
isClosed	获取 SqlDataReader 对象的状态,true 表示关闭,false 表示打开
HasRows	表示查询是否返回结果。如果有查询结果,返回 true,否则返回 false
HasMoreRows	只读,表示是否还有记录未读取

表 6-11　　　　　　　　　　　SqlDataReader 对象的常用方法

方法	说明
Close	不带参数，无返回值，用来关闭 DataReader 对象
Read	让记录指针指向本结果集中的下一条记录，返回值是 true 或 false
NextResult	当返回多个结果集时，使用该方法让记录指针指向下一个结果集。当调用该方法获得下一个结果集后，依然要用 Read 方法来遍历访问该结果集
GetValue	根据传入的列的索引值，返回当前记录行里指定列的值。由于事先无法预知返回列的数据类型，所以该方法使用 Object 类型来接收返回数据
GetValues	该方法会把当前记录行里所有的数据保存到一个数组里
GetName	通过输入列索引，获得该列的名称。综合使用 GetName 和 GetValue 两个方法，可以获得数据表里列名和列的字段
IsDBNull	判断指定索引号的列的值是否为空，返回 true 或 false

6.4.3　使用 DataReader 对象检索数据

　　DataReader 对象不能直接实例化，而必须调用 Command 对象的 ExecuteReader 方法才能创建有效的 DataReader 对象。通过调用 Command 对象的 ExecuteReader 方法得到的结果集是一个 DataReader 对象，语法格式如下：

　　SqlDataReader 数据读取器对象名＝命令对象名.ExecuteReader();

　　假设已创建一个名为 cmd 的 Command 对象，下面的代码可以创建一个 DataReader 对象。

　　SqlDataReader dr = cmd.ExecuteReader();

　　使用 DataReader 对象读取数据，首先要使用 HasRows 属性判断是否有数据可供读取，若有数据，则返回 true，否则返回 false；其次使用 DataReader 对象的 Read 方法来循环读取结果集中的每行数据；最后通过访问 DataReader 对象的列索引来获取读到的值。例如，dr["Id"]用来获取数据表中 Id 列的值。使用 SqlDataReader 对象检索数据的步骤如下：

　　(1)创建 SqlConnection 对象，设置连接字符串。

　　(2)创建 SqlCommand 对象，设置它的 Connection 和 CommandText 属性，分别表示数据库连接和需要执行的 SQL 命令。

　　(3)打开与数据库的连接。

　　(4)使用 SqlCommand 对象的 ExecuteReader 方法执行 CommandText 中的命令，并将返回的结果放在 SqlDataReader 对象中。

　　(5)通过调用 SqlDataReader 对象的 Read 方法循环读取查询结果集的记录，这个方法返回一个布尔值。若能读到一行记录，则返回 true，否则返回 false。代码如下：

　　dr.Read();

　　(6)读取当前行的某列的数据。可以像使用数组一样，用方括号来读取某列的值，如(type)dr[]，方括号中可以是列的索引(从 0 开始)，也可以是列名。读取到的列值必须要进行类型转换，例如：

　　(string) dr ["name"];

　　(7)关闭与数据库的连接。

【案例 6-4】 使用 DataReader 对象读取数据库中的数据。

(1)新建网站项目 WebSite6-4,在站点根目录下添加一个名为 DataReader.aspx 的 Web 页面。

(2)在 DataReader.aspx.cs 文件的所有事件之外定义数据库连接字符串和连接对象,代码如下:

```
static string ConStr="Server=.;Database=MyBlog;Integrated Security=true";
SqlConnection conn = new SqlConnection(ConStr);
```

(3)编写 DataReader.aspx 页面的 Page_Load 事件过程,代码如下:

```
protected void Page_Load(object sender, EventArgs e)
{
    SqlCommand cmd = new SqlCommand();
    cmd.Connection = conn;
    cmd.CommandText = "select * from Users";
    SqlDataReader dr = null;//创建 DataReader 对象的引用
    try {
        if (conn.State == ConnectionState.Closed)
            conn.Open();
        //执行 SQL 命令,并获取查询结果
        dr = cmd.ExecuteReader();
        //依次读取查询结果的字段名称,并以表格的形式显示
        Response.Write("<table border='1'><tr align='center'>");
        for (int i = 0; i < dr.FieldCount; i++)
        {
            Response.Write("<td>" + dr.GetName(i) + "</td>");
        }
        Response.Write("</tr>");
        //若 DataRead 对象成功获得数据,则返回 true,否则返回 false
        while (dr.Read())
        { //依次读取查询结果的字段值,并以表格的形式显示
            Response.Write("<tr>");
            for (int j = 0; j < dr.FieldCount; j++)
            {
                Response.Write("<td>" + dr.GetValue(j) + "</td>");
            }
            Response.Write("</tr>");
        }
        Response.Write("</table>");
    }
    catch (Exception ex) {
        Response.Write("SqlDataReader 读取出错,原因:" + ex.Message);
    }
    finally {
```

```
            if (dr.IsClosed == false)
                dr.Close();//关闭 DataReader 对象
            if (conn.State == ConnectionState.Open)
                conn.Close();
        }
}
```

(4) 页面运行效果如图 6-8 所示。

Id	LoginId	LoginPwd	Name	QQ	Mail
1	sa	sa	sa	sa	sa
3	51aspx	51aspx	51aspx	51aspx	51aspx
4	xiaohongqi	123456	独钓寒江	123456	xiaohongqi2000@163.com

图 6-8　DataReader.aspx 页面运行效果

任务 6-2　实现"电子商城"用户登录功能

任务描述

在任务 6-1 的基础上，该页面实现"电子商城"用户登录功能，其浏览效果如图 6-9 所示，若用户名为空，则提示"请输入用户名"；若密码为空，则提示"请输入密码"。用户名和密码均输入，且数据库查询验证通过后，则登录成功，自动弹出登录成功的提示信息对话框，并跳转到前台首页，在首页顶部显示登录的用户名，如图 6-10 所示，否则给出登录失败的提示信息。

图 6-9　UserLogin.aspx 页面运行效果

图 6-10 登录后首页的顶部效果

任务实施

(1)打开任务 6-1 的网站项目,添加基于母版页 common.master 的用户登录页面,名为 UserLogin.aspx。在 UserLogin.aspx 页面中引入外部样式文件,添加相应 Web 控件,使其设计外观如图 6-9 所示,页面主体代码如下:

```
<asp:Content ID="Content1" ContentPlaceHolderID="cphHeader" Runat="Server">
<link href="Css/member.css" rel="stylesheet" />
</asp:Content>
<asp:Content ID="Content2" ContentPlaceHolderID="cphContent" Runat="Server">
<script type="text/jscript">
    function ValidateForm() {
var txtLoginId = document.getElementById('<% = txtUserName.ClientID %>');
var txtLoginPwd = document.getElementById('<% = txtPassword.ClientID %>');
        if (txtLoginId.value == "") {
            alert('请输入用户名!');
            return false;
        }
        else if (txtLoginPwd.value == "") {
            alert('请输入密码!');
            return false;
        }
        return true;
    }
    document.forms[0].onsubmit = function () {
        if (ValidateForm() == false) {
            return false;
        }
        else {
            document.forms[0].submit();
        }
    }
</script>
<div id ="action_area" class="member_form">
```

```
<h2 class="action_type">
<img src="Images/login_in.gif" alt="会员登录"/>
</h2>
<p class="state">
        欢迎光临电子商城网站！<br/>
        您可以使用电子商城的用户名,直接登录。
</p>
<p>
<label>用户名</label>
<asp:TextBox ID="txtUserName" runat="server" CssClass="opt_input"></asp:TextBox>
</p>
<p>
<label>密    码</label>
<asp:TextBox ID="txtPassword" runat="server" TextMode="Password"
CssClass="opt_input"></asp:TextBox>
</p>
<p class="form_sub">
<input type ="checkbox" name="" checked="checked"/>
        在此计算机上保留我的密码
</p>
<p class="form_sub">
<asp:Button ID="btnLogin" runat="server" CssClass="opt_sub" Text="登录" TabIndex="1" OnClick="btnLogin_Click" />
<a href="Register.aspx">还没有注册???</a>
</p>
</div>
</asp:Content>
```

(2) 编写"登录"按钮的 Click 事件过程代码,实现用户登录功能。btnLogin_Click 事件过程代码如下:

```
protected void btnLogin_Click(object sender, EventArgs e)
{
string strSqlConn = "Server =. ;Database=ELEShop; Integrated Security=True";
    string strSqlComm = "Select * From Users Where LoginId = '"+
txtUserName. Text. Trim() +"' And LoginPwd='" + txtPassword. Text. Trim()+"'" +
"And UserRoleId=1";
    SqlConnection sqlConn = new SqlConnection(strSqlConn);
    sqlConn. Open();
    SqlCommand sqlComm = new SqlCommand(strSqlComm, sqlConn);
    SqlDataReader sdr = sqlComm. ExecuteReader();
    if (sdr. Read())
    {
        Response. Write("<script>alert('登录成功!')</script>");
```

```
                Session["LoginUserName"] = txtUserName.Text.Trim();
                Session["LoginPassword"] = txtPassword.Text.Trim();
                Response.Redirect("Default.aspx? name=" + txtUserName.Text.Trim());
                Session["LoginTime"] = DateTime.Now.ToString();
            }
            else
            {
                Response.Write("<script>alert('登录失败!')</script>");
            }
            sdr.Close();
            sqlConn.Close();
        }
```

(3) 页面运行效果如图 6-9 所示。

6.5 DataSet 对象和 DataAdapter 对象

6.5.1 DataSet 对象

DataSet 是 ADO.NET 的核心成员,是支持 ADO.NET 断开式、分布式数据方案的核心对象,也是实现基于非连接的数据查询的核心组件。DataSet 对象是创建在内存中的集合对象,它可以包含任意数量的数据表及所有表的约束、索引和关系等,它实质上相当于在内存中的一个小型关系数据库。一个 DataSet 对象包含一组 DataTable 对象和 DataRelation 对象,其中每个 DataTable 对象都由 DataRow 和 Constrain 集合对象组成,如图 6-11 所示。

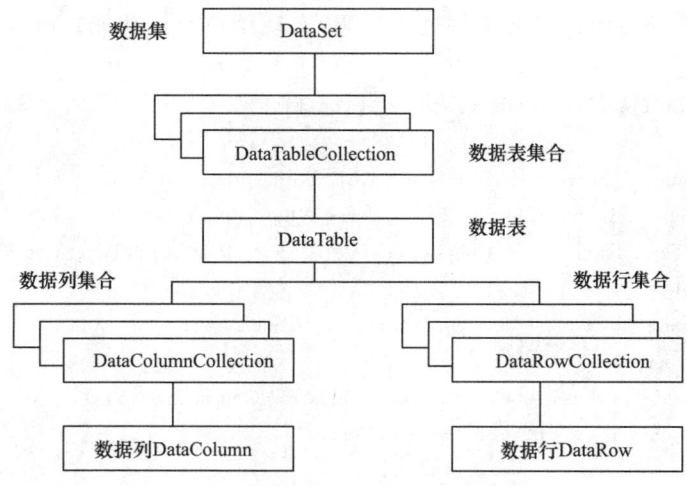

图 6-11 DataSet 数据集对象组成

创建 DataSet 对象的语法格式为:
DataSet 对象名=new DataSet();

或

DataSet 对象名=new DataSet("数据集名");

例如,创建数据集对象 ds,代码如下:

DataSet ds=new DataSet();

或

DataSet ds=new DataSet("users");

DataSet 对象的常用属性和方法见表 6-12。

表 6-12　　　　　　　　　　DataSet 对象的常用属性和方法

属性和方法	说明
Tables 属性	设置 DataSet 对象的名称
Clear 方法	删除 DataSet 对象中所有表
Copy 方法	复制 DataSet 的结构和数据,返回与本 DataSet 对象具有相同结构和数据的 DataSet 对象

DataSet 中每个数据表都是一个 DataTable 对象。DataTable 对象的常用属性和方法见表 6-13。

表 6-13　　　　　　　　　　DataTable 对象的常用属性和方法

属性和方法	说明
Columns 属性	获取数据表的所有字段
DataSet 属性	获取 DataTable 对象所属的 DataSet 对象
DefaultView 属性	获取与数据表相关的 DataView 对象
PrimaryKey 属性	获取或设置数据表的主键
Rows 属性	获取数据表的所有行
TableName 属性	获取或设置数据表名
Clear 方法	清除表中所有的数据
NewRow 方法	创建一个与当前数据表有相同字段结构的数据行

DataTable 对象可以包含多个数据行,每行就是一个 DataRow 对象。DataRow 对象的常用属性和方法见表 6-14。

表 6-14　　　　　　　　　　DataRow 对象的常用属性和方法

属性和方法	说明
RowState 属性	获取数据行的当前状态,属于 DataRowState 枚举型,分别为 Add、Delete、Detached、Modified、Unchanged
BeginEdit 方法	开始数据行的编辑
CancelEdit 方法	取消数据行的编辑
Delete 方法	删除数据行
EndEdit 方法	结束数据行的编辑

DataTable 对象中包含多个数据列,每列就是一个 DataColumn 对象。DataColumn 对象的常用属性见表 6-15。

表 6-15　　　　　　　　　　DataColumn 对象的常用属性

属性	说明
AllowDBNull	设置该字段可否为空值，默认为 true
Caption	获取或设置字段标题，若未指定字段标题，则字段标题与字段名相同
ColumnName	获取或设置字段名
Data Type	获取或设置字段的数据类型
Default Value	获取或设置新增数据行时，字段的默认值

6.5.2　DataAdapter 对象

1. DataAdapter 对象概述

DataAdapter(数据适配器)对象是一种用来充当 DataSet 对象与实际数据源之间桥梁的对象。DataSet 对象是一个非连接的对象，它与数据源无关。DataAdapter 正好负责填充它，并把它的数据提交给一个特定的数据源。DataAdapter 与 DataSet 配合使用可以执行新增、查询、修改和删除等多种操作。

DataAdapter 对象是一个双向通道，用来将数据从数据源中读到一个内存表中，以及把内存中的数据写回到一个数据源中。这两种情况下使用的数据源可能相同，也可能不相同。这两种操作分别称为填充(Fill)和更新(Update)。

DataAdapter 属于.NET 数据提供程序，每一种.NET 数据提供程序都有与之对应的 DataAdapter 类，见表 6-16。

表 6-16　　　　　　　.NET 数据提供程序及对应的 DataAdapter 类

数据提供程序	名称空间	对应的 DataAdapter 类名称
SQL Server	System.Data.SqlClient	SqlDataAdapter
OLEDB	System.Data.OleDb	OledbDataAdapter
ODBC	System.Data.Odbc	OdbcDataAdapter
Oracle	System.Data.OracleClient	OracleDataAdapter

2. DataAdapter 对象的常用属性和方法

DataAdapter 对象的常用属性见表 6-17。

表 6-17　　　　　　　　　　DataAdapter 对象的常用属性

属性	说明
SelectCommand	获取或设置一个语句、存储过程，用于在数据库中选择记录
InsertCommand	获取或设置一个语句、存储过程，用于在数据库中插入记录
UpdateCommand	获取或设置一个语句、存储过程，用于在数据库中更新记录
DeleteCommand	获取或设置一个语句、存储过程，用于从 DataSet 数据集中删除记录

DataAdapter 对象的主要方法如下：

(1)Fill 方法：调用 Fill 方法会自动执行 SelectCommand 属性中提供的命令，获取结果集并填充数据集的 DataTable 对象。其本质是通过执行 SelectCommand 对象的 Select 语句查询数据库，返回 DataReader 对象，通过 DataReader 对象隐式地创建 DataSet 中的表，并填充 DataSet 中表行的数据。

(2) Update 方法：调用 InsertCommand、UpdateCommand 和 DeleteCommand 属性指定的 SQL 命令，将 DataSet 对象更新到相应的数据源中。在 Update 方法中，逐行检查数据表每行的 RowState 属性值，根据不同的 RowState 属性，调用不同的 Command 命令更新数据库。

3. 创建 DataAdapter 对象

DataAdapter 对象构造函数的参数有两个，一个是需要执行的 SQL 语句，另一个是数据库连接对象。这里以它们为参数，调用 SqlDataAdapter 类的构造方法创建 DataAdapter 对象，其语法格式如下：

SqlDataAdapter 数据适配器对象名＝new SqlDataAdapter（SOL 语句,连接对象）；

用户可以先使用构造函数创建一个不含参数的 DataAdapter 对象，再设置 DataAdapter 对象的 Connection 属性和 CommandText 属性，其语法格式如下：

SqlDataAdapter 数据适配器对象名＝ new SqlDataAdapter（）；
数据适配器对象名.Connection＝连接对象；
数据适配器对象名.CommandText ＝ SQL 语句；

4. DataSet 和 DataAdapter 对象应用

使用 SqlDataAdapter 和 DataSet 对象操作数据库的步骤如下：

①创建数据库连接对象。

②利用数据库连接对象和 Select 语句创建 SqlDataAdapter 对象。

③根据操作要求配置 SqlDataAdapter 对象中不同的 Command 属性。例如，增加数据库数据，需要配置 InsertCommand 属性；修改数据库数据，需要配置 UpdateCommand 属性；删除数据库数据，需要配置 DeleteCommand 属性。

④使用 SqlDataAdapter 对象的 Fill 方法，把 Select 语句的查询结果放在 DataSet 对象的一个数据表中或直接放在一个 DataTable 对象中。

⑤对 DataTable 对象中的数据进行增加、删除、修改操作。

⑥修改完成后，通过 SqlDataAdapter 对象的 Update 方法，将 DataTable 对象中的修改更新到数据库。

【说明】

第③步中根据操作要求配置 SqlDataAdapter 对象中不同的 Command 属性，如果自己给 SqlDataAdapter 对象的 InsertCommand、UpdateCommand、DeleteCommand 属性定义 SQL 更新语句，过程比较复杂，可以通过建立 CommandBuilder 对象以便自动生成 DataAdapter 的 Command 命令。

（1）查询数据库的数据

使用 DataSet 和 DataAdapter 对象查询数据库数据的一般步骤：首先，建立数据库连接；其次，利用数据连接和 Select 语句建立 DataAdapter 对象，并使用 DataAdapter 对象的 Fill 方法将查询结果放在 DataSet 对象的一个数据表中；再其次，将该数据表复制到 DataTable 对象中；最后，实施对 DataTable 对象中数据的查询。

【案例 6-5】 使用 DataSet 对象和 DataAdapter 对象查询 MyBlog 数据库中 Users 数据表的数据。

①新建网站项目 WebSite6-5，添加一个名为 AdapterSel.aspx 的 Web 页。

②编写 AdapterSel.aspx 页面的 Page_Load 事件过程，代码如下：

```
protected void Page_Load(object sender, EventArgs e)
{
    string ConStr = "Server=.\\zhang;Database=MyBlog;Integrated Security=True";
    SqlConnection sqlconn = new SqlConnection(ConStr);
    DataSet ds = new DataSet();//建立 DataSet 对象
    DataRow dr;//建立 DataRow 数据行对象
    try {
        SqlDataAdapter sda=new SqlDataAdapter("select * from Users", sqlconn);
//建立 DataAdapter 对象
        sda.Fill(ds, "Users");//用 Fill 方法返回的数据，填充 DataSet,数据表取名为"StuTable"
        DataTable dtable = ds.Tables["Users"];//将数据表 StuTable 的数据复制到 DataTable 对象
        DataRowCollection drc = dtable.Rows;
//用 DataRowCollection 对象获取 StuTable 数据表的所有数据行
        for (int i = 0; i<drc.Count; i++)//逐行遍历,取出各行的数据
        {
            dr = drc[i];
            Response.Write("用户名:" + dr["LoginId"] + " 密码:" + dr["LoginPwd"] + " 真实姓名:" + dr["Name"] + " QQ:" + dr["QQ"] + " 电子邮箱:" + dr["Mail"]);
            Response.Write("<br/>");
        }
    }
    catch (Exception ex) {
        Response.Write("数据读取出错！原因:" + ex.Message);
    }
    finally
    {
        sqlconn = null;
    }
}
```

③页面运行效果如图 6-12 所示。

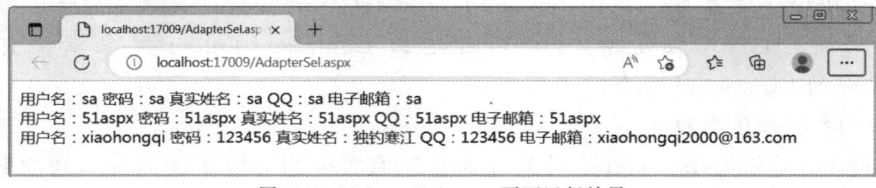

图 6-12　AdapterSel.aspx 页面运行效果

(2) 向数据库中新增数据

使用 DataSet 和 DataAdapter 对象向数据库中新增数据的一般步骤如下：

①建立数据库连接。

②利用数据连接和 Select 语句建立 DataAdapter 对象，并建立 CommandBuilder 对象以便自动生成 DataAdapter 的 Command 命令，不然就要自己定义 InsertCommand、

UpdateCommand 和 DeleteCommand 属性的 SQL 语句。

③使用 DataAdapter 对象的 Fill 方法把 Select 查询语句结果放在 DataSet 对象的一个数据表中。

④将该数据表复制到 DataTable 对象中。

⑤向 DataTable 对象增加数据记录，并通过 DataAdapter 对象的 Update 方法向数据库提交数据。

【案例 6-6】 使用 DataSet 和 DataAdapter 对象向 MyBlog 数据库中 Users 数据表中增加一条记录。

(1)新建网站项目 WebSite6-6，添加一个名为 AdapterIns.aspx 的 Web 页，页面设计如图 6-13 所示。

(2)编写 AdapterIns.aspx 页面中"提交"按钮的 Click 事件过程，代码如下：

```csharp
protected void btnAdd_Click(object sender, EventArgs e)
{
    string ConStr = "Server =.\\zhang;Database = MyBlog;Integrated Security = true";
    SqlConnection sqlconn = new SqlConnection(ConStr);
    DataSet ds = new DataSet();//建立 DataSet 对象
    try {
        //建立 DataAdapter 对象
        SqlDataAdapter sda = new SqlDataAdapter("select * from Users", sqlconn);
        //设置 DataAdapter 的 InsertCommand 命令
SqlCommand command = new SqlCommand ("insert into Users(LoginId,
LoginPwd,Name,QQ,Mail)values (@LoginId,@LoginPwd,@Name,@QQ,@Mail)", sqlconn);
        // Add the parameters for the InsertCommand.
        command.Parameters.Add("@LoginId", SqlDbType.NChar, 50,"LoginId");
        command.Parameters.Add("@LoginPwd", SqlDbType.NVarChar,50, "LoginPwd");
        command.Parameters.Add("@Name", SqlDbType.NChar,50, "Name");
        command.Parameters.Add("@QQ", SqlDbType.NChar, 20, "QQ");
        command.Parameters.Add("@Mail", SqlDbType.NChar,50, "Mail");
        sda.InsertCommand = command;
//建立 CommandBuilder 对象来自动生成 DataAdapter 的 Command 命令
        //SqlCommandBuilder cb = new SqlCommandBuilder(sda);
        sda.Fill(ds, "users");//用 Fill 方法返回的数据，填充 DataSet,数据表取名为"stuTable"
        DataTable dtable = ds.Tables["users"];//将数据表 stuTable 的数据复制到 DataTable 对象
DataRow dr = ds.Tables["users"].NewRow(); //增加新记录
        //为该记录赋值
        dr["LoginId"] = txtUId.Text.Trim();
        dr["LoginPwd"] = txtPwd.Text.Trim();
        dr["Name"] = txtName.Text;
        dr["QQ"] = txtQQ.Text;
        dr["Mail"] = txtMail.Text;
        dtable.Rows.Add(dr);
```

```
            sda.Update(ds,"users");  //提交更新
            Response.Write("新增成功<hr>");
        }
        catch(Exception ex){
            Response.Write("记录新增失败,原因:" + ex.Message);
        }
        finally{
            sqlconn = null;
        }
    }
```

(3)页面运行效果如图 6-13 所示。

图 6-13　AdapterIns.aspx 页面运行效果"新增成功"

(3)删除数据库的数据

使用 DataSet 和 DataAdapter 对象删除数据库数据的一般步骤如下：

①建立数据库连接。

②利用数据连接和 Select 语句建立 DataAdapter 对象。

③定义 DeleteCommand 属性,自定义 Delete 命令。

④使用 DataAdapter 对象的 Fill 方法把 Select 语句的查询结果放在 DataSet 对象的数据表中。

⑤将该数据表复制到 DataTable 对象中。

⑥删除 DataTable 对象中的数据,并通过 DataAdapter 对象的 Update 方法向数据库提交数据。

【案例 6-7】　使用 DataSet 和 DataAdapter 对象删除 MyBlog 数据库 Users 数据表中符合条件的记录。

(1)新建网站项目 WebSite6-7,添加一个名为 AdapterDel.aspx 的 Web 页,页面设计如图 6-14 所示。

(2)编写 AdapterDel.aspx 页面中"删除"按钮的 Click 事件过程,代码如下：

```
protected void btnDel_Click(object sender, EventArgs e)
{
    string ConStr = "Server =.;Database = MyBlog;Integrated Security = true";
    DataSet ds = new DataSet();
    using(SqlConnection cnn = new SqlConnection(ConStr))
    {
```

```
SqlDataAdapter sda = new SqlDataAdapter("select * from Users", cnn);
        //建立 CommandBuilder 对象来自动生成 DataAdapter 的 Command 命令
        //否则就要自己编写 InsertCommand、DeleteCommand、UpdateCommand 命令
SqlCommandBuilder sb = new SqlCommandBuilder(sda);
    sda.Fill(ds,"users");//调用 Fill 方法,填充 DataSet 的数据表 StuTable
DataTable dtable = ds.Tables["users"];//将数据表 StuTable 的数据复制到 DataTable 对象
        //设置 dtStuInfo 的主键,便于后面调用 Find 方法查询记录
        dtable.PrimaryKey = new DataColumn[] { dtable.Columns["LoginId"] };
        //根据 txtStuNo 文本框的输入查询相应的记录,以便修改
        DataRow dr = dtable.Rows.Find(txtUID.Text.Trim());
        if (dr ! = null) //若存在相应记录,则删除并更新到数据库
        {
            dr.Delete();//删除行记录
            sda.Update(dtable);//提交更新
                Response.Write("记录删除成功!" + "<hr>");
        }
        else
        {
            Response.Write("没有该记录!" + "<hr>");
        }
    }
}
```

（3）页面运行效果如图 6-14 所示。

图 6-14　AdapterDel.aspx 页面运行效果

本章小结

　　本章主要介绍了如何使用 ADO.NET 访问数据库,ADO.NET 是一个访问数据源通用的接口,它允许以编程方式从 Web 窗体访问数据源。ADO.NET 既可以使用 Command 对象和 DataReader 对象与数据库直接的交互,还可以使用 DataAdapter 和 DataSet 对象,实现断开式数据操作。第一种方法需要的代码非常少,但可以完成大量的工作;第二种方法可以减少服务器的负担,使服务器获得更好的性能。

习题

一、单选题

❶（　　）对象用于从数据库中获取仅向前的只读数据流,并且在内存一次只能存放一行数据。此对象具有较好的功能,可以简单地读取数据。

　　A. DataAdapter　　　B. DataSet　　　C. DataView　　　D. DataReader

❷ 如果要从数据库中获取单值数据,应该使用 Command 对象的(　　)方法。

　　A. ExecuteNonQuery　　　　　　B. ExecuteReader

　　C. ExecuteScalar

❸ 如果要从数据库中获取多行记录,应该使用 Command 对象的(　　)方法。

　　A. ExecuteNonQuery　　　　　　B. ExecuteReader

　　C. ExecuteScalar

❹ 如果要对数据库执行修改、插入和删除操作,应该使用 Command 对象的(　　)方法。

　　A. ExecuteNonQuery　　　　　　B. ExecuteReader

　　C. ExecuteScalar

❺（　　）是开发人员要使用的第一个对象,被要求用于任何其他 ADO.NET 对象之前。

　　A. CommandBuilder 对象　　　　B. 命令对象

　　C. 连接对象　　　　　　　　　　D. DataAdapter 对象

❻（　　）表示一组相关表,在应用程序中这些表作为一个单元被引用。使用此对象可以快速从每一个表中获取所需的数据,当服务器断开时检查并修改数据,然后在下一次操作中就使用这些修改的数据更新服务器。

　　A. DataTable 对象　　　　　　　B. DataRow 对象

　　C. DataReader 对象　　　　　　　D. DataSet 对象

❼ 数据适配器 DataAdapter 对象填充数据集的方法是(　　)。

　　A. Fill　　　　　　　　　　　　　B. GetChanges

　　C. AcceptChanges　　　　　　　　D. Update

❽ 如果 Command 对象执行的是存储过程,其属性 CommandType 应取(　　)。

　　A. CommandType.Text　　　　　　B. CommandType.StoredProcedure

　　C. CommandType.TableDirect　　　D. 没有限制

二、简答题

❶ 列举常见的数据提供者,并简单介绍对应的命名空间及作用。

❷ 分别说明 SqlCommand 对象的 ExecuteReader()、ExecuteNonQuery()和 ExecuteScalar()方法的作用。

❸ 简述 DataSet 与 DataTable 的区别与联系。

❹ 简述 SqlDataAdapter 对象查询数据库数据的步骤。

第 7 章 数据绑定技术

学习目标

- 了解数据绑定的概念和类型
- 理解数据绑定语法
- 掌握数据源控件的使用
- 掌握常用的数据绑定控件的应用

相关知识点

- 数据绑定的概念、类型和数据绑定语法
- 数据源控件 SqlDataSource 控件的使用
- 常用控件的数据绑定(DropDownList 下拉列表控件、CheckBoxList 复选框列表控件、RadioButtonList 单选按钮列表控件)
- 数据绑定控件的应用(GridView 控件、Repeater 控件、DataList 控件)

7.1 数据绑定概述

7.1.1 数据绑定的定义

数据绑定是一种将数据源中的数据与页面上的控件进行关联的技术,使数据能够在 Web 应用程序中动态显示和交互操作。数据绑定是声明性的而不是编程性的,让程序员关注数据库连接、数据库命令及如何显示这些数据等复杂环节,而是直接把程序中的执行数据绑定到 HTML 元素和 Web 控件,这样做的好处是清晰的分离网页中的控件和代码。

(1) 数据源(Data Source)

数据源是存储数据的来源,可以是数据库、数据集合、XML 文件、Web 服务等。在 ASP.NET 中,常见的数据源类型有 SqlDataSource、ObjectDataSource、XmlDataSource 等。

(2) 数据源控件(Data Source Control)

数据源控件是一种特殊的 ASP.NET 控件,用于连接和操作不同类型的数据源。数据源控件充当中间层,提供了简化数据绑定代码的方式,并提供了数据过滤、排序、分页等功能。

(3) 数据绑定控件(Data Binding Control)

数据绑定控件是用于显示和操作数据的 ASP.NET 控件,如 GridView、ListView、DropDownList、Repeater 等。这些控件具有特定的数据绑定功能,能够将数据源中的数据绑定到控件上。

(4) 数据绑定表达式(Data Binding Expression)

数据绑定表达式是一种特殊的语法,用于在 ASP.NET 页面中将数据源中的数据与控件属性关联起来。数据绑定表达式通常使用<％＃ ％>标记包裹,并使用特定的语法指定要绑定的数据。

ASP.NET 提供了多种数据绑定类型:单向绑定、双向绑定、控件绑定、列表绑定、数据源绑定、模型绑定,根据具体的需求和情况,页面可以选择适当的数据绑定类型来展示和操作数据。若指定了数据绑定,就需要激活它,则可以通过调用控件或页面对象的 DataBind 方法来激活数据绑定。在页面的 Load 事件中调用 DataBind 方法。若没有在 Load 事件中调用 DataBind 方法,则 ASP.NET 将忽略数据绑定表达式,在页面上将以空值的形式呈现。

7.1.2 数据绑定的语法

数据绑定技术将程序中的执行数据与页面中的属性、集合、表达式及方法返回结果"绑定"在一起。用于绑定控件的表达式置于<％＃ ％>标记之间。

1. 绑定简单属性:<％＃属性名％>

【案例 7-1】 绑定简单属性。

新建一个网站,添加 Web 窗体 Default.aspx,在 Default.aspx.cs 文件中,编写如下代码:

```
protected void Page_Load(object sender, EventArgs e)
{
    Page.DataBind();
}
public string GoodsInfo
{
    get { return "HUAWEI MatePad Pro 13.2 英寸(12GB+512GB 曜金黑)"; }
}
public int GoodsPrice
{
    get { return 5699; }
}
```

在页面 Default.aspx 的"源"视图中,调用 GoodsInfo 属性和 GoodsPrice 属性,代码如下:

```
<form id="form1" runat="server">
    <h2>商品信息</h2>
    <div>名称:<%#GoodsInfo%></div>
    <div>价格:<%#GoodsPrice%>元</div>
    <div>三台价格:<%#GoodsPrice*3%>元</div>
</form>
```

运行程序,页面运行结果,如图 7-1 所示。

图 7-1 绑定简单属性

2. 绑定表达式:<%=表达式%>

【案例 7-2】 绑定表达式。

新建一个网站,添加 Web 窗体 Default.aspx,在页面的"源"视图中,编写如下代码:

```
<form id="form1" runat="server">
<div>
<%="当前时间:"+ DateTime.Now.ToString("yyyy-MM-dd HH:mm:ss") %>
</div>
<br/>
<div>10 * 20=<%=10 * 20%></div>
<div>
<asp:Label ID="Label1" runat="server" Text='<%=10 * 20%>'></asp:Label>
<asp:Label ID="Label2" runat="server" Text='<%#10 * 30%>'></asp:Label>
</div>
</form>
```

运行程序,页面运行结果如图 7-2 所示。

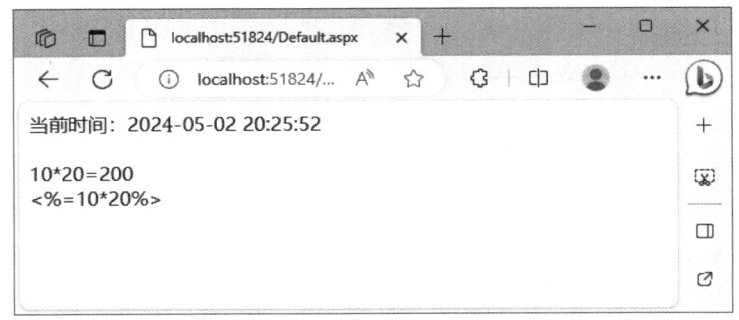

图 7-2 绑定表达式(未调用 DataBind()方法)

在页面的 Default.aspx.cs 文件中，编写如下代码：
```
protected void Page_Load(object sender, EventArgs e)
    {
        Page.DataBind();
    }
```
运行程序，页面运行结果如图 7-3 所示。

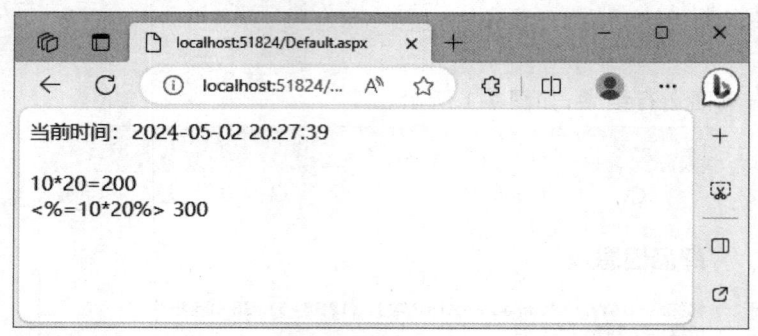

图 7-3 绑定表达式（调用 DataBind()方法）

3. 绑定集合

【**案例 7-3**】 绑定集合。

新建一个网站，添加 Web 窗体 Default.aspx，在页面的"源"视图中，编写如下代码：
```
<form id="form1" runat="server">
<div>
选择的城市是：
    <asp:Label ID="Label1" runat="server" Text='<%# DropDownList1.SelectedItem.Text %>'>
</asp:Label>
<br/>
<asp:DropDownList ID="DropDownList1" runat="server"></asp:DropDownList>
<asp:Button ID="Button1" runat="server" Text="提交" OnClick="Button1_Click" />
</div>
</form>
```
在页面的 Default.aspx.cs 文件中，编写如下代码：
```
using System.Collections;
protected void Page_Load(object sender, EventArgs e)
{
    //设计数据源
    ArrayList ct = new ArrayList();
    if (! IsPostBack)
    {
        ct.Add("成都");
        ct.Add("重庆");
        ct.Add("杭州");
        ct.Add("武汉");
        ct.Add("苏州");
```

```
            ct.Add("西安");
            ct.Add("南京");
            ct.Add("长沙");
            ct.Add("天津");
            ct.Add("郑州");
            DropDownList1.DataSource = ct;//设置数据源,建立绑定关系
            DropDownList1.DataBind();
        }
    }
    protected void Button1_Click(object sender, EventArgs e)
    {
        Page.DataBind();//执行绑定操作
    }
```

运行程序,页面运行结果如图7-4所示。

图7-4 绑定集合

4. 单向绑定和双向绑定

绑定表达式:

```
<%# Eval("字段名") %>
<%# Bind("字段名") %>
```

Eval 是只读的数据,不可以和数据源控件交互,是单向的。Bind 是可编辑的,可以和数据源控件交互,是双向的。若使用 Bind,则不能使用程序端的自定义操作,如 Convert、ToString()等,或自己写的函数在程序端都不可以绑定泛型。

【案例 7-4】 单向绑定和双向绑定。

新建一个网站,添加 Web 窗体 Default.aspx,在页面的"源"视图中,编写如下代码:

```
<div>
<asp:Repeater ID="rptEmployees" runat="server">
<ItemTemplate>
<div>
<span><%# Eval("Name") %></span>
<span><%# Eval("Age") %></span>
<br/>
<asp:TextBox ID="txtName" runat="server" Text='<%# Bind("Name") %>'>
</asp:TextBox>
```

```
            <asp:TextBox ID="txtAge" runat="server" Text='<%# Bind("Age") %>'>
            </asp:TextBox>
            <asp:Button ID="btnUpdate" runat="server" Text="更新" CommandName="Update" />
            <asp:Button ID="btnCancel" runat="server" Text="取消" CommandName="Cancel" />
        </div>
    </ItemTemplate>
</asp:Repeater>
</div>
```

在Default.aspx页面中使用Repeater控件,ID属性设置为rptEmployees,设计模板样式,用Eval和Bind绑定字段。在Default.aspx页面的Default.aspx.cs文件中编写如下代码。定义Employees类,包括name和age字段、Name和Age属性。在Page_Load事件中声明Employees类的集合employeesList,为该集合添加项,将Repeater控件数据绑定employeesList集合。

```
class Employees
{
    string name;
    int age;
    public string Name
    {
        set { name = value; }
        get { return name; }
    }
    public int Age
    {
        set { age = value; }
        get { return age; }
    }
}
public void Page_Load(object sender, EventArgs e)
{
    List<Employees> employeesList = new List<Employees>();
    if (! IsPostBack)
    {
        employeesList.Add(new Employees { Name = "李梅", Age = 21 });
        employeesList.Add(new Employees { Name = "王强", Age = 32 });
        employeesList.Add(new Employees { Name = "马克", Age = 28 });
        rptEmployees.DataSource = employeesList;
        rptEmployees.DataBind();
    }
}
```

运行程序,页面运行结果如图7-5所示。页面中显示了employeesList集合中的数据,用Eval绑定字段,只显示数据,不可编辑数据;用Bind绑定字段,既可显示数据,还可以编辑数据,修改文本框中的数据,单击"更新"按钮,即可更新数据。

图 7-5　单向绑定和双向绑定

7.2　数据源控件

7.2.1　数据源控件类型

数据源控件是用于连接和操作不同类型数据源的特殊控件。数据源控件提供了一种简化数据绑定代码的方式，并且还提供了数据过滤、排序、分页等功能。主要的数据源控件包括 SqlDataSource、SiteMapDataSource、XmlDataSource、AccessDataSource、ObjectDataSource、LinqDataSource、EntityDataSource 等。

SqlDataSource 是连接和操作关系型数据库的数据源控件，它支持通过 SQL 查询语句获取数据，并提供了如过滤、排序、分页等功能。SqlDataSource 可以与 GridView、ListView、DropDownList 等数据绑定控件配合使用。SiteMapDataSource 控件用于站点导航，该控件检索站点地图提供程序的导航数据，并将该数据传递到导航控件中。XmlDataSource 是用于连接和操作 XML 数据的数据源控件，它可以读取 XML 文件或字符串，并将其作为数据源供数据绑定控件使用。XmlDataSource 可以与 GridView、TreeView、DataList 等数据绑定控件配合使用。

数据源控件提供了方便的数据操作和数据绑定功能，能够大大简化开发人员的工作，同时提供了良好的数据查询和展示能力。根据具体需求，开发人员可以选择适合的数据源控件来连接和操作不同类型的数据源。

7.2.2　SqlDataSource 控件的使用

SqlDataSource 控件可以访问位于关系数据库中的数据，其中可以包括 Microsoft SQL Server、Oracle、OLE DB 和 ODBC 数据源。将 SqlDataSource 控件与数据绑定控件一起使用，利用配置向导，编写极少代码或不用编写代码，就可以从关系数据库中检索数据，并能在网页上显示和操作数据。

1. 常用属性（表 7-1）

表 7-1　　　　　　　　　　SqlDataSource 控件常用属性

属性	说明
ConnectionString	获取或设置连接数据源的字符串

（续表）

属性	说明
DataSourceMode	获取数据后，数据返回的模式可以有两种模式：DataSet 和 DataReader，默认是 DataSet。相比 DataSet，DataReader 可以更快速，但是只有 DataSet 提供了缓存、过滤、分页和排序功能
DeleteCommand	获取或设置 SqlDataSource 控件从基础数据库删除数据所用的 SQL 字符串或者存储过程名称
DeleteCommandType	DeleteCommandType 属性值的类型，包含 Text（文本型）和 StoreProcedure（存储过程）
InsertCommand	获取或设置 SqlDataSource 控件从基础数据库插入数据所用的 SQL 字符串或者存储过程名称
InsertCommandType	InsertCommandType 属性值的类型，包含 Text（文本型）和 StoreProcedure（存储过程）
ProviderName	获取或设置 .NET Framework 数据提供程序的名称，使用该提供程序来连接基础数据源
SelectCommand	获取或设置 SqlDataSource 控件从基础数据库查询数据所用的 SQL 字符串或者存储过程名称
SelectCommandType	SelectCommandType 属性值的类型，包含 Text（文本型）和 StoreProcedure（存储过程）
UpdateCommand	获取或设置 SqlDataSource 控件从基础数据库更新数据所用的 SQL 字符串或者存储过程名称
UpdateCommandType	UpdateCommandType 属性值的类型，包含 Text（文本型）和 StoreProcedure（存储过程）

2. 操作步骤

（1）添加控件

在 Web 窗体页面的"设计"视图中，从工具箱中拖动 SqlDataSource 控件到页面，单击右侧" ▶ "图标，选择"配置数据源"，如图 7-6 所示。

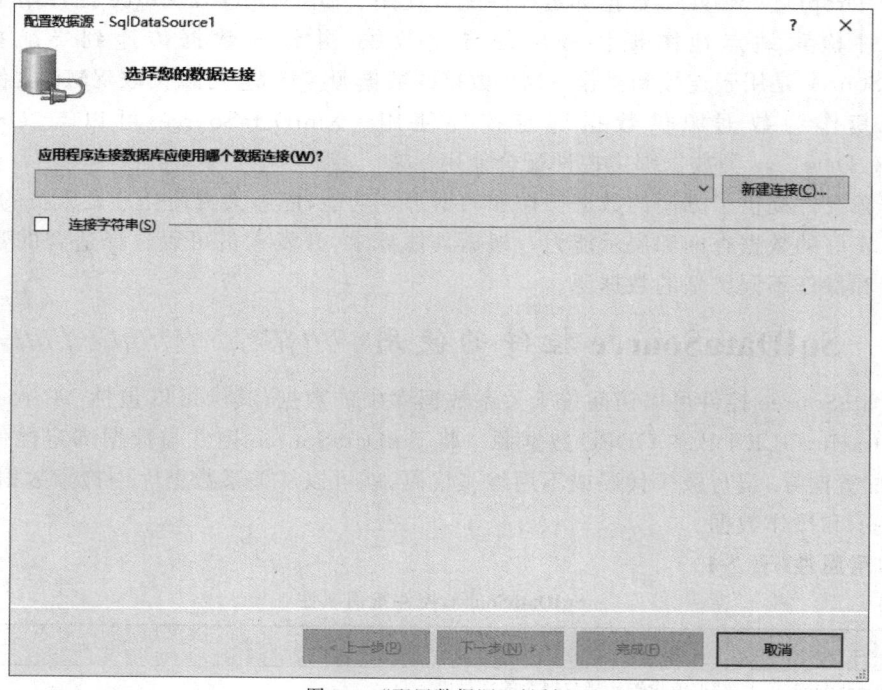

图 7-6 "配置数据源"对话框

(2)选择连接数据库

单击图 7-6 中"新建连接"按钮,弹出"选择数据源"对话框,如图 7-7 所示。选择数据源"Microsoft SQL Server",单击"继续"按钮,弹出"添加连接"对话框,如图 7-8 所示。

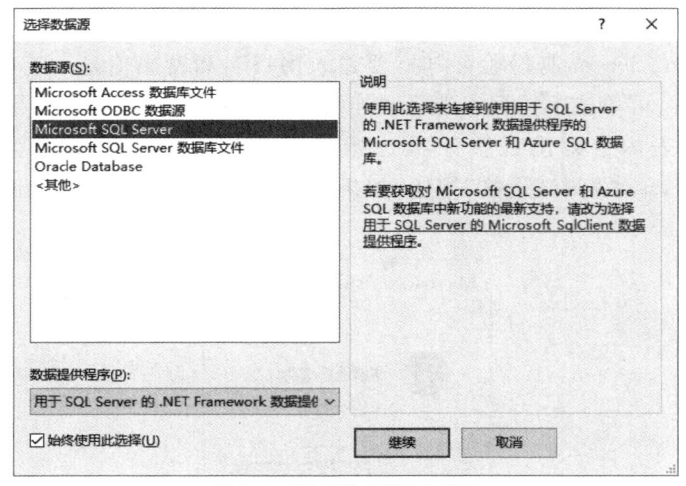

图 7-7 "选择数据源"对话框

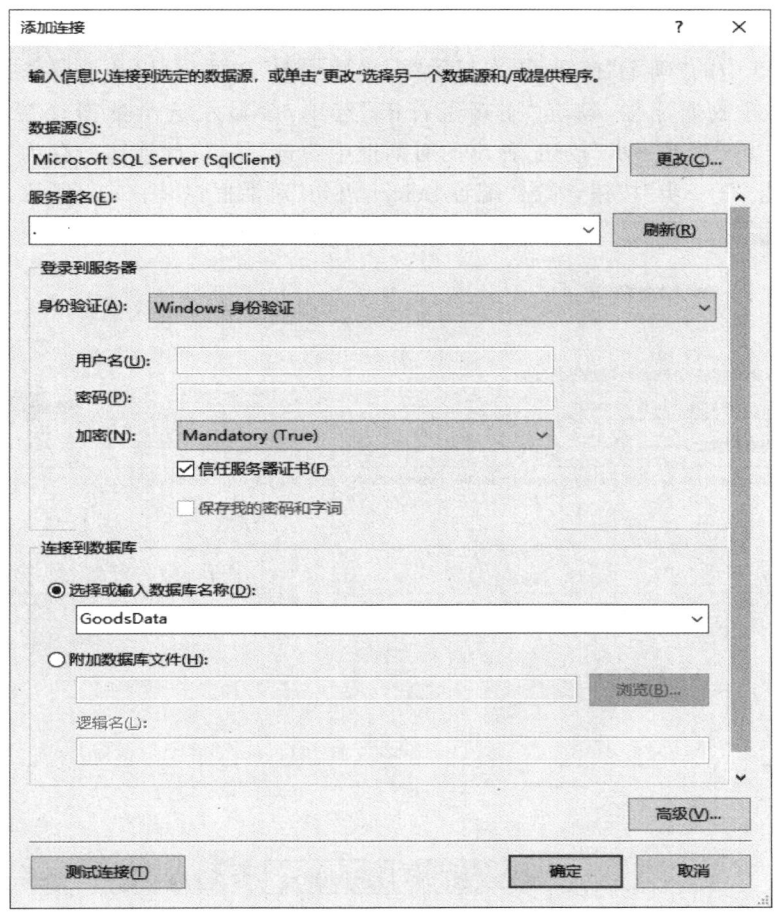

图 7-8 "添加连接"对话框

在图7-8"添加连接"对话框中，数据源可以选择"更改"按钮，弹出图7-7"选择数据源"对话框进行更改数据源。服务器名称，可以单击下拉列表，选择服务器名称，还可以输入"."，表示默认本地服务器。登录到服务器，常用的身份验证是"Windows身份验证"和"SQL Server身份验证"，选择"Windows身份验证"时，加密项选择默认项，勾选"信任服务器证书"；选择"SQL Server身份验证"时，要输入用户名和密码信息。连接到数据库，选择或输入数据库名称，可单击下拉列表选择要连接的数据库GoodsData，如果登录到服务器成功，这里的下拉列表内会列出该服务器上所附加的所有数据库，否则列表内为空白，如图7-8所示。然后，单击"测试连接"按钮，如果连接数据库成功了，会弹出"测试连接成功"对话框，如图7-9所示。

图7-9 "测试连接成功"对话框

单击图7-9中的"确定"按钮，再次显示"配置数据源"对话框，以本地服务器名和所连接的数据库名建好数据连接，勾选"连接字符串"选项，会显示这个数据连接的字符串，如图7-10所示。单击"下一步"按钮，弹出的对话框中勾选"是，将此连接另存为"，选择默认字符串即可，单击"下一步"按钮，弹出"配置Select语句"对话框，如图7-11所示。

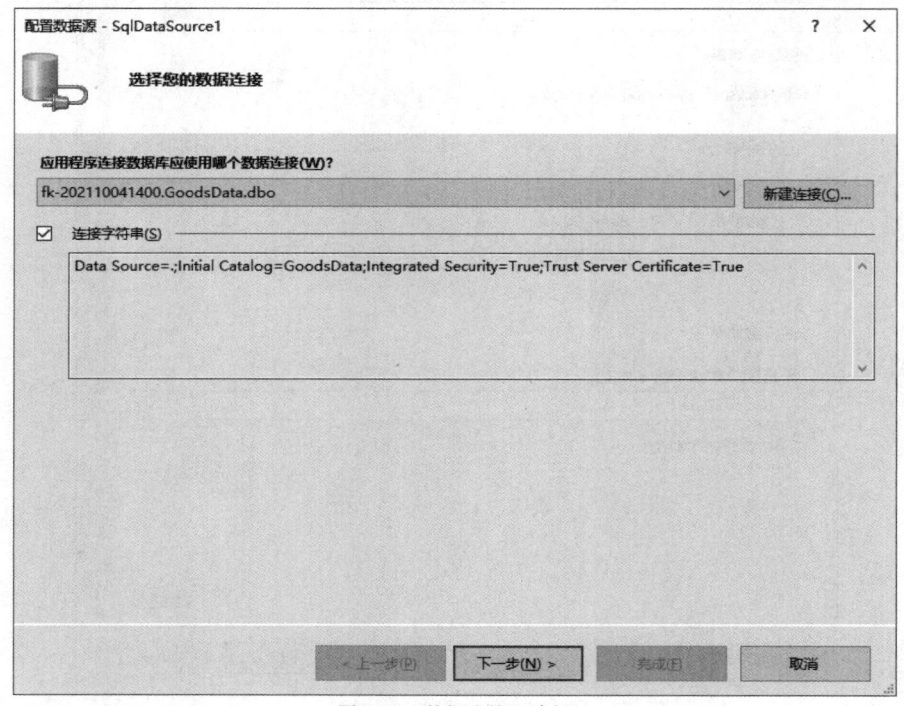

图7-10 数据连接已建好

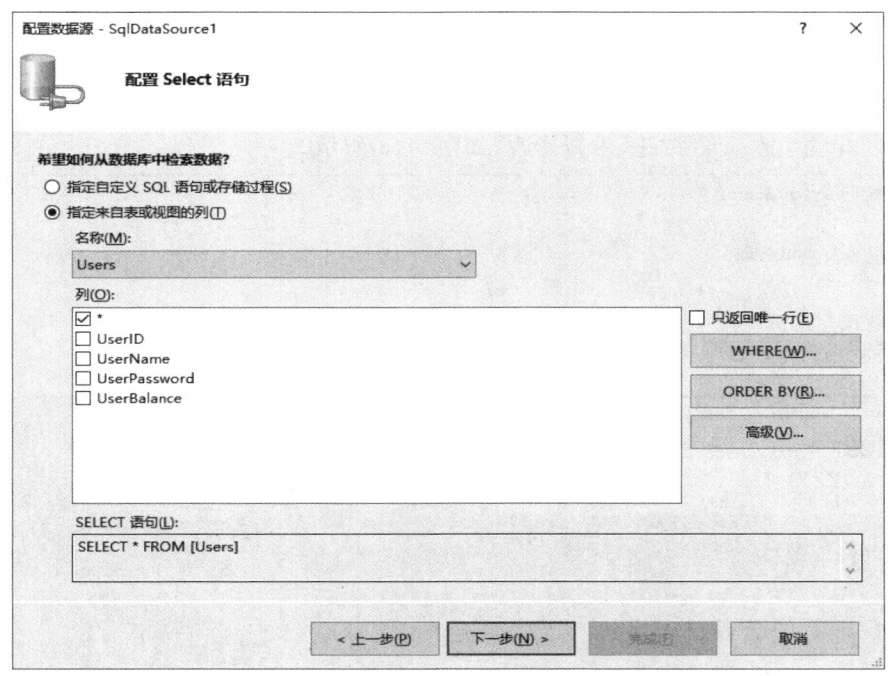

图 7-11 "配置 Select 语句"对话框

(3) 配置 Select 语句

在配置 Select 语句时，需要选择从数据库检索数据的方法，然后选择表名、设定字段。如图 7-11 所示，选择"指定来自表或视图的列"下拉列表项中的"Users"表，"列"选择默认的"*"，表示所有字段都选择。因此，SELECT 语句字符串显示为"SELECT * FROM [Users]"。

图 7-11"配置 Select 语句"对话框中，右侧显示的"只返回唯一行"，含义是当检索到多条符合条件的记录时只返回第一行。"WHERE"按钮用于设定 Select 的条件语句，指明符合某种条件的记录将被显示；"ORDER BY"按钮用于设定排序字句；"高级"选项用于设定是否生成 INSERT、UPDATE 和 DELETE 语句。单击"高级"按钮，弹出"高级 SQL 生成选项"对话框，勾选"生成 INSERT、UPDATE 和 DELETE 语句"和"使用开放式并发"选项，如图 7-12 所示，单击"确定"按钮。

图 7-12 "高级 SQL 生成选项"对话框

(4)测试查询

在图7-11"配置Select语句"对话框中,单击"下一步"按钮,弹出"测试查询"对话框,单击"测试查询"按钮,可在测试查询窗口中预览所连接数据表内的字段名和数据信息,如不符合要求则可单击"上一步"按钮,重新修改,如图7-13所示。

图7-13 "测试查询"对话框

完成以上设置后,单击"完成"按钮,可在Web.config文件内查看到增加了如下代码:

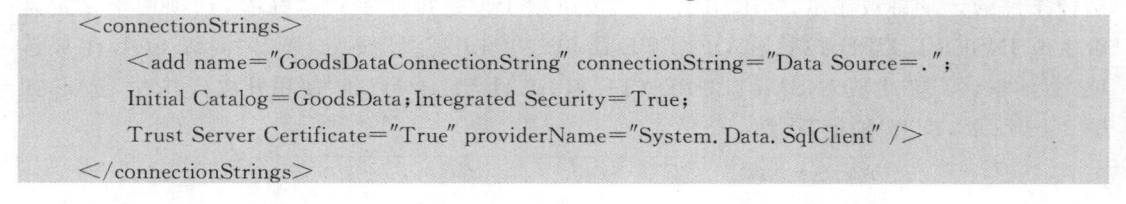

```
<connectionStrings>
    <add name="GoodsDataConnectionString" connectionString="Data Source=.;
    Initial Catalog=GoodsData;Integrated Security=True;
    Trust Server Certificate="True" providerName="System.Data.SqlClient" />
</connectionStrings>
```

7.3 常用控件的数据绑定

常用的控件可以进行数据绑定来显示从数据库中获取的数据。

1. DropDownList控件

DropDownList控件是一个用于显示下拉选择列表的数据绑定控件,它可以与数据源控件配合使用,展示数据源中的选项,并将选中的值绑定到指定的数据字段。

DropDownList控件常用属性和事件,见表7-2。

表 7-2　　　　　　　　　　　DropDownList 控件常用属性和事件

属性和事件	说明
AutoPostBack 属性	是否自动向服务器回传
DataTextField 属性	设置列表项提供文本内容的数据源字段
DataValueField 属性	设置列表项提供值的数据源字段
SelectedIndex 属性	获取选定项的索引值
SelectedItem 属性	获取列表控件中的选定项
SelectedValue 属性	获取列表控件中选定项的值
SelectedIndexChanged 事件	当列表控件的选定项发生变化时触发

SelectedValue、SelectedItem.Text、SelectedItem 属性都可以获得选择项的文本内容和值。

【案例 7-5】　使用 DropDownList 控件绑定到数据库，实现级联式选择某大学的院系、专业、班级的信息，效果如图 7-14 所示。

图 7-14　级联式选择列表信息

(1) 新建一个网站，添加 Web 窗体 Default.aspx，在页面的"设计"视图中添加三个 DropDownList 控件，ID 分别为 DropDownList1、DropDownList2、DropDownList3，添加一个 SqlDataSource 控件，ID 为 SqlDataSource1。

(2) DropDownList1 控件绑定数据源。SqlDataSource 控件配置数据源，连接 Departments 数据库，在"配置 Select 语句"对话框中选择指定 Depart 数据表和 DepName 列。单击 DropDownList1 控件右侧"▶"图标，勾选 DropDownList 任务中"启用 AutoPostBack"选项，如图 7-15 所示，单击"选择数据源"，弹出"数据源配置向导"对话框，选择 SqlDataSource1 数据源，如图 7-16 所示。

图 7-15　"DropDownList 任务"对话框

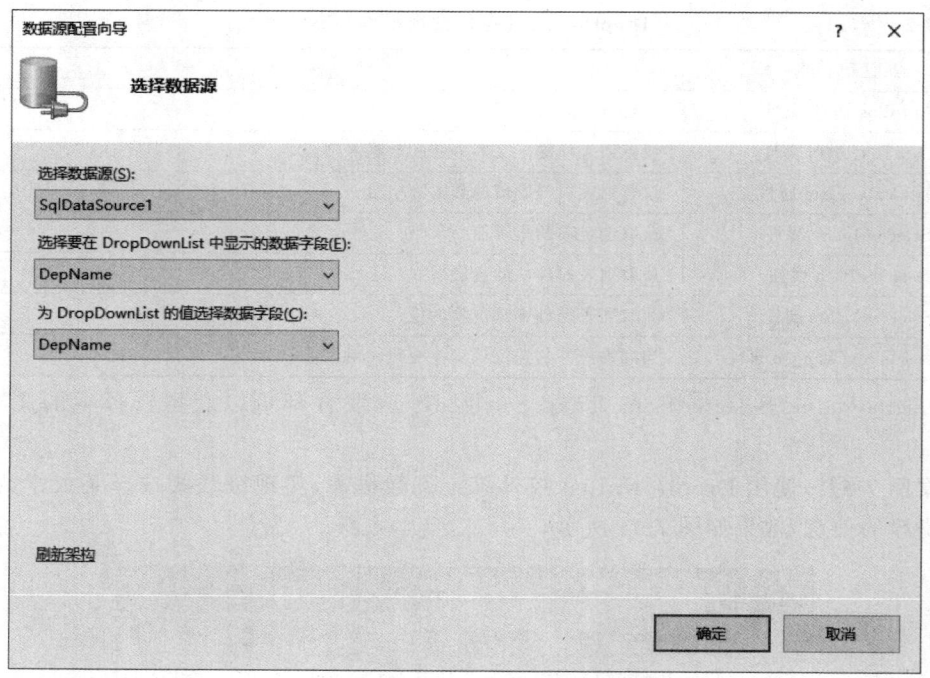

图 7-16 "数据源配置向导"对话框

(3)设置 DropDownList2 控件的 Items 属性,在"ListItem 集合编辑器"对话框中添加一个成员,设置 Text 属性和 Value 属性为"--专业--",如图 7-17 所示。

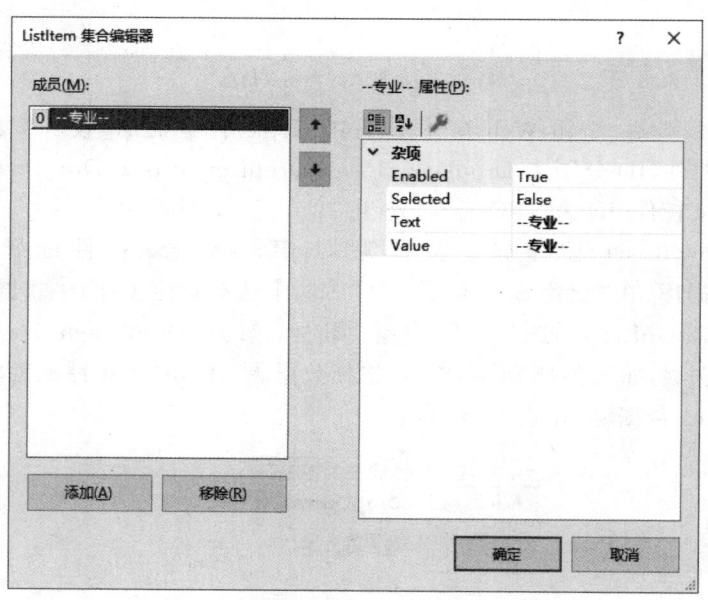

图 7-17 DropDownList2 控件集合编辑器

(4)设置 DropDownList3 控件的 Items 属性,在"ListItem 集合编辑器"对话框中添加一个成员,设置 Text 属性和 Value 属性为"--班级--",如图 7-18 所示。

图 7-18 DropDownList3 控件集合编辑器

(5)实现级联式选择院系、专业和班级功能。选择 DropDownList1 控件中院系信息时，触发 SelectedIndexChanged 事件，同时 DropDownList2 控件和 DropDownList3 控件分别显示该院系相应专业和班级信息。因此，自定义两个方法，BindMajor()方法使 DropDownList2 控件绑定专业字段，BindClass()方法使 DropDownList3 控件绑定班级字段，当 DropDownList1 控件触发 SelectedIndexChanged 事件时，就调用这两个方法。同样，当 DropDownList2 控件选择专业时，触发 SelectedIndexChanged 事件，DropDownList3 控件需要绑定班级字段，显示该专业相应的班级信息。

Default.aspx.cs 文件的具体代码如下：

```
protected void DropDownList1_SelectedIndexChanged(object sender, EventArgs e)
{
    BindMajor();
    BindClass();
}
protected void DropDownList2_SelectedIndexChanged(object sender, EventArgs e)
{
    BindClass();
}
private void BindMajor()
{
    string connStr = "Server=.;Database=Departments;Integrated Security=True";
    SqlConnection conn = new SqlConnection(connStr);
    conn.Open();
    SqlCommand cmdMajor = new SqlCommand("select * from Majors where DepartID="
        + DropDownList1.SelectedIndex, conn);
```

```
            SqlDataReader sdrMajor = cmdMajor.ExecuteReader();
            this.DropDownList2.DataSource = sdrMajor;
            this.DropDownList2.DataTextField = "MajorName";
            this.DropDownList2.DataValueField = "MajorID";
            this.DropDownList2.DataBind();
            sdrMajor.Close();
            conn.Close();
        }
        private void BindClass()
        {
            string connStr = "Server=.;Database=Departments;Integrated Security=True";
            SqlConnection conn = new SqlConnection(connStr);
            conn.Open();
            SqlCommand cmdClass = new SqlCommand("select * from Class where MajName like '%" + DropDownList2.SelectedItem.Text + "'", conn);
            SqlDataReader sdrClass = cmdClass.ExecuteReader();
            this.DropDownList3.DataSource = sdrClass;
            this.DropDownList3.DataTextField = "ClassName";
            this.DropDownList3.DataValueField = "ClassID";
            this.DropDownList3.DataBind();
            sdrClass.Close();
            conn.Close();
        }
```

（6）按 Ctrl+F5 快捷键运行程序，页面显示运行效果，如图 7-19 至图 7-21 所示。

图 7-19　选择院系

图 7-20　选择专业

图 7-21　选择班级

2. CheckBoxList 控件

CheckBoxList 控件是一个用于显示多个复选框的数据绑定控件,它可以与数据源控件配合使用,展示数据源中的选项,并将用户选择的值绑定到指定的数据字段。CheckBoxList 控件的每一项都是 ListItem,其常用属性见表 7-3。

表 7-3　　　　　　　　　　　　CheckBoxList 控件常用属性

属性	说明
Text	获取或设置列表项的文本
Value	设置与项相关联但不显示的值
Selected	是否选择此项,可以选择多项

常用事件是 SelectedIndexChanged 事件,当复选框列表控件的选定项发生变化时触发。

【案例 7-6】　使用 CheckBoxList 控件绑定数据库数据。

(1)新建一个网站,添加 Web 窗体 Default.aspx,在页面的"设计"视图中添加一个 CheckBoxList 控件,ID 为 CheckBoxList1。

(2)单击 CheckBoxList1 控件右侧"▷"图标,勾选 DropDownList 任务中"启用 AutoPostBack"选项。

(3)编写代码,使 CheckBoxList1 控件绑定 Departments 数据库的 Majors 数据表,将数据表中 MajorName 字段的数据值都显示在页面上。当选择 CheckBoxList1 控件中的列表项时,触发 SelectedIndexChanged 事件,将所选中的专业名显示在页面上。因此,Default.aspx.cs 文件的代码如下:

```
protected void Page_Load(object sender, EventArgs e)
{
    if (! IsPostBack)
    {
        CheckBindData();
    }
}
private void CheckBindData()
{
    string connStr = "Server=. ;Database=Departments;Integrated Security=True";
    SqlConnection conn = new SqlConnection(connStr);
    conn.Open();
    SqlCommand cmdM = new SqlCommand("select * from Majors", conn);
```

```
            SqlDataReader sdrM = cmdM.ExecuteReader();
            CheckBoxList1.DataSource = sdrM;
            CheckBoxList1.DataTextField = "MajorName";
            CheckBoxList1.DataValueField = "MajorID";
            CheckBoxList1.DataBind();
        }
        protected void CheckBoxList1_SelectedIndexChanged(object sender, EventArgs e)
        {
            string Maj = "";
            foreach(ListItem i in CheckBoxList1.Items)
            {
                if (i.Selected)
                    Maj = Maj + " " + i.Text;
            }
            Response.Write("您所选的专业:" + Maj);
        }
```

（4）运行程序，页面运行效果如图7-22所示。页面显示数据表中所有的专业名，在所列出的专业名中，选择了"信息工程""计算机科学与技术""大数据技术"专业，页面上也显示出所选的专业名。

图 7-22　CheckBoxList 控件绑定数据

3. RadioButtonList 控件

RadioButtonList 控件是一个用于显示多个单选按钮的数据绑定控件，可以与数据源控件配合使用，展示数据源中的选项，并将用户选择的值绑定到指定的数据字段，其常用属性见表 7-4。常用的事件是 SelectedIndexChanged 事件，当单选按钮列表控件的选定项发生变化时触发。

表 7-4　　　　　　　　　　RadioButtonList 控件常用属性

属性	说明
AutoPostBack	是否自动向服务器回传
DataTextField	设置列表项提供文本内容的数据源字段
DataValueField	设置列表项提供值的数据源字段

【案例 7-7】 使用 RadioButtonList 控件绑定数据库数据。

(1)新建一个网站,添加 Web 窗体 Default.aspx,在页面中添加 1 个 RadioButtonList 控件,ID 为 RadioButtonList1。

(2)设置 RadioButtonList1 控件的 RepeatDirection 属性为 Horizontal,RepeatColumns 属性为 2。

(3)编写代码,使 RadioButtonList1 控件绑定 Departments 数据库的 Majors 数据表,显示数据表的 MajorName 字段的信息。Default.aspx.cs 文件的具体代码如下:

```
protected void Page_Load(object sender, EventArgs e)
{
    if (! IsPostBack)
    {
        RadioBindData();
    }
}
private void RadioBindData()
{
    string connStr = "Server=.;Database=Departments;Integrated Security=True";
    SqlConnection conn = new SqlConnection(connStr);
    conn.Open();
    SqlCommand cmdM = new SqlCommand("select * from Majors", conn);
    SqlDataReader sdrM = cmdM.ExecuteReader();
    RadioButtonList1.DataSource = sdrM;
    RadioButtonList1.DataTextField = "MajorName";
    RadioButtonList1.DataValueField = "MajorID";
    RadioButtonList1.DataBind();
}
```

(4)运行程序,页面运行效果如图 7-23 所示。

图 7-23 RadioButtonList 控件绑定数据

7.4 数据绑定控件概述

数据绑定控件是用于将数据源中的数据与页面上的控件进行关联的特殊控件。数据绑定控件提供了一种简化数据绑定代码的方式,使数据能够在 Web 应用程序中动态显示和操作。以下是对 ASP.NET 数据绑定控件的概述:

(1)GridView:是一个用于显示表格数据的数据绑定控件。它可以与数据源控件配合使用,将数据源中的数据以表格的形式呈现在页面上。GridView 支持分页、排序、编辑、删除等功能。

(2)Repeater:是一个简单灵活的数据绑定控件。它允许开发人员完全自定义每个数据项的呈现方式,适用于需要定制化数据显示的场景。

(3)DataList:是一个使用模板控制数据外观的数据绑定控件。它可以使用不同的布局来显示数据记录,并进行数据的选择、删除及编辑。

(4)DetailsView:是一个用于显示单个数据项详细信息的数据绑定控件。它支持编辑、插入、删除等操作,并可以与数据源控件配合使用,实现对数据项的操作。

(5)FormView:是一个用于显示单个数据项的数据绑定控件。它支持编辑、插入、删除等操作,并可以与数据源控件配合使用,实现对数据项的操作。

ASP.NET 中常用的数据绑定控件,提供了丰富的数据展示和交互功能,能够轻松地将数据源中的数据与页面上的控件进行关联和操作。根据不同的需求,开发人员可以选择适合的数据绑定控件来实现灵活、高效的数据呈现和交互。

7.5　GridView 控件

GridView 控件以表格的形式显示数据,它是所有数据绑定控件中封装功能最多、最完善的一个控件,在不编写任务代码的情况下可以实现对数据进行技术检索、更新、删除、排序和分页等功能,也能运行代码绑定。GridView 控件所有的属性都可以设置可视化,常用的属性是 DataSourceID,用于设置数据源。GridView 控件主要包括绑定数据源控件 SqlDataSource 功能、内置更新和删除功能、内置排序和分页功能、内置行选择功能,能够以编程方式访问 GridView 对象模型以动态设置属性、处理时间等,还可以通过主题和样式自定义外观。

【案例 7-8】　使用 GridView 控件显示数据库数据。

(1)新建一个网站,添加 Web 窗体 Default.aspx,在页面上添加 GridView 控件,ID 属性设置为 GridView1,添加 SqlDataSource 控件,ID 属性设置为 SqlDataSource1,如图 7-24 所示。

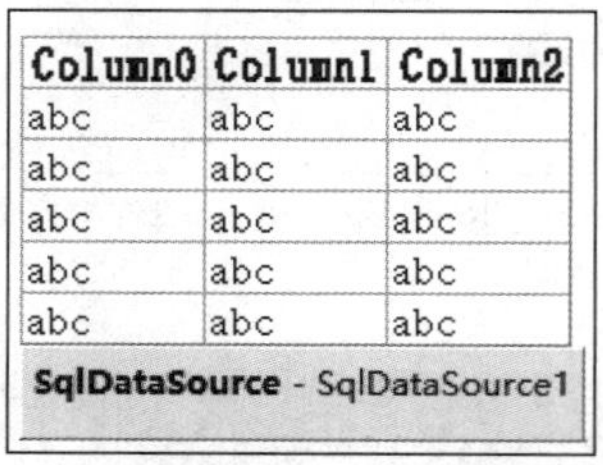

图 7-24　添加控件

先将 SqlDataSource 控件配置 Company 数据源,再将 GridView 控件的 DataSourceID 属性设置为 SqlDataSource1,如图 7-25 所示。

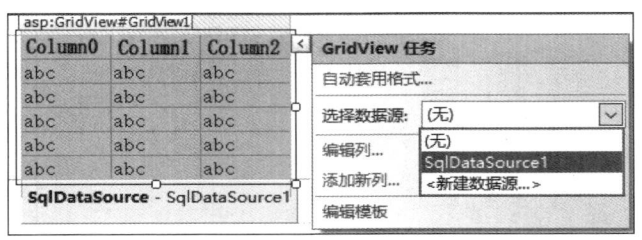

图 7-25　设置 GridView 控件的数据源

(2) 添加选择、编辑、删除、更新、排序、分页显示等功能。如图 7-26 所示，勾选"启用分页""启用排序""启用编辑""启用删除""启用选定内容"选项，但是这些功能的实现需要两个条件，一是数据表必须设置主键，二是数据源配置 Select 语句时必须选择高级按钮，勾选"生成 INSERT、UPDATE 和 DELETE 语句"。默认情况下，每页显示 10 条数据，可设置 GridView 控件的 PageSize 属性为 6，每页显示 6 条数据。

图 7-26　添加选择、编辑、删除、更新、排序、分页显示功能

(3) 编辑列。单击"GridView 任务"中的"编辑列"选项，弹出"字段"对话框，如图 7-27 所示，将各字段的 HeaderText 属性分别设置为工号、姓名、年龄、性别、职位、工龄、部门，效果如图 7-28 所示。更改列的位置，先选择某列，单击右侧菜单，选择"左移列"或"右移列"，效果如图 7-29、图 7-30 所示。

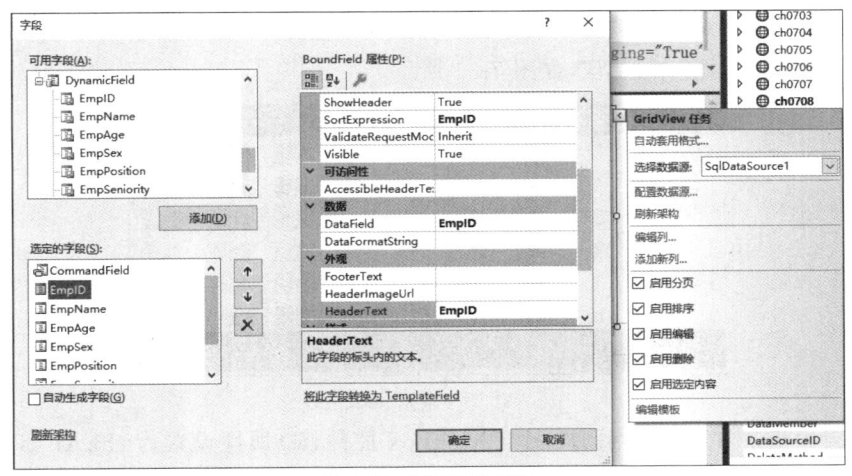

图 7-27　"字段"对话框

195

图 7-28　设置字段的 HeaderText 属性效果

图 7-29　更改列的位置

图 7-30　"右移列"效果

（4）设置 GridView 控件的外观。单击 GridView 任务中的"自动套用格式"，弹出"自动套用格式"对话框，选择"专业型"，如图 7-31 所示。

图 7-31　"专业型"格式效果

（5）编辑模板。在页面中添加一个 CheckBox 控件，ID 属性设置为 chkAll，Text 属性设置为"全选"，AutoPostBack 属性设置为 true。单击 GridView 任务中的"添加新列"，弹出

"添加字段"对话框,选择字段类型 TemplateField,单击"确定"按钮。在页面的"源"视图中,<TemplateField>与</TemplateField>标记符之间添加 CheckBox 控件,具体代码如下:

```
<TemplateField>
    <asp:CheckBox ID="chkCheck" runat="server">
</TemplateField>
```

此时,页面"设计"视图,显示效果如图 7-32 所示。

图 7-32 编辑模板效果

当改变"全选"复选框选项状态时,GridView 控件将循环访问所列数据中的每一项,并通过 FindControl 方法搜索 TemplateField 模板列中 ID 为 chkCheck 的 CheckBox 控件,建立该控件的引用,实现全选/全不选的功能。Default.aspx.cs 文件的具体代码如下:

```
protected void chkAll_CheckedChanged(object sender, EventArgs e)
{
    for (int i = 0; i <= GridView1.Rows.Count - 1; i++)
    {
        CheckBox c = (CheckBox)GridView1.Rows[i].FindControl("chkCheck");
        if (chkAll.Checked == true)
            c.Checked = true;
        else
            c.Checked = false;
    }
}
```

运行程序,页面效果如图 7-33 所示。

图 7-33 "全选"效果

(6)实现"详细信息"功能。

添加一个 GridView 控件,设置 ID 属性为 GridView2,用来显示详细信息,自动套用格式设置为"石板"格式;选定 GridView1 控件的 GridView 任务的"启用选定内容"选项,再单击"编辑列",将"选择"按钮的 SelectText 属性设置为"详细信息",如图 7-34 和图 7-35 所示。

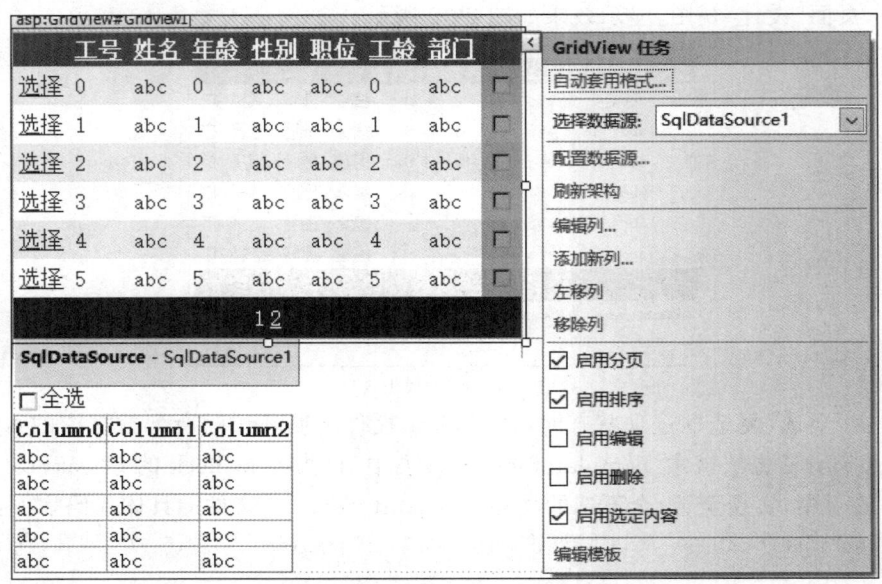

图 7-34　添加 GridView2 控件

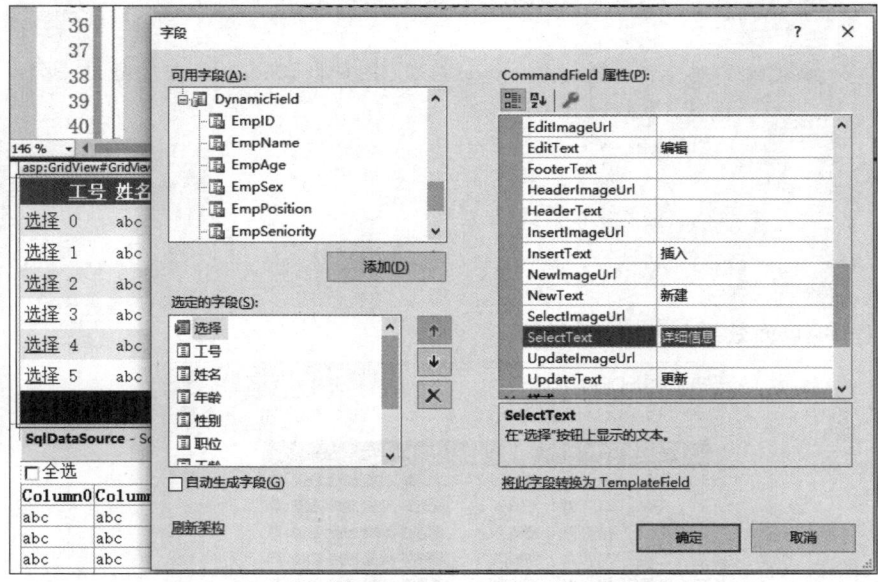

图 7-35　设置 SelectText 属性为"详细信息"

当用户单击"详细信息"按钮时,将引发 SelectedIndexChanging 事件,在该事件的处理程序中可以通过 NewSelectedIndex 属性获取当前行的索引值,并通过索引值执行操作。单击"详细信息"后,执行 GridView2 控件的数据绑定操作,Default.aspx.cs 文件的具体代码如下:

```csharp
protected void GridView1_SelectedIndexChanging(object sender, GridViewSelectEventArgs e)
{
    string ID = GridView1.DataKeys[e.NewSelectedIndex].Value.ToString();
    string connStr = "Server=.;Database=Company;Integrated Security=True";
    SqlConnection conn = new SqlConnection(connStr);
    conn.Open();
    string cmdE = "select * from EmpCompany where EmpID='"+ID+"'";
    SqlDataAdapter da = new SqlDataAdapter(cmdE,conn);
    DataSet ds = new DataSet();
    da.Fill(ds,"EmpCompany");
    this.GridView2.DataSource = ds;
    GridView2.DataKeyNames = new string[] { "EmpID" };
    GridView2.DataBind();
}
```

运行程序,页面运行效果如图 7-36 所示。页面显示数据表中的字段和数据,可实现"全选/全不选"功能,可实现分页显示数据表记录的功能,每页显示 6 条记录,选择工号 1 王敏的"详细信息",页面会将工号 1 王敏的详细信息独立显示在列表中。

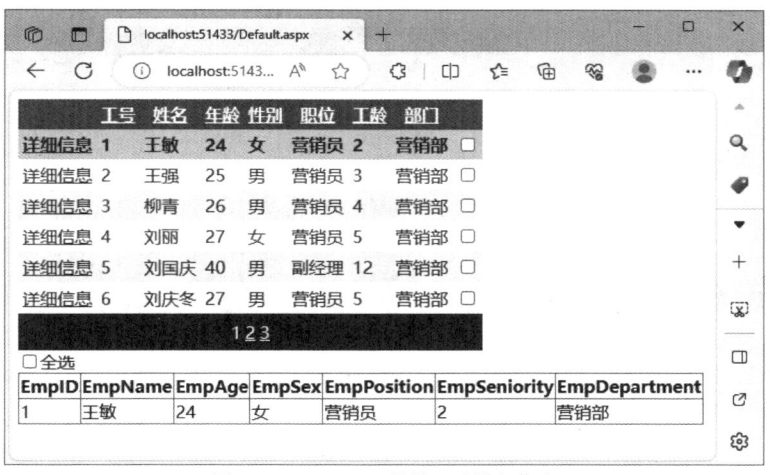

图 7-36　GridView 控件显示详细信息

任务 7-1　实现"电子商城"后台电子资讯管理的资讯列表页面

任务描述

实现"电子商城"后台管理员端的电子资讯列表页面,要求页面显示电子资讯的序号、资讯标题、资讯分类、日期等信息,可编辑、更新、删除信息,每页显示 10 条信息。

任务实施

1. 页面设计

(1) 在"电子商城"网站的 Admin 文件夹内添加新项 Web 窗体,设置名称为 ELENewsList.aspx,勾选"选择母版页",设置选择母版页为 Admin.master。

(2) 页面中添加一个 GridView 控件,属性 ID 设置为 GridView1,格式为"传统型",添加一个 SqlDataSource 控件,属性 ID 设置为 SqlDataSource1。

2. 功能实现

(1) 配置 SqlDataSource1 控件的数据源。新建数据连接,连接 ELEShop 数据库,配置 Select 语句对话框中,选择指定 ELENews 数据表的 NewsId、NewsTitle、NewsGate、NewsDate 字段。

(2) 设置 GridView1 控件绑定 SqlDataSource1 数据源,选择"启用分页""启用编辑""启用删除",单击"编辑列",设置选定字段的 HeadText 属性分别为序号、资讯标题、资讯分类、日期,如图 7-37 所示。

图 7-37 设置字段的 HeadText 属性

(3) 选择资讯列表中一条信息的"编辑",触发 GridView1 控件的 RowDataBound 事件,编写如下代码:

```
protected void GridView1_RowDataBound(object sender, GridViewRowEventArgs e)
{
    if (e.Row.RowState == (DataControlRowState.Edit | DataControlRowState.Alternate) ||
        e.Row.RowState == DataControlRowState.Edit)
    {
        TextBox curText;
        for (int i = 0; i < e.Row.Cells.Count; i++)
        {
            if (e.Row.Cells[i].Controls.Count != 0)
            {
                curText = e.Row.Cells[i].Controls[0] as TextBox;
                if (curText != null)
```

```
                    {
                        curText.Width = Unit.Pixel(80);
                    }
                }
            }
        }
```

运行程序,页面运行效果如图 7-38 所示。页面列出序号、资讯标题、资讯分类、日期,单击"编辑",可以对资讯信息进行修改,单击"更新",能够保存修改后的信息,如图 7-39 所示。

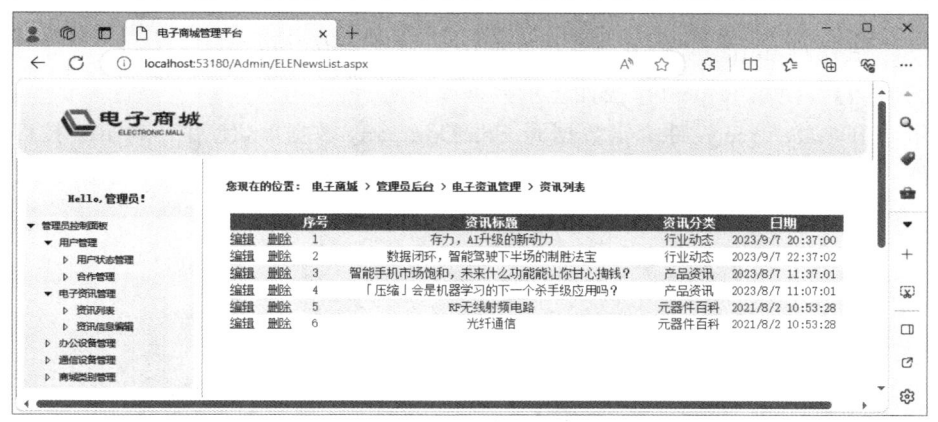

图 7-38 资讯信息列表

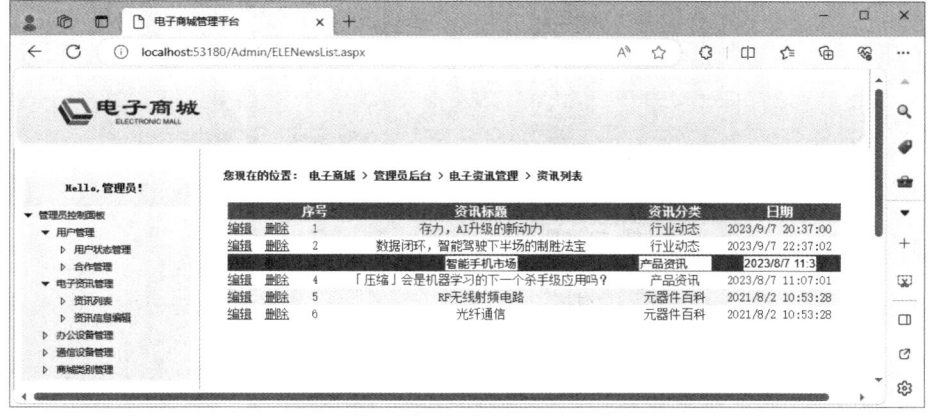

图 7-39 可编辑、更新、删除资讯信息

7.6 Repeater 控件

Repeater 控件是以只读的方式显示多条记录的列表控件。Repeater 控件使用自定义布局,其外观完全由其模板控制,与 DataList 控件不同,Repeater 控件不在 HTML 表中呈现其模板,并且还不具有对选择或编辑的内置支持。因此,Repeater 控件相对 GridView 控件和 DataList 控件,功能是最少的,但灵活性最强。

201

Repeater 控件是一个根据模板定义样式循环显示数据的控件,支持 5 种模板。

(1)ItemTemplate:设置显示 Repeater 控件中各项的内容和布局,对每一个显示项重复应用,此模板为必选。

(2)AlternatingItemTemplate:设置显示 Repeater 控件中每一个交替项的内容和布局,若 ItemTemplate 和 AlternatingItemTemplate 都设置了,则数据第一行会按照 ItemTemplate 中的设置显示,第二行会按照 AlternatingItemTemplate 中的设置显示,如此交替显示所绑定的数据。

(3)HeaderTemplate:设置页眉(顶端)的内容和布局。

(4)FooterTemplate:设置页脚(底端)的内容和布局。

(5)SeperatorTemplate:设置项与项之间的分隔符的内容和布局。

【案例 7-9】 使用 Repeater 控件显示数据库信息。

使用 SqlDataSource 控件绑定数据源 EmpCompany 数据库,使用 Repeater 控件绑定数据源控件 SqlDataSource,显示详细信息、编辑、修改、删除功能,页面实现效果如图 7-40 所示。

图 7-40　Repeater 控件显示数据页面

(1)新建一个网站,添加页面 Default.aspx,在页面中添加一个 Repeater 控件,设置属性 ID 为 Repeater1,添加一个 SqlDataSource 控件,设置属性 ID 为 SqlDataSource1,绑定数据源。

(2)编辑 Repeater 控件的模板

由于 Repeater 控件不在 HTML 表中呈现模板,因此必须自定义模板,在 ItemTemplate 模板中添加一个 LinkButton 按钮,视图显示如图 7-41 所示。代码如下:

```
<asp:Repeater ID="Repeater1" runat="server" DataSourceID="SqlDataSource1"
    OnItemCommand="Repeater1_ItemCommand">
<HeaderTemplate>
    <table border="1">
        <tr>
            <td style="width:36px;height:21px;color:#669900;text-align:center;">序号</td>
            <td style="width:50px;height:21px;color:#669900;text-align:center;">姓名</td>
            <td style="width:80px;height:21px;color:#669900;text-align:center;"> </td>
        </tr>
    </table>
</HeaderTemplate>
<ItemTemplate>
    <table border="1">
    <tr>
        <td style="width:36px;height:21px;color:#669900;text-align:center;">
        <asp:Label ID="Label1" runat="server"
            Text='<%# DataBinder.Eval(Container.DataItem,"EmpID") %>'></asp:Label>
</td>
        <td style="width:50px;height:21px;color:#669900;text-align:center;">
        <asp:Label ID="Label2" runat="server"
            Text='<%# DataBinder.Eval(Container.DataItem,"EmpName") %>'></asp:Label>
</td>
        <td style="width:80px;height:21px;color:#669900;text-align:center;">
        <asp:LinkButton ID="LinkButton1" runat="server" CommandName="Select"
            Text="详细信息"></asp:LinkButton></td>
    </tr>
    </table>
</ItemTemplate>
</asp:Repeater>
```

编写 HeaderTemplate 模板和 ItemTemplate 模板后，页面运行效果如图 7-42 所示。

图 7-41　控件模板 　　　　图 7-42　案例 7-9 页面效果

（3）显示 Repeater 控件详细信息

在页面中再添加一个 Repeater 控件，设置属性 ID 为 Repeater2，用于显示详细信息，数据以 TextBox 控件显示。添加两个 LinkButton 按钮，设置其 Text 属性分别为更新、删除。视图设计效果如图 7-43 所示。编写 Repeater2 控件模板，具体代码如下：

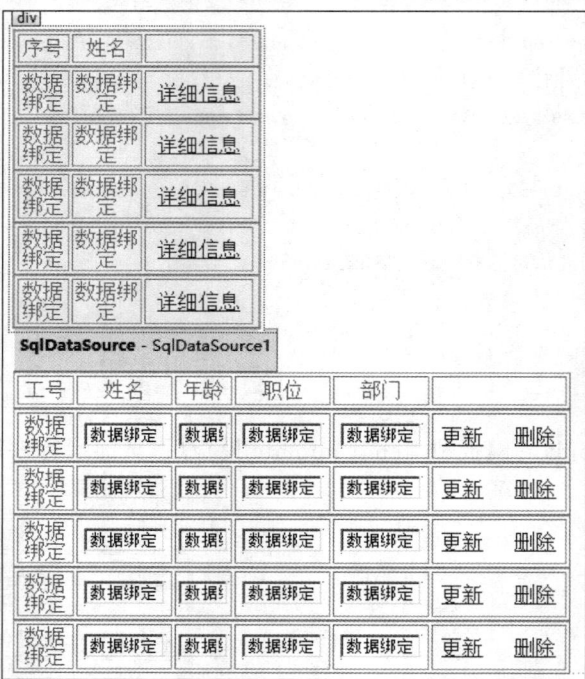

```
<asp:Repeater ID="Repeater2" runat="server" OnItemCommand="Repeater2_ItemCommand">
    <HeaderTemplate>
        <table border="1">
            <tr>
                <td style="width:40px;height:21px;color:#669900;text-align:center;">工号</td>
                <td style="width:70px;height:21px;color:#669900;text-align:center;">姓名</td>
                <td style="width:40px;height:21px;color:#669900;text-align:center;">年龄</td>
                <td style="width:70px;height:21px;color:#669900;text-align:center;">职位</td>
                <td style="width:70px;height:21px;color:#669900;text-align:center;">部门</td>
                <td style="width:100px;height:21px;color:#669900;text-align:center;"></td>
            </tr>
        </table>
    </HeaderTemplate>
```

图 7-43 页面模板设计

```
<ItemTemplate>
    <table border="1">
        <tr>
            <td style="width:40px;height:21px;color:#669900;text-align:center;">
                <asp:Label ID="Label1" runat="server"
```

```
              Text='<% # DataBinder.Eval(Container.DataItem,"EmpID") %>'></asp:Label>
</td>
              <td style="width:70px;height:21px;color:#669900;text-align:center;">
              <asp:TextBox ID="TextBox1" runat="server" Width="54px"
               Text='<% # DataBinder.Eval(Container.DataItem,"EmpName") %>'></asp:
TextBox></td>
              <td style="width:40px;height:21px;color:#669900;text-align:center;">
              <asp:TextBox ID="TextBox2" runat="server" Width="30px"
              Text='<% # DataBinder.Eval(Container.DataItem,"EmpAge") %>'></asp:TextBox
></td>
              <td style="width:70px;height:21px;color:#669900;text-align:center;">
              <asp:TextBox ID="TextBox3" runat="server" Width="54px"
               Text='<% # DataBinder.Eval(Container.DataItem,"EmpPosition") %>'></asp:
TextBox></td>
              <td style="width:70px;height:21px;color:#669900;text-align:center;">
              <asp:TextBox ID="TextBox4" runat="server" Width="54px"
               Text='<% # DataBinder.Eval(Container.DataItem,"EmpDepartment")%>'></asp:
TextBox></td>
              <td style="width:100px;height:21px;color:#669900;text-align:center;">
              <asp:LinkButton ID="LinkButton2" runat="server" Text="更新" CommandName="
UpDate">
              </asp:LinkButton> 
              <asp:LinkButton ID="LinkButton3" runat="server" Text="删除" CommandName="
Delete">
              </asp:LinkButton></td>
              </tr>
              </table>
</ItemTemplate>
```

编写"详细信息"按钮事件。当单击"详细信息"按钮时,将触发 ItemCommand 事件,通过"详细信息"按钮传递属性 CommandName="Select",将控件 Repeater2 中的数据显示出来。具体代码如下:

```
protected void Repeater1_ItemCommand(object source, RepeaterCommandEventArgs e)
    {
        string ID = ((Label)e.Item.FindControl("Label1")).Text.ToString();
        string connStr = "Server=.;Database=Company;Integrated Security=True";
        SqlConnection conn = new SqlConnection(connStr);
        conn.Open();
        if (e.CommandName == "Select")
        {
            string cmdE = "select * from EmpCompany where EmpID=" + ID;
            SqlDataAdapter da = new SqlDataAdapter(cmdE, conn);
            DataSet ds = new DataSet();
```

```
        da.Fill(ds,"tb_EmpInfo");
        Repeater2.DataSource = ds;
        Repeater2.DataBind();
    }
    conn.Close();
}
```

(4) 编写"更新""删除"按钮功能

当单击 Repeater2 控件中的按钮时,触发 ItemCommand 事件,通过"更新"按钮传递 CommandName 属性值 UpDate,将数据更新到数据库,通过"删除"按钮传递 CommandName 属性值 Delete,将数据从数据库中删除。具体代码如下:

```
protected void Repeater2_ItemCommand(object source, RepeaterCommandEventArgs e)
{
    string ID = ((Label)e.Item.FindControl("Label1")).Text.ToString();
    string connStr = "Server=.;Database=Company;Integrated Security=True";
    SqlConnection conn = new SqlConnection(connStr);
    conn.Open();
    if(e.CommandName == "UpDate")
    {
        string EName= ((TextBox)e.Item.FindControl("TextBox1")).Text.ToString();
        string EAge = ((TextBox)e.Item.FindControl("TextBox2")).Text.ToString();
        string EPosition = ((TextBox)e.Item.FindControl("TextBox3")).Text.ToString();
        string EDepartment = ((TextBox)e.Item.FindControl("TextBox4")).Text.ToString();
        string cmdU = "UpDate EmpCompany set EmpName='"+ EName +"',EmpAge='"+ EAge +"',EmpPosition='"+ EPosition +"',EmpDepartment='"+ EDepartment +"' where EmpID="+ ID;
        SqlCommand cmdUpdate = new SqlCommand(cmdU,conn);
        cmdUpdate.ExecuteNonQuery();
        Response.Write("<script>alert('恭喜,更新成功!')</script>");
    }
    if(e.CommandName == "Delete")
    {
        string cmdD = "delete from EmpCompany where EmpID="+ ID;
        SqlCommand cmdDelete = new SqlCommand(cmdD, conn);
        cmdDelete.ExecuteNonQuery();
        Response.Redirect("Default.aspx");
    }
    conn.Close();
}
```

运行程序,页面效果如图 7-40 所示,单击序号 7 李海洋的详细信息,显示一条李海洋的工号、姓名、年龄、职位、部门的记录,以文本框的形式显示,可进行编辑、更新和删除。

Repeater 控件外观完全由其模板控制,并不具有选择和编辑的内置支持,许多功能需要开发人员自己设计和编写。常用的事件是 ItemCommand 事件,当单击控件中的按钮时触发此事件，此事件可以通过按钮传递的 CommandName 属性值来执行事件。

若想获取 Repeater 控件中控件的数据，可以使用 FindControl 方法来查找带 ID 参数的与事件相关的服务器控件，代码如下：

string ID=((Label)e.Item.FindControl("ID")).Text.ToString();

任务 7-2　实现"电子商城"电子资讯页面

任务描述

实现"电子商城"网站首页的电子资讯页面，要求页面以列表形式显示电子资讯信息，显示资讯类别、资讯标题，如图 7-44 所示。

图 7-44　电子资讯页面

任务实施

1. 页面设计

（1）在"电子商城"网站项目中添加新项 Web 窗体，设置名称为 Default.aspx，勾选"选择母版页"，选择母版页为 common.master。

（2）页面中添加一个 Repeater 控件，ID 属性设置为 Repeater1，添加一个 SqlDataSource 控件，ID 属性设置为 SqlDataSource1。

2. 功能实现

（1）配置 SqlDataSource1 控件的数据源。新建数据连接，连接 ELEShop 数据库，配置 Select 语句对话框，选择指定 ELENews 数据表的 NewsId、NewsTitle、NewsGate、NewsDate 字段。

(2) 设置 Repeater1 控件绑定 SqlDataSource1 数据源。

(3) 编辑 Repeater1 控件的模板，具体代码如下：

```
<asp:Repeater ID="Repeater1" runat="server" DataSourceID="SqlDataSource1">
<HeaderTemplate>
    <span style="color: black; font: bold 16px 华文隶书,verdana;">
           电子资讯</span>
    <hr />
</HeaderTemplate>
<ItemTemplate>
    <table border="0">
    <tr style="color: #0072A7">
    <td style="font-weight: bold; width: 120px;">
          [<%# DataBinder.Eval(Container.DataItem,"NewsGate") %>]
    </td>
    <td style="width: 400px;">
        <%# DataBinder.Eval(Container.DataItem,"NewsTitle") %>
    </td>
    </tr>
    </table>
</ItemTemplate>
</asp:Repeater>
```

运行程序，页面效果如图 7-44 所示。

7.7 DataList 控件

DataList 控件可以使用不同的布局来显示数据记录，并进行数据的选择、删除及编辑。该控件提供了实现基本数据操作功能的常用命令，同时也提供了丰富的模板供用户使用。DataList 控件和 GridView 控件最大的区别就是要通过模板来定义数据的显示格式，因此显示数据时更加灵活，但 DataList 控件的功能比 GridView 控件少。

DataList 控件可以使用模板来自定义每个数据项的展示方式，包括布局、样式和 HTML 标记。

(1) ItemTemplate：设置显示 DataList 控件中各项的内容和布局，对每一个显示项重复应用。

(2) AlternatingItemTemplate：设置显示 DataList 控件中每一个交替项的内容和布局，可有不同的背景色，若没有定义，则使用 ItemTemplate 显示。

(3) SelectedItemTemplate：设置某行被选中时呈现的状态，如背景色等，若没有定义，则使用 ItemTemplate 显示。

(4) EditItemTemplate：设置当前正在编辑项的内容和布局，此模板通常包含编辑控件，如 TextBox 控件，若没有定义，则使用 ItemTemplate 显示。

(5) HeaderTemplate：设置页眉的内容和布局，若没有定义，则 DataList 将不会有页眉。

(6) FooterTemplate：设置页脚的内容和布局，若没有定义，则 DataList 将不会有页脚。

(7) SeperatorTemplate：设置项与项之间分隔符的内容和布局，如水平线（使用<HR>元素），若没有定义，则 DataList 将不显示分隔符。

若想获取 DataList 控件中控件的数据，可以使用 FindControl 方法来查找带 ID 参数的与事件相关的服务器控件，代码如下：

```
string ID=((Label)e.Item.FindControl("ID")).Text.ToString();
```

【案例 7-10】 使用 DataList 控件显示 Company 数据库 EmpCompany 数据表的数据，如图 7-45 所示。

序号	姓名
1	王敏
2	王强
3	柳青
4	刘丽
5	刘国庆
6	刘庆冬
7	李海洋
8	李强
9	沈大齐
10	沈蔓

图 7-45　DataList 控件显示数据页面

(1) 新建一个网站，默认主页为 Default.aspx，在页面中添加一个 DataList 控件，设置属性 ID 为 DataList1，用代码绑定数据源。在页面加载事件中执行自定义的 Bind() 方法，将 DataList1 控件绑定至数据源，具体代码如下：

```
protected void Page_Load(object sender, EventArgs e)
{
    if (!IsPostBack)
    {
        Bind();
    }
}
private void Bind()
{
    string connStr = "Server=.;Database=Company;Integrated Security=True";
    SqlConnection conn = new SqlConnection(connStr);
    conn.Open();
    string cmdE = "select * from EmpCompany";
    SqlDataAdapter da = new SqlDataAdapter(cmdE, conn);
    DataSet ds = new DataSet();
    da.Fill(ds, "tb_EmpInfo");
    DataList1.DataSource = ds;
    DataList1.DataBind();
}
```

（2）编辑页眉模板。单击 DataList1 控件右上角的按钮，在 DataList 任务中选择"编辑模板"选项，如图 7-46 所示，"模板编辑模式"的"显示"项选择"HeaderTemplate"，在"DataList1-页眉和页脚模板"中添加一个 1 行 2 列的表格，用于布局，并设置外观样式，如图 7-46 所示，DataList1 控件的页眉设计代码如下：

图 7-46　编辑页眉模板

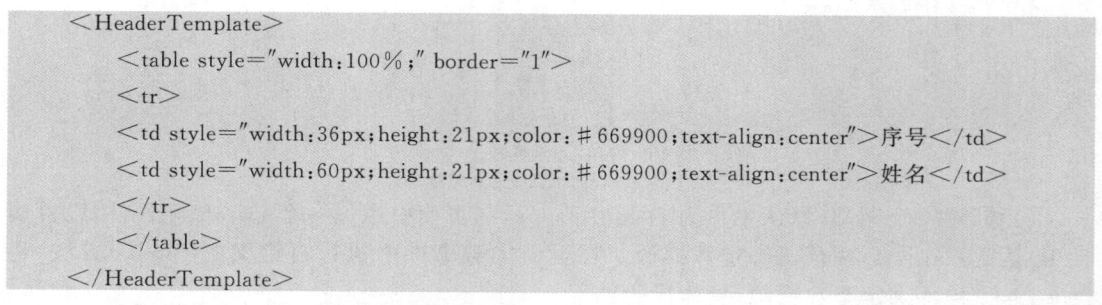

```
<HeaderTemplate>
    <table style="width:100%;" border="1">
    <tr>
    <td style="width:36px;height:21px;color:#669900;text-align:center">序号</td>
    <td style="width:60px;height:21px;color:#669900;text-align:center">姓名</td>
    </tr>
    </table>
</HeaderTemplate>
```

（3）编辑项模板。在"模板编辑模式"的"显示"项中选择"ItemTemplate"，打开"项模板"，如图 7-47 所示，在"项模板"中添加一个 1 行 2 列的表格，用于布局，并设置外观样式，在表格的两个单元格内分别添加 1 个 Label1 和 LinkButton1 控件，用于显示数据源中的数据，设置 ID 属性值分别为 EID 和 EName。

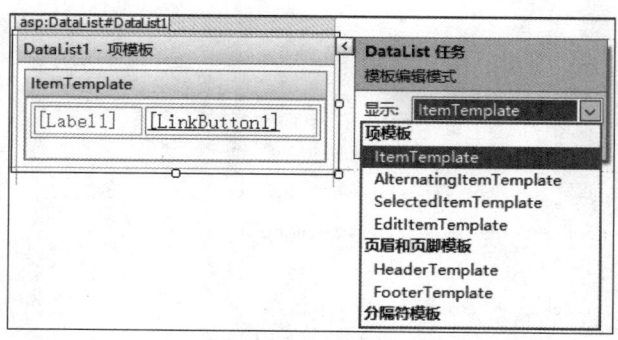

图 7-47　编辑项模板

如图 7-48 所示，单击 EID 控件的右侧按钮，在"Label 任务"中选择"编辑 DataBindings"命令，弹出"EID DataBindings"对话框，如图 7-49 所示，设置 Text 属性的自定义绑定的"代码表达式"为 Eval("EmpID")，同样，设置 EName 控件的 Text 属性的自定义绑定的"代码表达式"为 Eval("EmpName")，DataList1 控件的项模板的设计，具体代码如下：

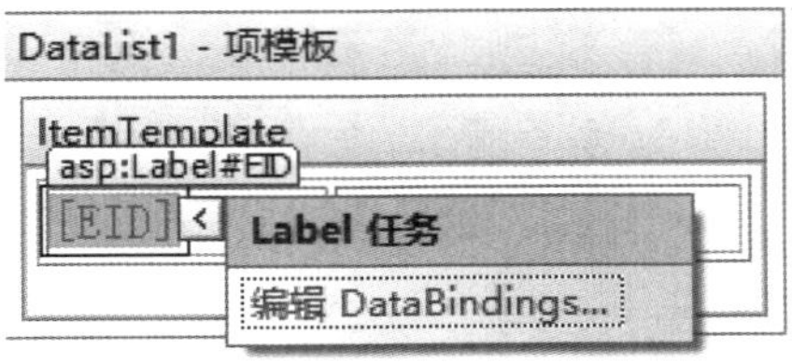

图 7-48 "编辑 DataBindings"命令

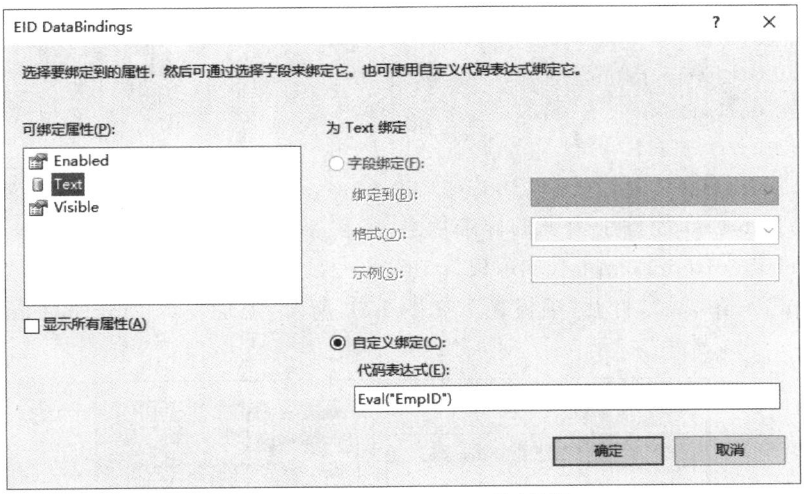

图 7-49 "EID DataBindings"对话框

```
<ItemTemplate>
    <table border="1" style="width:100%;">
        <tr>
        <td style="width:36px;height:21px;color:#669900;text-align:center">
        <asp:Label ID="EID" runat="server" Text='<%# Eval("EmpID") %>'></asp:Label>
        </td>
        <td style="width:60px;height:21px;color:#669900;text-align:center">
        <asp:LinkButton ID="EName" runat="server"
                Text='<%# Eval("EmpName") %>'></asp:LinkButton>
        </td>
        </tr>
    </table>
</ItemTemplate>
```

在页面加载事件中调用自定义方法 Bind(),将控件绑定至数据源,具体代码如下：

```
protected void Page_Load(object sender, EventArgs e)
{
    if(! IsPostBack)
    {
        Bind();
    }
}
```

```
private void Bind()
{
    string connStr = "Server=.;Database=Company;Integrated Security=True";
    SqlConnection conn = new SqlConnection(connStr);
    conn.Open();
    string cmdE = "select * from EmpCompany";
    SqlDataAdapter da = new SqlDataAdapter(cmdE, conn);
    DataSet ds = new DataSet();
    da.Fill(ds, "tb_EmpInfo");
    DataList1.DataSource = ds;
    DataList1.DataBind();
}
```

(4)查看 DataList 控件中数据的详细信息。

编辑 SelectedItemTemplate 模板。在"模板编辑模式"的"显示"项中选择"SelectedItemTemplate",打开"项模板",如图 7-50 所示,添加 1 个 LinkButton 控件和 5 个 label 控件。

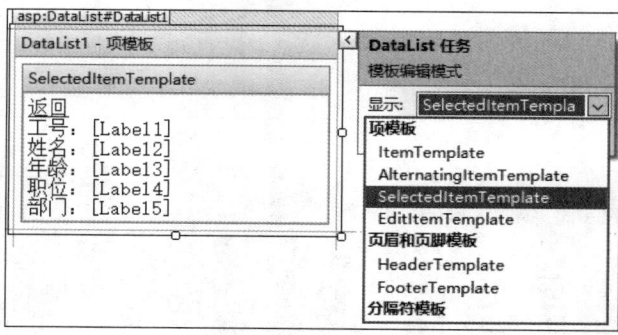

图 7-50 "模板编辑模式"选项

当单击 ItemTemplate 模板中的 LinkButton 控件(其属性 ID 的值是 EName)时,会显示 SelectedItemTemplate 模板中的内容;当单击 SelectedItemTemplate 模板中的 LinkButton 控件(其属性 ID 的值是 LinkButton1,属性 Text 的值是"返回")时,会取消显示。DataList1 控件的项模板的设计,具体代码如下:

```
<SelectedItemTemplate>
    <asp:LinkButton ID="LinkButton1" runat="server" CommandName="back">返回
    </asp:LinkButton>
    <br/>
    工号:<asp:Label ID="Label1" runat="server" Text='<%# Eval("EmpID") %>'></asp:Label>
    <br/>
    姓名:<asp:Label ID="Label2" runat="server" Text='<%# Eval("EmpName") %>'></asp:Label>
    <br/>
    年龄:<asp:Label ID="Label3" runat="server" Text='<%# Eval("EmpAge") %>'></asp:Label>
```

```
        <br/>
    职位：<asp:Label ID="Label4" runat="server" Text='<%# Eval("EmpPosition") %>'>
    </asp:Label>
        <br/>
    部门：<asp:Label ID="Label5" runat="server" Text='<%# Eval("EmpDepartment") %>'>
    </asp:Label>
</SelectedItemTemplate>
```

编写按钮中的事件。当用户单击模板中的按钮时，会触发 DataList 控件的 ItemCommand 事件。可在该事件中，根据不同按钮的 CommandName 属性设置 DataList 控件的 SelectedIndex 属性的值，决定显示详细信息或者取消显示详细信息，具体代码如下：

```
protected void DataList1_ItemCommand(object source, DataListCommandEventArgs e)
{
    if (e.CommandName == "select")
    {
        DataList1.SelectedIndex = e.Item.ItemIndex;
        Bind();
    }
    if (e.CommandName == "back")
    {
        DataList1.SelectedIndex = -1;
        Bind();
    }
}
```

运行程序，页面显示效果如图 7-51 所示。单击序号 3 柳青的姓名列，显示柳青的工号、姓名、年龄、职位、部门详细信息，单击"返回"，详细信息取消显示。

图 7-51 显示和取消详细信息页面

7.8 其他数据绑定控件

1. DetailsView 控件

DetailsView 控件以表格形式显示数据，只是一次只显示一条记录，内置分页、插入、编辑、更新和删除记录功能，但不支持排序功能。该控件通常和其他控件配合使用，如用 GridView 控件显示基本信息，可用 DetailsView 控件显示相关的详细信息。

从工具箱中拖放 1 个 DetailsView 控件和 1 个 SqlDataSource 控件到页面，配置 SqlDataSource 控件数据源，设置 DetailsView 控件绑定 SqlDataSource 控件的数据源，如图 7-52 所示。单击 DetailsView 任务中的"编辑字段"选项，设置显示字段的文本内容，运行页面，结果如图 7-53 所示。

图 7-52 DetailsView 控件绑定数据源　　图 7-53 DetailsView 控件显示数据页面

2. FormView 控件

FormView 控件显示数据源的一条记录，内置分页、编辑、新建、更新和删除记录功能，但不支持排序功能。FormView 控件没有用于显示记录的预置布局，需要自定义模板，可编写各种用于显示记录中的字段的控件及布局用的其他 HTML 标签，在布局时会更灵活些。如果仅仅显示单条记录，是比较推荐 FormView 控件的，因为可以在高效开发的同时自定义数据显示的格式。

从工具箱中拖放 1 个 FormView 控件和 1 个 SqlDataSource 控件到页面，配置 SqlDataSource 控件数据源，设置 FormView 控件绑定 SqlDataSource1 控件的数据源，如图 7-54 所示。单击 FormView 任务中的"编辑模板"选项，选择显示"ItemTemplate"模板编辑模式，可修改显示的文本内容和样式，如图 7-55 所示。结束模板编辑，运行程序，页面显示结果如图 7-56 所示。

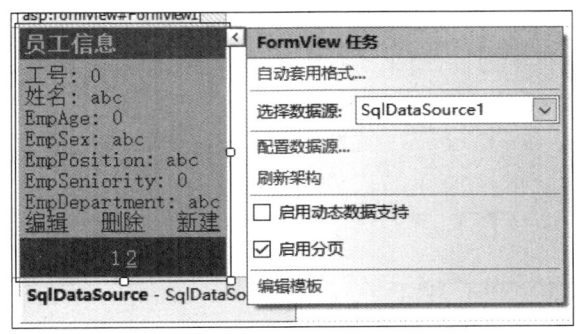

图 7-54 FormView 控件绑定数据源

图 7-55 "ItemTemplate"模板编辑模式

图 7-56 FormView 控件显示数据页面

任务 7-3　综合案例

任务描述

实现一个电子商务网站简单的购物车功能。网站要求只有登录的用户才可以浏览商品，查看商品详情信息和进行购物。因此，网站主要实现商品浏览模块、商品详情信息模块和购物车模块的功能页面。

任务实施

1. 配置 Web.config 文件中的数据库连接字符串

```
<connectionStrings>
<add name="SQLDB" connectionString="Server=.;Initial Catalog=GoodsData;
    Integrated Security=true" providerName="System.Data.SqlClient"/>
</connectionStrings>
```

GoodsData 数据库包括 3 个数据表，分别为用户信息表（Users）、商品信息表（GoodsInfo）、购物车表（Cart）。

2. 编写公共类

建立一个公共类文件 DB.cs,用来执行各种数据库操作,包括 GetCon()方法、ExSql()方法、ReDs()方法,具体代码如下:

```
public static SqlConnection GetCon()//配置连接字符串
{
    return new SqlConnection(ConfigurationManager.ConnectionStrings["SQLDB"].ToString());
}
public static bool ExSql(string cmdtxt)
{
    SqlConnection con = DB.GetCon();//连接数据库
    con.Open();//打开数据库
    SqlCommand cmd = new SqlCommand(cmdtxt,con);
    try
    {
        cmd.ExecuteNonQuery();//执行 SQL 语句并返回受影响的行数
        return true;
    }
    catch(Exception e)
    {
        return false;
    }
    finally
    {
        con.Dispose();
    }
}
public static DataSet ReDs(string cmdtxt)
{
    SqlConnection con = DB.GetCon();//连接数据库
    SqlDataAdapter da = new SqlDataAdapter(cmdtxt,con);
    DataSet ds = new DataSet();
    da.Fill(ds);
    return ds;//返回 DataSet 对象
}
```

ExSql()方法主要使用 SqlCommand 对象执行数据库操作,如添加、修改、删除等。该方法包括一个 string 类型的参数,用来接收执行的 SQL 语句,执行该方法,若成功则返回 true,若失败则返回 false。ReDs()方法主要使用 SqlDataAdapter 对象的 Fill 方法填充 DataSet 数据集。该方法包括一个 string 类型的参数,用来接收执行的 SQL 语句,执行该方法,将返回保存查询结果的 DataSet 数据集对象。

3. 商品浏览页面 Default.aspx

(1)商品浏览页面用来实现用户登录和商品列表显示功能。打开 Default.aspx 页面,先要求用户登录,如图 7-57 所示,输入正确的用户名和密码,登录成功后,显示商品列表,如图 7-58 所示。

图 7-57　Panel1 用户登录页面

图 7-58　Panel2 商品列表显示页面

页面设计，如图 7-57 和图 7-58 所示。在该页面添加 2 个 TextBox 控件、1 个 Button 控件、2 个 Panel 控件、1 个 Label 控件、1 个 DataList 控件、1 个 HyperLink 控件，具体属性设置见表 7-5。

表 7-5　Default.aspx 页面控件属性设置

控件类型	控件名称属性设置	说明
TextBox	ID="TxtUserName"	输入用户名
	ID="TxtPwd" TextMode="Password"	输入密码
Button	ID="Button1" Text="登录" OnClick="Button1_Click"	用于用户验证登录
	ID="Button2" Text="退出" OnClick="Button2_Click"	用于用户退出账号
Panel	ID="Panel1"	未登录时显示
	ID="Panel2"	登录后显示
Label	ID="Label1" Text="显示用户名"	用于显示登录用户名
DataList	ID="DataList1" RepeatColumns="2" OnItemCommand="DataList1_ItemCommand"	以两列表格形式显示
HyperLink	ID="HyperLink1"	进入后台管理页面

217

DataList 控件用于显示商品信息列表,在 ItemTemplate 模板中添加 1 个 Image 控件、3 个 Label 控件和 2 个 LinkButton 控件,具体属性设计见表 7-6。

表 7-6　　　　　　　　　ItemTemplate 模板中控件属性设置

控件类型	控件名称属性设置	说明
Image	ID="Image1" style="width:100px;height:100px;" ImageUrl='<%# Eval("GoodsImages") %>'	显示商品图片
Label	ID="Label2" Text='<%# Eval("GoodsName") %>'	显示商品名称
Label	ID="Label3" Text='<%# Eval("GoodsKind") %>'	显示商品种类
Label	ID="Label4" Text='<%# Eval("GoodsPrice") %>'	显示商品价格
LinkButton	ID="LinkButton1" CommandArgument='<%# Eval("GoodsID") %>' CommandName="describe"	关联按钮命令文本是"详细信息",传递商品 ID 值
LinkButton	ID="LinkButton2" CommandArgument='<%# Eval("GoodsID") %>' CommandName="buy"	关联按钮命令文本是"购买",传递商品 ID 值

(2)实现页面初始化。页面初始化时触发的是 Page_Load 事件,在该事件中,调用 ReDs 方法,返回查询结果数据集,来作为 DataList 控件的数据源,然后通过 Session["UserName"]是否存在来判断用户是否登录。若用户没有登录,则显示用户登录面板;若用户已经登录,则显示用户名,具体代码如下:

```
protected void Page_Load(object sender, EventArgs e)
{
    DataSet ds = DB.ReDs("select * from GoodsInfo");
    DataList1.DataSource = ds;//指定数据源
    DataList1.DataBind();
    if(Session["UserID"]==null)
    {
        Panel1.Visible = true;//显示登录面板
        Panel2.Visible = false;//不显示登录名和用户名的显示面板
    }
    else
    {
        Panel1.Visible = false; //不显示登录面板
        Panel2.Visible = true; //显示登录名和用户名的显示面板
        Label1.Text = "欢迎:"+ Session["UserName"].ToString();
    }
}
```

(3)实现登录功能。单击"登录"按钮,将触发按钮的 Click 事件。在该事件中,将调用

DB 类的 ReDs 方法对用户输入的信息进行查询。若查找出匹配的记录,则用户登录成功,隐藏登录面板,显示登录用户名面板;否则,弹出登录失败提示信息代码如下:

```csharp
protected void Button1_Click(object sender, EventArgs e)
{
    DataSet ds = DB.ReDs("select * from Users where UserName='" + TxtUserName.Text + "'and UserPassword='" + TxtPwd.Text + "'");
    if(ds.Tables[0].Rows.Count!=0)
    {
        Session["UserID"] = ds.Tables[0].Rows[0][0].ToString();
        Session["UserName"] = ds.Tables[0].Rows[0][1].ToString();
        Label1.Text = "欢迎:" + Session["UserName"].ToString();
        Panel1.Visible = false;
        Panel2.Visible = true;
    }
    else
    {
        Response.Write("<script>alert('登录失败！请返回查找原因');</script>");
    }
}
protected void Button2_Click(object sender, EventArgs e)
{
    Session.Clear();
    Response.Redirect("~/Default.aspx");
}
```

(4) 实现查看商品详细信息和购物车的功能。单击"详细信息"按钮或"购物"按钮,将触发 DataList 控件的 ItemCommand 事件,在该事件中,先判断 CommandName 的值,若是 describe,则执行打开商品信息页面;若是 buy,则打开购物车页面。代码如下:

```csharp
protected void DataList1_ItemCommand(object source, DataListCommandEventArgs e)
{
    if(e.CommandName=="describe")
    {
        string tb_GoodsID = e.CommandArgument.ToString();
        Response.Redirect("~/Describe.aspx?GoodsID=" + tb_GoodsID);
    }
    if(e.CommandName=="buy")
    {
        if (Session["UserID"] != null)
        {
            string tb_GoodsID = e.CommandArgument.ToString();
            Response.Redirect("~/ShoppingCart.aspx?GoodsID=" + int.Parse(tb_GcodsID));
        }
```

```
            else
            {
                Response.Write("<script> alert('您还没有登录,请先登录再购买!')
</script>");
            }
        }
    }
```

4. 商品详情页面 Describe.aspx

(1)查看商品详细信息页面主要显示用户所选商品的详细信息。当用户在商品浏览页面单击某件商品的详细信息按钮时,就会打开查看商品详细信息页面。页面运行结果如图 7-59 所示。

图 7-59　商品详情页面

在页面添加 4 个 TextBox 控件、1 个 Image 控件和 1 个 Button 控件,具体属性设置见表 7-7。

表 7-7　　　　　　　　　　Describe.aspx 页面控件属性设置

控件类型	控件名称属性设置	说明
TextBox	ID="txtGoodsName" Enabled="False" TextMode="MultiLine"	显示商品名称
	ID="txtGoodsKind" Enabled="False"	显示商品类别
	ID="txtGoodsPrice" Enabled="False"	显示商品价格
	ID="txtGoodsDesc" Enabled="False" TextMode="MultiLine"	显示商品介绍
Image	ID="txtGoodsImage" style="width:120px;height:120px;"	显示商品图像
Button	ID="Button1" Text="关闭" OnClick="Button1_Click"	返回主页

(2)实现页面显示详细信息功能。页面加载时将触发 Page_Load 事件,在该事件中,首先使用 Request 对象获得页面传递的参数 GoodID。然后调用 DB 类的 ReDs 方法查询该编号的商品,将商品信息显示在 TextBox 控件和 Image 控件中,具体代码如下:

```
protected void Page_Load(object sender, EventArgs e)
{
    string str_GoodsID = Request["GoodsID"];
    DataSet ds = DB.ReDs("select * from GoodsInfo where GoodsID=" + str_GoodsID);
    txtGoodsName.Text = ds.Tables[0].Rows[0][1].ToString();
    txtGoodsKind.Text = ds.Tables[0].Rows[0][2].ToString();
    txtGoodsImage.ImageUrl = ds.Tables[0].Rows[0][3].ToString();
    txtGoodsPrice.Text = ds.Tables[0].Rows[0][4].ToString();
    txtGoodsDesc.Text = ds.Tables[0].Rows[0][5].ToString();
}
protected void Button1_Click(object sender, EventArgs e)
{
    Response.Redirect("~/Default.aspx");
}
```

5. 购物车页面 ShoppingCart.aspx

(1)购物车页面主要将用户选择的商品添加到购物车内,用户可以添加某件待购买商品的数量、删除某件商品、继续购物、清空购物车或结账。页面运行效果如图 7-60 所示。

图 7-60 购物车页面

(2)在该页面添加 3 个 LinkButton 控件、一个 DataList 控件,具体属性设置见表 7-8。

表 7-8 ShoppingCart.aspx 页面控件属性设置

控件类型	控件名称属性设置	说明
LinkButton	ID="LinkButton1" Text="继续购物" OnClick="LinkButton1_Click"	转到主页
	ID="LinkButton2" Text="清空购物车"	清空购物车
	ID="LinkButton3" Text="结账"	结账
DataList	ID="DataList1" OnItemCommand="DataList1_ItemCommand"	显示购物车商品
Label	ID="Label3"	显示合计金额

DataList 控件用于显示用户添加到购物车的商品信息,在 ItemTemplate 模板中添加 2 个 Label 控件、1 个 TextBox 控件和 2 个 LinkButton 控件,具体属性设置见表 7-9。

表 7-9　　　　　　　　　　　Describe.aspx 页面控件属性设置

控件类型	控件名称属性设置	说明
Label	ID＝"Label1" Text＝'＜％＃ Eval("GoodsName") ％＞'	显示商品名称
	ID＝"Label2" Text＝'＜％＃ Eval("GoodsPrice") ％＞'	显示商品价格
TextBox	ID＝"txtGoodsNum" Text＝'＜％＃ Eval("GoodsNum") ％＞'	显示商品数量
LinkButton	ID＝"LinkButton4"CommandName＝"upDateNum" CommandArgument＝'＜％＃ Eval("GoodsID")％＞'	更新购物车商品数量
	ID＝"LinkButton5" CommandName＝"delete" CommandArgument＝'＜％＃ Eval("GoodsID")％＞'	删除商品

（3）实现页面购物车信息显示功能。当已登录用户在 Default.aspx 页面中单击某件商品的"购买"按钮时,将打开购物车 ShoppingCart.aspx 页面,在事件中,先设置购物车编号,这里以用户编号作为购物车编号,并获得页面传递的参数商品编号。然后判断该用户的购物车内是否已经存在该商品,若存在,则该商品的数量加 1;若不存在,则在购物车中添加一条商品的信息。最后,调用 Bind 方法,将购物车中的信息显示在控件中。具体代码如下：

```
string M_G_Count ="0";
protected void Page_Load(object sender, EventArgs e)
{
    if (! IsPostBack)
    {
        string G_CartID = Session["UserID"].ToString();//用户编号
        string G_GoodsID = Request["GoodsID"].ToString();//商品编号
        //返回符合条件的记录数目
        DataSet ds = DB.ReDs("select count(*) from Cart where CartID=" + G_CartID + "and GoodsID=" +G_GoodsID);
        if (ds.Tables[0].Rows[0][0].ToString() == "0")
        {
            DataSet ds1 = DB.ReDs("select GoodsName,GoodsPrice from GoodsInfo where GoodsID=" + G_GoodsID);
            string G_GoodsName = ds1.Tables[0].Rows[0][0].ToString();//商品名称
            string G_GoodsPrice = ds1.Tables[0].Rows[0][1].ToString();//商品价格
            string G_GoodsNum = "1";//商品数量
            DB.ExSql("insert into Cart values(" + G_CartID + "," + G_GoodsID + ",'" + G_GoodsName + "','" + G_GoodsPrice + "," + G_GoodsNum + ")");
        }
        else
        {
```

```csharp
            DB.ExSql("update Cart set GoodsNum=GoodsNum+1 where CartID=" + G_CartID + "and GoodsID=" + G_GoodsID);
        }
        Bind();
    }
    Label3.Text = M_G_Count.ToString();
}
//绑定 DataList 控件
public void Bind()
{
    DataSet ds2 = DB.ReDs("select *,GoodsPrice * GoodsNum As Count from Cart where CartID=" + Session["UserID"]);
    float G_Count = 0;
    foreach (DataRow dr in ds2.Tables[0].Rows)
    {
        G_Count += Convert.ToSingle(dr[6]);
    }
    M_G_Count = G_Count.ToString();
    DataList1.DataSource = ds2;
    DataList1.DataBind();
}

//更新购物车的商品数量
protected void DataList1_ItemCommand(object source, DataListCommandEventArgs e)
{
    if(e.CommandName == "upDateNum")
    {
        string G_GoodsNum = ((TextBox)e.Item.FindControl("txtGoodsNum")).Text;
        bool reVal = DB.ExSql("update Cart set GoodsNum=" + G_GoodsNum + "where CartID=" + Session["UserID"] + "and GoodsID=" + e.CommandArgument.ToString());
        if (reVal)
            Bind();
        Label3.Text = M_G_Count.ToString();
    }
    if (e.CommandName == "delete")
    {
        bool reVal = DB.ExSql("delete from Cart where CartID=" + Session["UserID"] + "and GoodsID=" + e.CommandArgument.ToString());
        if (reVal)
            Bind();
        Label3.Text = M_G_Count.ToString();
    }
}
//"继续购物"按钮事件
```

```
protected void LinkButton1_Click(object sender, EventArgs e)
{
    Response.Redirect("~/Default.aspx");
}
```

运行程序,页面显示效果如图 7-61 所示。

图 7-61　更新购物车

本章小结

　　ASP.NET 框架提供了数据绑定技术,使网站页面能快速地显示数据源中的数据。数据绑定技术将程序中的执行数据与页面中的属性、集合、表达式"绑定"在一起,用于绑定控件的表达式置于<％＃ ％>标记之间。SqlDataSource 数据源控件可以利用配置向导访问位于关系数据库中的数据,与数据绑定控件一起使用,编写极少代码或不用编写代码,就可以在网页上显示和操作数据。DropDownList 下拉列表控件、CheckBoxList 复选框列表控件、RadioButtonList 单选按钮列表控件可实现数据绑定功能。

　　数据绑定控件 GridView 控件以表格的形式显示数据,功能强大,内置样式设置、分页、排序、编辑、删除等功能,开发效率高,但占用资源比较高;DataList 控件需要设置模板来定义数据显示的格式,显示数据更加灵活,但功能比 GridView 控件少,自身不带分页、排序功能;Repeater 控件功能最少、灵活性最大,不提供任何布局,不会生成 HTML 代码,需要编辑模板实现布局功能。GridView 控件常用于表格化数据处理,DataList 控件和 Repeater 控件常用于单行多列、多行单列结构的数据处理。

习题

一、单选题

❶ 以下不是 ASP.NET 的数据源控件的是（　　）。

A. SqlDataSource　　　　　　　　　　B. AccessDataSource

C. LinqDataSource　　　　　　　　　　D. XML

❷ SqlDataSource 不可以直接访问（　　）。

A. Microsoft SQL Server　　　　　　　B. Microsoft Access

C. Oracle　　　　　　　　　　　　　　D. Word

❸ GridView 控件不支持的操作是（　　）。
A. 选择　　　　　B. 编辑　　　　　C. 删除　　　　　D. 上传
❹ 当在 GridView 控件中启用分页功能时,（　　）属性可以设置每页显示的记录数。
A. PageSize　　　B. RowCount　　　C. PageCount　　　D. CurrentPageIndex
❺ （　　）控件可以轻松实现对数据的排序和分页功能。
A. GridView　　　B. Repeater　　　C. DataList　　　D. ListBox
❻ 在 ASP.NET 中,（　　）控件可以实现自定义的布局和样式。
A. GridView　　　B. Repeater　　　C. DataList　　　D. TextBox
❼ 当数据绑定到 Repeater 控件时,必须手动编写的是（　　）。
A. 数据查询语句　　　　　　　　　B. 数据源配置
C. 数据模板　　　　　　　　　　　D. 数据绑定代码
❽ （　　）是页眉模板。
A. FooterTemplate　　　　　　　　B. HeaderTemplate
C. SeparatorTemplate　　　　　　　D. ItemTemplate
❾ GridView 控件、Repeater 控件和 DataList 控件都可以用来展示数据,它们的主要区别是（　　）。
A. GridView 控件是可编辑的,而 Repeater 控件和 DataList 控件是不可编辑的
B. GridView 控件可以支持分页,而 Repeater 控件和 DataList 控件不支持分页
C. GridView 控件可以自动生成表格布局,而 Repeater 控件和 DataList 控件需要手动定义布局
D. 所有选项都正确
❿ FormView 控件一次显示（　　）条记录。
A. 1　　　　　　　　　　　　　　B. 2
C. 多　　　　　　　　　　　　　　D. 数据表中全部记录

二、填空题
❶ GridView 控件最常用的属性是 DataSourceID,用于_____。
❷ GridView 实现选择、编辑、删除、更新、排序、分页等功能必须有两个前提条件,一是_____,二是数据源配置 Select 语句时必须选中"高级"选项,勾选生成_____、_____和_____语句。
❸ GridView 控件设置分页后,默认显示_____条记录。
❹ <%= DateTime.Now.ToShortDateString()%>的功能是_____。
❺ 数据绑定表达式包含在_____分隔符之间,并且使用 Eval 和 Bind 方法,_____方法用于定义单向(只读)绑定,_____方法用于双向(可编辑)绑定。

三、简答题
❶ 简述 Repeater 控件和 GridView 控件的主要区别。
❷ 简述 DataList 控件在 ASP.NET 的作用。
❸ 比较 GridView 控件、Repeater 控件、DataList 控件之间的区别。
❹ 使用 DataList 控件实现一个图片轮播功能,展示一组图片并进行自动轮播。

第 8 章　LINQ 技术

学习目标

- 了解 LINQ 的基本概念
- 掌握 LINQ 的体系结构
- 掌握 LINQ 查询的语法
- 掌握 LINQ to SQL 的使用
- 掌握 LinqDataSource 控件的使用

相关知识点

- LINQ 的基本概念
- LINQ 的体系结构
- LINQ 查询的语法
- LINQ to SQL 的使用
- LinqDataSource 控件的使用

素质培养

8.1　LINQ 技术概述

8.1.1　LINQ 的基本概念

LINQ(Language Integrated Query)即语言集成查询,是微软公司在.NET Framework 3.5 发布的一项新技术,它是一种在编程语言中集成查询的方式,将数据查询与编程语言集成在一起,查询操作是通过编程语言自身实现的,LINQ 提供了一种统一的编程模型,用相同的编码模式来查询和操作不同类型的数据源,这些数据源可以是集合、数组、数据库、XML文档等。

8.1.2 LINQ的特点

1. 统一的语法

LINQ提供了统一的查询语法,无论是查询集合、数据库、XML还是其他数据源,都可以使用类似的语法进行查询和操作,减少了学习成本和代码的复杂性。

2. 编译时类型检查

LINQ在编译时进行类型检查,这意味着在代码编写阶段就能发现错误,减少了运行时错误的可能性。

3. 延迟加载

LINQ使用延迟加载(Deferred Execution)机制,只有在需要查询结果时才会执行实际的查询,从而优化性能。

4. 查询能力

LINQ提供了丰富的查询操作符和方法,可以进行过滤、排序、投影、分组等多种查询操作。

5. 面向对象查询

LINQ是面向对象的,可以对对象进行查询,而不仅限于关系数据库。

6. 查询与代码融合

LINQ查询表达式和代码混合编写,使查询与业务逻辑融为一体,提高了代码的可读性。

7. 适用范围广泛

LINQ不仅适用于关系型数据库,还可以用于集合、XML、对象等多种数据源。

8. 集成性

LINQ与.NET语言(如C#)紧密集成,无须额外学习新的查询语言。

9. 支持扩展

可以通过自定义扩展方法来为LINQ添加自定义查询操作。

8.1.3 LINQ的体系结构

微软公司为了针对不同数据源、不同数据格式提供一个统一的处理方式,在.NET Framework中引入了LINQ技术。有了LINQ技术,不管何种数据格式都可以用一个统一的、一致的查询语言开发不同的应用。

LINQ的体系结构分为四层:第一层是各种不同的数据源;第二层是LINQ为不同的数据源提供的程序;第三层是LINQ的构建部分,将客户端的查询转换为基于不同数据源提供程序所需要的格式;第四层为编程语言,该层为语言层面,是程序员接触的操作层,使用一致的LINQ查询语言,实现对数据的一致操作。如图8-1所示。

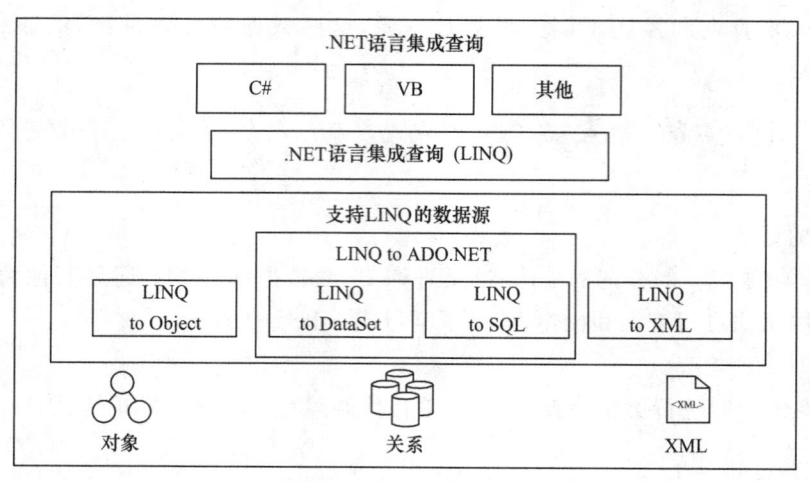

图 8-1 LINQ 的体系结构

8.1.4 LINQ 提供的程序

LINQ 提供的程序具体分为 LINQ to Object、LINQ to DataSet、LINQ to SQL、LINQ to XML。

(1)LINQ to Object:可以查询 IEnumberable 或 IEnumberable<T>类型集合,即查询任何可枚举的集合,如数组(Array 和 ArrayList)、泛型列表(List<T>、字典(Dictionnary)<T>),以及用户自定义的集合。

(2)LINQ to DataSet:可以查询和处理 DataSet 对象中的数据,并对这些数据进行检索、过滤和排序等操作。

(3)LINQ to SQL:可以查询和处理各种关系数据库的数据,实现记录的添加、数据修改、查询数据、删除记录等。

(4)LINQ to XML:提供程序查询和处理 XML 结构的数据,这些数据可以包括 XML 文档、XML 数据片段、XML 格式的字符串等。

8.2 LINQ 查询语法

使用 LINQ 编写查询时有两种语法可供选择:查询表达式语法和方法语法。

8.2.1 查询表达式语法

LINQ 查询表达式编写查询,必须以 from 子句开头,以 select 或 group 子句结束。LINQ 常用的子句如下:

(1)from 字句:用于指定数据源和范围变量。
(2)where:用于过滤数据。
(3)orderby:用于排序数据。
(4)select:用于投影数据,选择要返回的数据部分。

(5) group：用于分组数据。
(6) join：用于连接两个数据源。
(7) into：用于将一个查询的结果引入另一个查询。

下面是一个使用查询表达式语法的示例，从一个整数列表中选择偶数并按升序排序。

```
var numbers = new List<int> { 1, 2, 3, 4, 5, 6, 7, 8, 9, 10 };
var query = from num in numbers
            where num % 2 == 0
            orderby num ascending
            select num;
```

第 1 条语句创建了一个泛型类列表 numbers，它包含了 10 个整数；第 2 条语句是 LINQ 查询表达式，它有点像反向的 SQL 语句。上述查询实现了整数列表中选择偶数并按升序排序。

8.2.2 方法语法

.NET 公共语言运行库（CLR）并不具有 LINQ 查询表达式语法的概念，所以编译器会在程序编译时把 LINQ 查询表达式转换为调用 System.Linq.Enumerable 类的方法。方法语法就是利用 System.Linq.Enumerable 类中定义的扩展方法和 Lambda 表达式方式进行查询。

LINQ 常用的方法如下：
(1) Where()：用于过滤数据。
(2) OrderBy() / OrderByDescending()：用于排序数据。
(3) Select()：用于投影数据。
(4) GroupBy()：用于分组数据。
(5) Join()：用于连接两个数据源。
(6) ToList() / ToArray()：将查询结果转换为列表或数组。
(7) Count()：返回元素数量。
(8) First() / FirstOrDefault()：返回第一个元素。

下面是一个使用方法语法的示例，从一个字符串列表中选择长度大于 3 的字符串并按长度升序排序。

```
var strings = new List<string> { "apple", "banana", "grape", "orange", "kiwi" };
var query = strings
    .Where(str => str.Length > 3)
    .OrderBy(str => str.Length)
    .ToList();
```

第 1 条语句创建了一个泛型类列表 strings，它包含了 5 个字符串；第 2 条语句就是方法语法格式实现了从一个字符串列表中选择长度大于 3 的字符串并按长度升序排序。使用方法语法查询在 Where 和 OrderBy 方法中允许使用 Lambda 表达式，Where 方法中的 Lambda 表达式用于过滤数据，只返回长度大于 3 的字符串，OrderBy 方法中的 Lambda 表达式用于指定按长度升序排序。

8.3 LINQ to SQL 的使用

LINQ 技术中使用最频繁的是 LINQ to SQL，它提供了关系数据库对象到编程语言表示对象的映射，将数据库中的表映射为类，也就是说，在 LINQ 中对数据库的操作都变成了对类的操作。数据库到 LINQ 的映射见表 8-1。

表 8-1　　　　　　　　　　　　数据库到 LINQ 的映射

LINQ to SQL 对象模型	关系数据库对象
DataContent	数据库
实体类	表
类成员	列
关联	外键关系
方法	存储过程或函数

8.3.1 建立实体类

使用 LINQ to SQL 时，需要首先建立用于映射数据库对象的模型，也就是实体类。在运行时，LINQ to SQL 根据 LINQ 表达式或查询运算符生成 SQL 语句，发送到数据库进行操作。数据库返回后，LINQ to SQL 负责将结果转换成实体类对象。

建立实体类的方法有很多，例如 LINQ to SQL 设计器、手动编码建立、使用 XML 文件映射、使用命令行工具 SqlMetal 生成等，其中最方便的就是 LINQ to SQL 设计器。

【案例 8-1】　使用 LINQ to SQL 设计器建立实体类。

（1）新建一个空网站，网站名称为 ch08。

（2）在资源管理器中右击 ch08 网站，在弹出的快捷菜单中依次单击"添加新项"，在弹出的对话框中选择"LINQ to SQL 类"模板，设置名称为"Student.dbml"，然后单击"添加"按钮，提示是否将 LINQ to SQL 类创建在 App_code 文件夹下时，单击"是"按钮。

（3）选择"视图"→"服务器资源管理器"菜单，打开"服务资源管理器"面板。在该面板中右击"数据连接"，在弹出的快捷中选择"添加连接"菜单，添加"student"数据库连接。

（4）在"服务器资源管理器"面板中，选择数据表"studentinfo"，并将该表拖动到 LINQ to SQL 类设计器中，就会创建一个实体类，结果如图 8-2 所示。

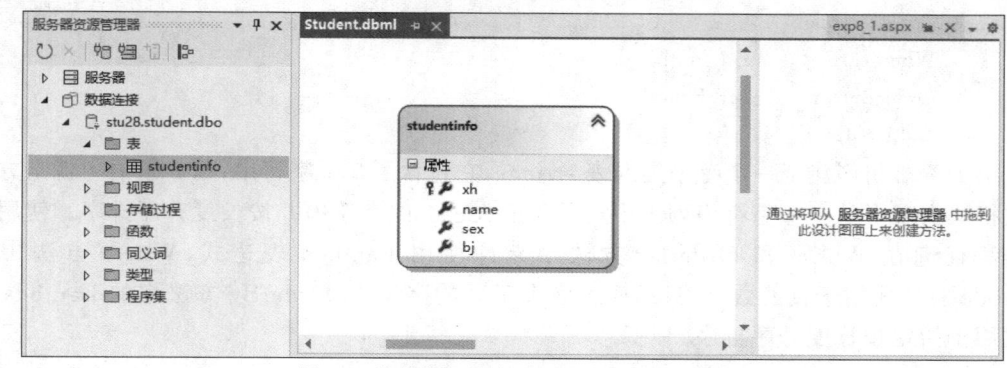

图 8-2　拖放数据表到 LINQ to SQL 类设计器

(5)在"服务器资源管理器"面板中,展开"Student.dbml"文件,双击 DataClasses.designer.cs 文件,可以看到系统自动生成了一组类和方法。

在 DataClasses.designer.cs 中,系统自动生成一个名为"StudentDataContext"的 DataContext 类型的类,它是负责实现所有数据库读写操作的数据上下文类,拖动到 LINQ to SQL 类设计器中的 studentinfo 表,系统会自动创建一个名字为"studentinfo"的新类,该类是作为 StudentDataContext 类中的一个属性。

8.3.2 DataContext 对象

DataContext(数据上下文)类是 System.Data.Linq 命名空间下的重要类型。DataContext 作为 LINQ to SQL 框架的主入口点,为用户提供了一些方法和属性,用于把查询句法翻译成 SQL 语句,将数据从数据库返回给调用方及把实体的修改写入数据库。

DataContext 提供了如下使用功能:

(1)创建和删除数据库,数据库验证及数据库更改。

(2)以日志形式记录 DataContext 生成的 SQL。

(3)执行 SQL(包括查询和更新语句)。

为了使用 DataContext 对象,首先需要调用构造函数来创建一个 DataContext 对象实例,该对象的重载构造函数可以传递一个 SqlConnection 对象,也可以传递一个连接字符串。使用 DataContext 对象到 student 数据库的连接,代码如下:

```
Connstr="Data Source=.;Initial Catalog=student;Integrated Security=True";
DataContext dc=new DataContext(connstr);//创建一个 DataContext 对象
```

8.3.3 操作数据

1. LINQ 数据添加

LINQ 向数据库表新增记录要先建立一个对象,并将增加的数据以属性值的方式进行设置,然后在添加。实际操作步骤及对应语句如下:

(1)建立对象,如 studentinfo stuinfo = new studentinfo()。

(2)将预添加的数据设置为对象的属性值。如 stuinfo.xh = "001"。

(3)建立 DataContext 对象,连接到数据库,如 StudentDataContext db = new StudentDataContext()。

(4)调用 DataContext 对象的 InsertOnSubmit 方法添加数据,如 db.studentinfo.InsertOnSubmit(stuinfo)。

(5)调用 DataContext 对象的 SubmitChanges 方法写入数据,如 db.SubmitChanges()。

【案例 8-2】 LINQ 数据添加操作。

(1)创建页面 exp8-1.aspx,在页面中添加五个 Label 控件、四个 Textbox 控件和一个 Button 控件,代码如下:

```
<form id="form1" runat="server">
    <div>
        <asp:Label ID="Label1" runat="server" Text="学号:"></asp:Label>
        <asp:TextBox ID="xh" runat="server"></asp:TextBox>
        <br>
```

```
            <asp:Label ID="Label2" runat="server" Text="姓名:"></asp:Label>
            <asp:TextBox ID="xm" runat="server"></asp:TextBox>
            <br/>
            <asp:Label ID="Label3" runat="server" Text="性别:"></asp:Label>
            <asp:TextBox ID="xb" runat="server"></asp:TextBox>
            <br/>
            <asp:Label ID="Label4" runat="server" Text="班级:"></asp:Label>
            <asp:TextBox ID="bj" runat="server"></asp:TextBox>
            <br/>
            <asp:Button ID="Button1" runat="server" onclick="Button1_Click" Text="添加数据" />
            <br/>
            <asp:Label ID="lbprompt" runat="server"></asp:Label>
        </div>
</form>
```

(2) 在 exp8-1.aspx.cs 中添加"添加数据"按钮的 Click 事件,代码如下:

```
protected void Button1_Click(object sender, EventArgs e)
    {string constr="Data Source=.;Initial Catalog=student;Integrated Security=True";
        StudentDataContext db = new StudentDataContext(constr);
        studentinfo stuinfo = new studentinfo();
        stuinfo.xh = xh.Text;
        stuinfo.name = xm.Text;
        stuinfo.sex = xb.Text;
        stuinfo.bj = bj.Text;
        db.studentinfo.InsertOnSubmit(stuinfo);
        db.SubmitChanges();
        lbprompt.Text = "数据添加成功";
    }
```

(3) 运行 exp8-1.aspx 页面,输入数据后,单击"添加数据"按钮,效果如图 8-3 所示。

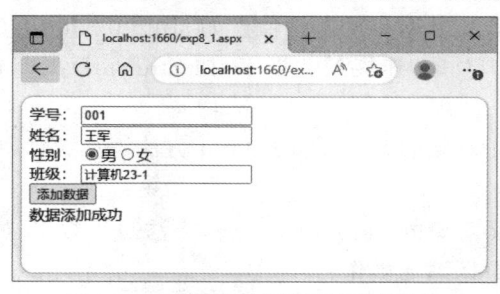

图 8-3 单击"添加数据"按钮的运行效果

2. LINQ 数据修改

LINQ 数据修改操作步骤如下:

(1) 建立 DataContext 对象,连接到数据库,如 StudentDataContext db = new StudentDataContext()。

(2) 调用 FirstOrDefaut() 方法获取要修改的对象,如 studentinfo stuinfo = db.studentinfo.FirstOrDefault(d=>d.xh=="001")。

(3)将预修改的数据设置为对象的属性值。如 stuinfo.xh = "001"。

(4)调用 DataContext 对象的 SubmitChanges 方法写入数据,如 db.SubmitChanges()。

【案例 8-3】 LINQ 数据修改操作。

(1)创建页面 exp8-2.aspx,在页面中添加五个 Label 控件、四个 Textbox 控件和一个 Button 控件,代码如下:

```
<form id="form1" runat="server">
    <div>
        <asp:Label ID="Label1" runat="server" Text="学号:"></asp:Label>
        <asp:TextBox ID="xh" runat="server"></asp:TextBox>
        <br/>
        <asp:Label ID="Label2" runat="server" Text="姓名:"></asp:Label>
        <asp:TextBox ID="xm" runat="server"></asp:TextBox>
        <br/>
        <asp:Label ID="Label3" runat="server" Text="性别:"></asp:Label>
        <asp:TextBox ID="xb" runat="server"></asp:TextBox>
        <br/>
        <asp:Label ID="Label4" runat="server" Text="班级:"></asp:Label>
        <asp:TextBox ID="bj" runat="server"></asp:TextBox>
        <br/>
        <asp:Button ID="Button1" runat="server" onclick="Button1_Click" Text="修改数据"/>
        <br/>
        <asp:Label ID="lbprompt" runat="server"></asp:Label>
    </div>
</form>
```

(2)在 exp8-2.aspx.cs 中添加"修改数据"按钮的 Click 事件,代码如下:

```
string constr = "Data Source=.;Initial Catalog=student;Integrated Security=True";
    StudentDataContext db = new StudentDataContext(constr);
    studentinfo stuinfo = db.studentinfo.FirstOrDefault(d=>d.xh=="001");
    if (stuinfo == null)
        lbprompt.Text = "数据修改失败";
    else
    {
stuinfo.name = xm.Text;
        stuinfo.sex = xb.Text;
        stuinfo.bj = bj.Text;
        db.SubmitChanges();
        lbprompt.Text = "数据修改成功";
    }
```

(3)运行 exp8-2.aspx 页面,输入数据后,单击"修改数据"按钮,效果如图 8-4 所示。

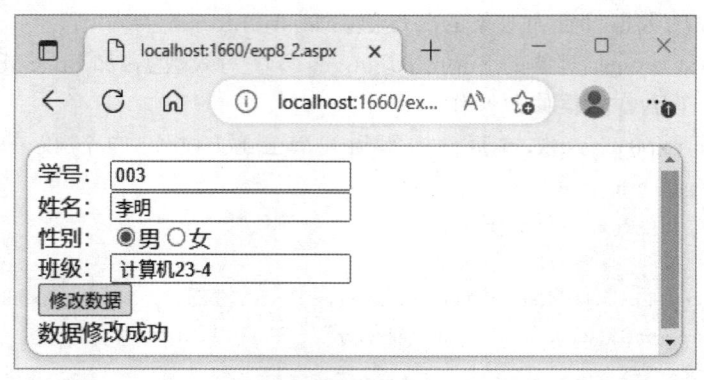

学号：003
姓名：李明
性别：●男 ○女
班级：计算机23-4
[修改数据]
数据修改成功

图 8-4　单击"修改数据"按钮的运行效果

3. LINQ 数据删除

LINQ 数据删除操作步骤如下：

（1）建立 DataContext 对象，连接到数据库，如 StudentDataContext db = new StudentDataContext()。

（2）调用 FirstOrDefaut()方法获取要删除的对象，如 studentinfo stuinfo = db.studentinfo.FirstOrDefault(d=>d.xh=="001")。

（3）调用 DataContext 对象的 DeleteOnSubmit 方法删除数据，如 db.studentinfo.DeleteOnSubmit(stuinfo)。

（4）调用 DataContext 对象的 SubmitChanges 方法写入数据，如 db.SubmitChanges()。

【案例 8-4】 LINQ 数据删除操作。

（1）创建页面 exp8-3.aspx，在页面中添加一个 Label 控件、一个 Textbox 控件和一个 Button 控件，代码如下：

```
<form id="form1" runat="server">
    <div>
        <asp:Label ID="Label1" runat="server" Text="学号："></asp:Label>
        <asp:TextBox ID="xh" runat="server"></asp:TextBox>
        <br/>
        <asp:Button ID="Button1" runat="server" onclick="Button1_Click" Text="删除数据" />
        <br/>
        <asp:Label ID="lbprompt" runat="server"></asp:Label>
    </div>
</form>
```

（2）在 exp8-3.aspx.cs 中添加"删除数据"按钮的 Click 事件，代码如下：

```
string constr = "Data Source=.;Initial Catalog=student;Integrated Security=True";
StudentDataContext db = new StudentDataContext(constr);
studentinfo stuinfo = db.studentinfo.FirstOrDefault(d => d.xh == "001");
if (stuinfo == null)
    lbprompt.Text = "数据删除失败";
```

```
        else
        {
            db.studentinfo.DeleteOnSubmit(stuinfo);
            db.SubmitChanges();
            lbprompt.Text = "数据删除成功";
        }
```

(3)运行 exp8-3.aspx 页面,输入数据后,单击"删除数据"按钮,效果如图 8-5 所示。

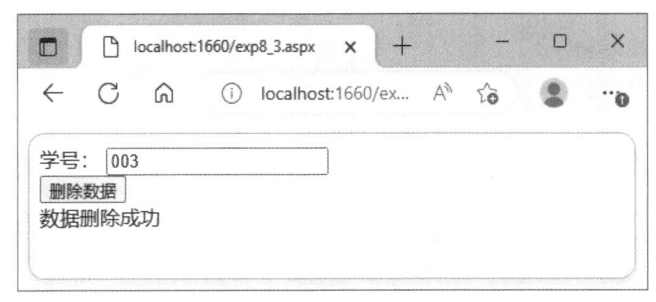

图 8-5　单击"删除数据"按钮的运行效果

8.4　LinqDataSource 控件的使用

　　LinqDataSource 控件提供了将数据控件连接到多种数据源的方法,数据源可以是数据库中的数据、数据源类和内存中的集合。使用 LinqDataSource 控件可以实现数据库的检索、分组、排序、更新、删除、插入等操作。LinqDataSource 数据源控件的使用方法与 SqlDataSource 数据源控件类似,所不同的是 SqlDataSource 默认生成的是 SQL 语句,而 LinqDataSource 默认不出现任何语句,后台处理会使用标准的 LINQ 语句。使用 LinqDataSource 控件可以不用编写 LINQ 代码就可以实现 Linq 的功能。

　　LinqDataSource 控件的使用必须先按上节所述建立实体类,如建立 DataContext 类,然后按以下步骤操作:

　　(1)从工具箱中拖放 LinqDataSource 控件到设计窗口,单击右上角的">"任务按钮,出现 LinqDataSource 任务菜单,如图 8-6 所示。

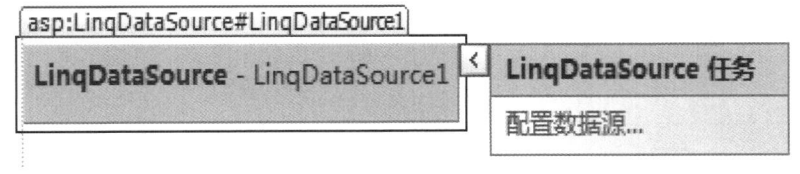

图 8-6　LinqDataSource 任务菜单

　　(2)单击"配置数据源",弹出"选择上下文对象"对话框,如图 8-7 所示。

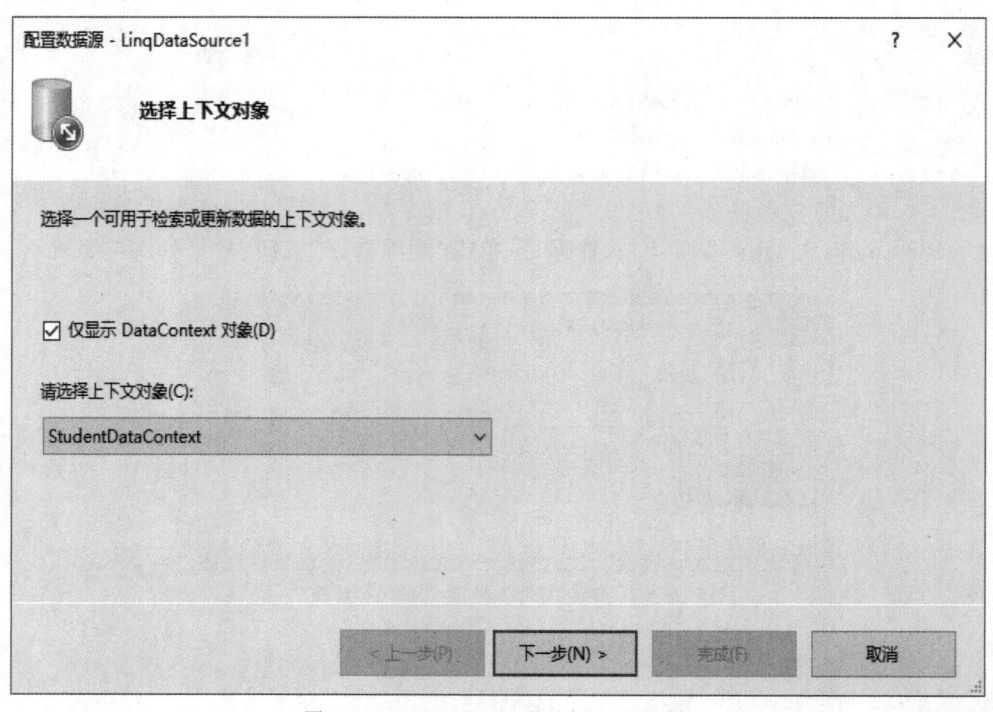

图 8-7　LinqDataSource 的选择上下文对象

（3）配置数据选择，如图 8-8 所示。

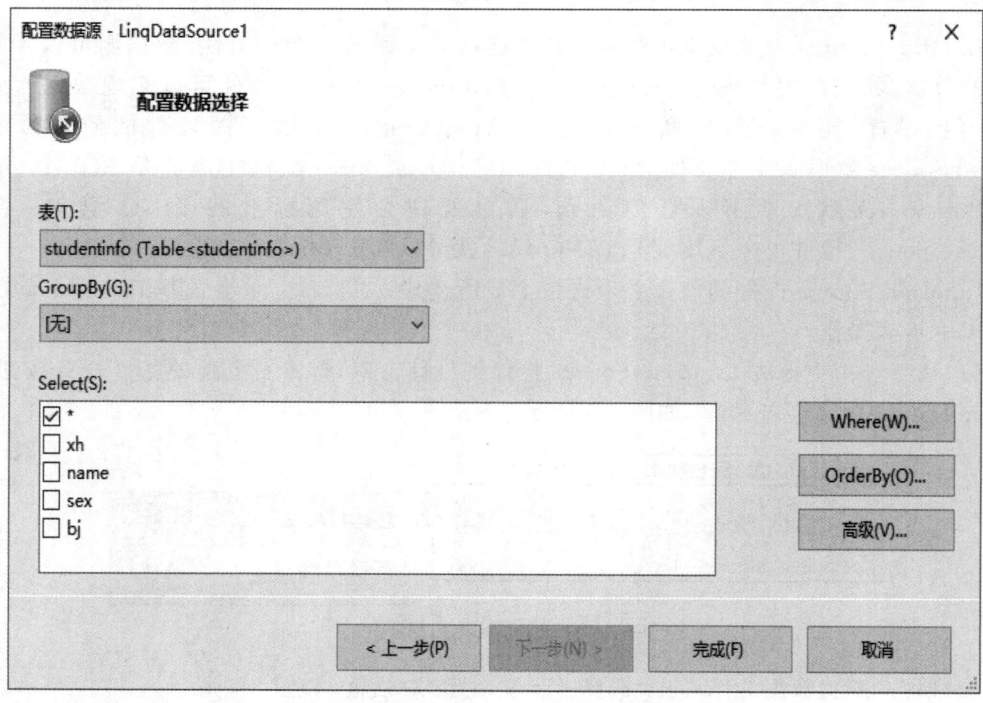

图 8-8　LinqDataSource 的配置数据选择

（4）完成数据源配置后，即可在 GridView、ListView 等控件中进行绑定，以完成对数据库的各项操作。

任务二 使用 LINQ 技术建立一个简单的学生信息管理系统

任务描述

设计如图 8-9 所示的学生信息管理页面，该页面由两部分组成，上方是数据的显示部分，同时具备数据记录选定、排序功能；下方是详细信息显示部分，这一部分具备编辑、删除、新建三项功能。

图 8-9 学生信息管理页面

任务实施

(1) 在"ch08"网站项目中添加 tast8-1.aspx 页面。

(2) 按照图 8-9 所示，添加两个 LinqDataSource 控件、一个 Label 控件、一个 GridView 控件、一个 DetailsView 控件，页面代码如下：

```
<form id="form1" runat="server">
<div>
<table>
<tr>
<td align="center" colspan="2">
<asp:Label ID="Label1" runat="server" Text="学生信息管理系统"></asp:Label>
</td>
```

```
</tr>
<tr>
<td align="center" colspan="2">
<asp:GridView ID="GridView1" runat="server" CellPadding="4" ForeColor="#333333"
        GridLines="None" Height="16px" Width="434px" AutoGenerateColumns="False"
        DataKeyNames="xh" DataSourceID="LinqDataSource1" AllowPaging="True"
        AllowSorting="True">
<AlternatingRowStyle BackColor="White" />
<Columns>
<asp:CommandField ShowSelectButton="True" />
<asp:BoundField DataField="xh" HeaderText="学号" ReadOnly="True"
        SortExpression="xh" />
<asp:BoundField DataField="name" HeaderText="姓名" SortExpression="name" />
<asp:BoundField DataField="sex" HeaderText="性别" SortExpression="sex" />
<asp:BoundField DataField="bj" HeaderText="班级" SortExpression="bj" />
</Columns>
<EditRowStyle BackColor="#2461BF" />
<FooterStyle BackColor="#507CD1" Font-Bold="True" ForeColor="White" />
<HeaderStyle BackColor="#507CD1" Font-Bold="True" ForeColor="White" />
<PagerStyle BackColor="#2461BF" ForeColor="White" HorizontalAlign="Center" />
<RowStyle BackColor="#EFF3FB" />
<SelectedRowStyle BackColor="#D1DDF1" Font-Bold="True" ForeColor="#333333" />
<SortedAscendingCellStyle BackColor="#F5F7FB" />
<SortedAscendingHeaderStyle BackColor="#6D95E1" />
<SortedDescendingCellStyle BackColor="#E9EBEF" />
<SortedDescendingHeaderStyle BackColor="#4870BE" />
</asp:GridView>
</td>
</tr>
<tr>
<td align="center" colspan="2">
 </td>
</tr>
<tr>
<td align="center" colspan="2">
<asp:DetailsView ID="DetailsView1" runat="server" AutoGenerateRows="False"
        CellPadding="4" DataKeyNames="xh" DataSourceID="LinqDataSource2"
        ForeColor="#333333" GridLines="None" Height="50px" Width="427px"
        onitemdeleted="DetailsView1_ItemDeleted"
        oniteminserted="DetailsView1_ItemInserted"
        onitemupdated="DetailsView1_ItemUpdated">
<AlternatingRowStyle BackColor="White" />
```

```
<CommandRowStyle BackColor="#D1DDF1" Font-Bold="True" />
<EditRowStyle BackColor="#2461BF" />
<FieldHeaderStyle BackColor="#DEE8F5" Font-Bold="True" />
<Fields>
<asp:BoundField DataField="xh" HeaderText="学号" ReadOnly="True"
                SortExpression="xh">
<HeaderStyle HorizontalAlign="Center" />
<ItemStyle HorizontalAlign="Center" />
</asp:BoundField>
<asp:BoundField DataField="name" HeaderText="姓名" SortExpression="name">
<HeaderStyle HorizontalAlign="Center" />
<ItemStyle HorizontalAlign="Center" />
</asp:BoundField>
<asp:BoundField DataField="sex" HeaderText="性别" SortExpression="sex">
<HeaderStyle HorizontalAlign="Center" />
<ItemStyle HorizontalAlign="Center" />
</asp:BoundField>
<asp:BoundField DataField="bj" HeaderText="班级" SortExpression="bj">
<HeaderStyle HorizontalAlign="Center" />
<ItemStyle HorizontalAlign="Center" />
</asp:BoundField>
<asp:CommandField ShowDeleteButton="True" ShowEditButton="True"
                ShowInsertButton="True">
<ItemStyle HorizontalAlign="Center" />
</asp:CommandField>
</Fields>
<FooterStyle BackColor="#507CD1" Font-Bold="True" ForeColor="White" />
<HeaderStyle BackColor="#507CD1" Font-Bold="True" ForeColor="White" />
<InsertRowStyle HorizontalAlign="Center" />
<PagerStyle BackColor="#2461BF" ForeColor="White" HorizontalAlign="Center" />
<RowStyle BackColor="#EFF3FB" />
</asp:DetailsView>
</td>
</tr>
<tr>
<td>
<asp:LinqDataSource ID="LinqDataSource1" runat="server"
                ContextTypeName="StudentDataContext" EntityTypeName=""
                TableName="studentinfo">
</asp:LinqDataSource>
</td>
<td>
<asp:LinqDataSource ID="LinqDataSource2" runat="server"
```

```
                        ContextTypeName="StudentDataContext" EnableDelete="True" EnableInsert="True"
                        EnableUpdate="True" EntityTypeName="" TableName="studentinfo"
                        Where="xh == @xh">
    <WhereParameters>
    <asp:ControlParameter ControlID="GridView1" Name="xh"
                        PropertyName="SelectedValue" Type="String" />
    </WhereParameters>
    </asp:LinqDataSource>
    </td>
    </tr>
    </table>

    </div>
    </form>
```

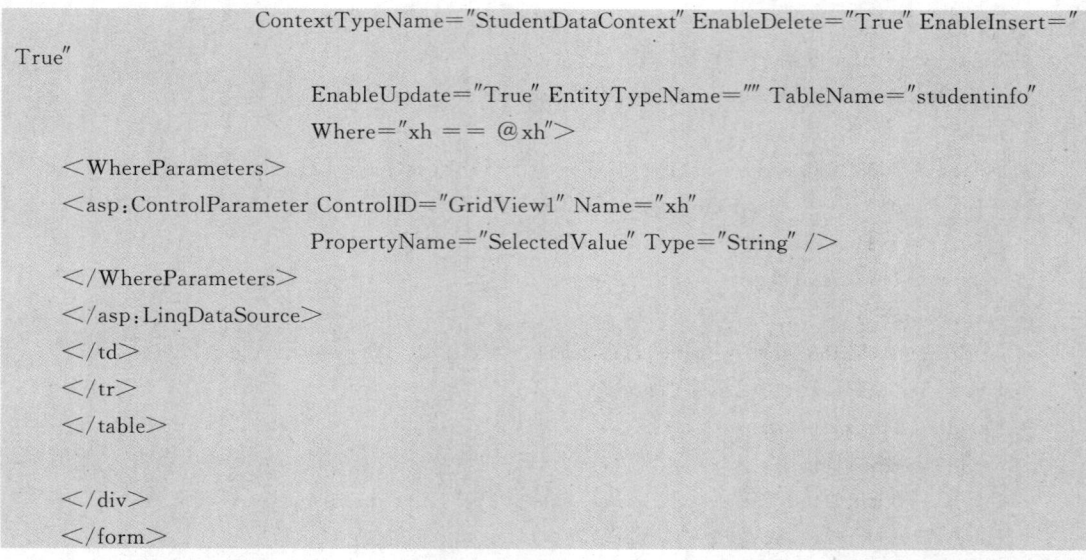

（3）使用 LINQ to SQL 设计器对 student 数据库建立实体类，生成名称为"DataClassesDataContext"的 DataContext 类。

（4）配置第一个 LinqDataSource。单击 LinqDataSource1 右侧的">"任务按钮，出现"LinqDataSource 任务"菜单，单击"配置数据源"菜单项，出现"配置数据源"对话框，在"请选择上下文对象"下拉列表中选择"StudentDataContext"对象，如图 8-10 所示。

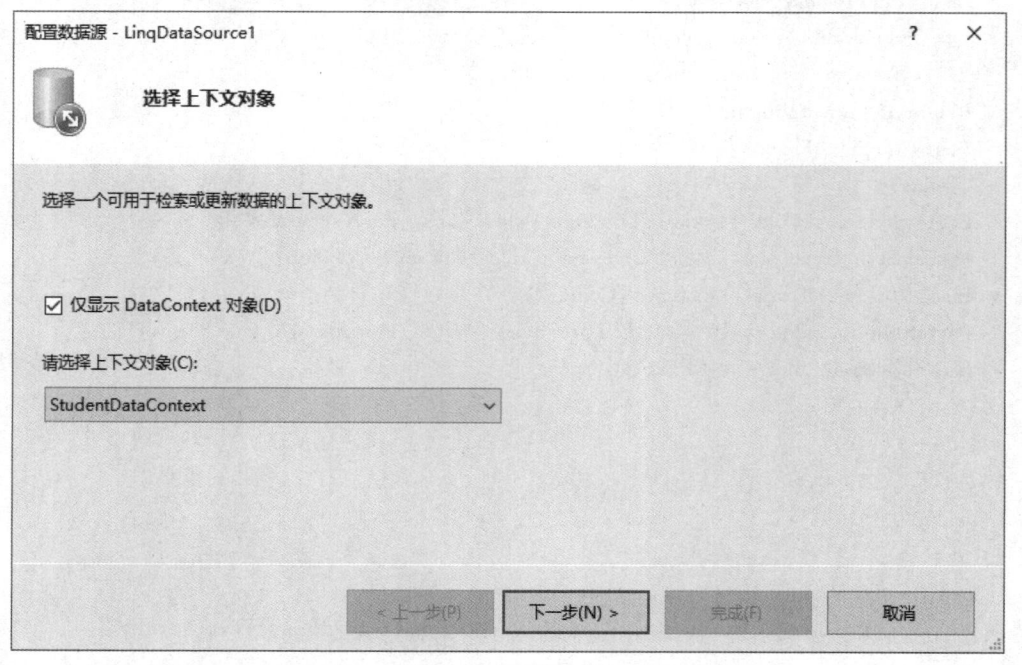

图 8-10　配置数据源

在配置数据源对话框中单击"下一步"按钮，出现"配置数据选择"对话框，在该对话框中选择"studentinfo(Table＜studentinfo＞)"表，并选择所有字段，"＊"代表所有字段，如图 8-11 所示。

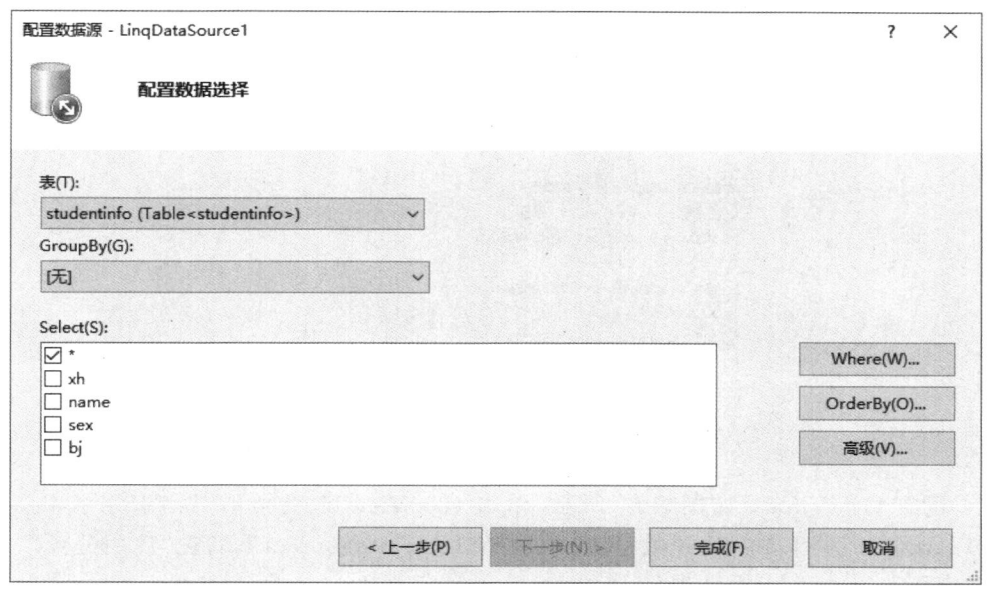

图 8-11 配置数据选择

在图 8-11 中单击"完成"按钮后，第一个 LinqDataSource 配置完成。

(5) 配置第二个 LinqDataSource。单击 LinqDataSource2 右侧的">"任务按钮，出现"LinqDataSource 任务"菜单，单击"配置数据源"菜单项，出现"配置数据源"对话框，在"请选择上下文对象"下拉列表中选择"StudentDataContext"对象，单击"下一步"按钮，出现"配置数据选择"对话框，在该对话框中选择"studentinfo（Table＜studentinfo＞）"表，并选择所有字段，"＊"代表所有字段，如图 8-11 所示。单击"Where"按钮，在弹出的对话框中进行条件设置，如图 8-12 所示。

图 8-12 配置 Where 表达式对话框

在图 8-11 中单击"高级"按钮,弹出"高级选项"对话框。在该对话框中选中三个复选框控件,启用 LinqDataSource 的"自动删除""自动插入""自动更新"功能。选择结果如图 8-13 所示。

图 8-13 高级选项对话框

(6)配置 GridView。如图 8-14 所示,单击 GridView 右上角的">"任务按钮,出现"GridView 任务"菜单,在"选择数据源"中选择"LinqDataSource1",勾选"启用分页""启用排序""启用选定内容"三个选项。

图 8-14 配置 GridView

(7)配置 DetailsView。如图 8-15 所示,单击 DetailsView 右上角的">"任务按钮,出现"DetailsView 任务"菜单,在"选择数据源"中选择"LinqDataSource2",勾选"启用插入""启用编辑""启用删除"三个选项。

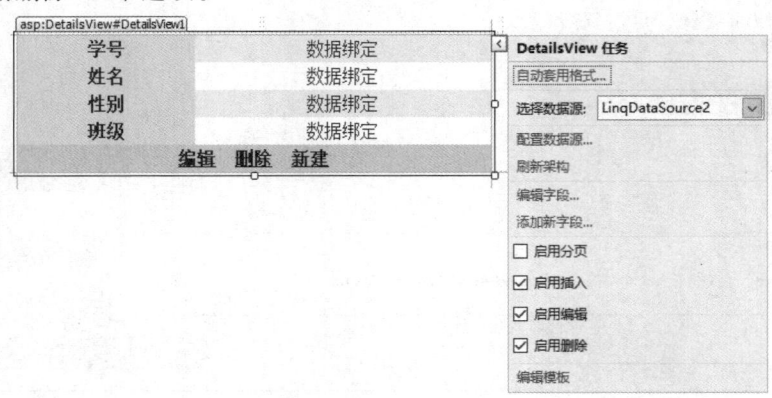

图 8-15 配置 DetailsView

(8)编写后台代码,为 DetailsView 添加 ItemDeleted、ItemUpdated、ItemInserted 事件,事件内只编写一行代码 GridView1.DataBind(),用来在 DetailsView 中进行添加、删除、修改操作后刷新 GridView1 控件的数据显示。具体代码如下:

```
protected void DetailsView1_ItemInserted(object sender, DetailsViewInsertedEventArgs e)
{
    GridView1.DataBind();
}
protected void DetailsView1_ItemUpdated(object sender, DetailsViewUpdatedEventArgs e)
{
    GridView1.DataBind();
}
protected void DetailsView1_ItemDeleted(object sender, DetailsViewDeletedEventArgs e)
{
    GridView1.DataBind();
}
```

本章小结

LINQ(Language Integrated Query)即语言集成查询,是微软公司在.NET Framework 3.5 发布的一项新技术,它的查询操作可以通过编程语言来实现,而不像以往的查询那样需要通过 SQL 语句进行。LINQ 的目标是以一致的方式,直接利用程序语言本身访问各种不同类型的数据。LINQ 提供的程序具体分为 LINQ to Object、LINQ to DataSet、LINQ to SQL、LINQ to XML。使用 LINQ 编写查询时有两种语法可供选择:查询表达式语法和方法语法。查询表达式语法使用类似于 SQL 的语法来编写查询,必须以 from 子句开头,以 select 或 group 字句结束。LINQ to SQL 在使用时要先建立连接数据源,Visual Studio 2022 提供了图形化的 LINQ to SQL 设计器,可以自动完成类的生成操作。LINQ 还提供了 LinqDataSource 控件,使用该控件几乎不同编写代码就可以轻松使用 LINQ 的强大功能。

习 题

一、单选题

❶ LINQ 语句的分组子句是(　　)。
A. Where　　　　B. Select　　　　C. Insert　　　　D. Group

❷ LINQ 中 Join 子句的功能是(　　)。
A. 执行查询后应返回的内容　　　　B. 分组
C. 排序　　　　　　　　　　　　　D. 连接数据源

❸ (　　)是 LINQ to SQL 中心的入口。
A. SqlConnection　　B. DataContext　　C. From　　D. 以上都不对

❹ LINQ 对象的 Deleting 事件的功能是（　　）。
A. 执行删除操作前发生　　　　　　B. 在释放上下文类型对象实例前发生
C. 完成插入操作后发生　　　　　　D. 完成删除操作后发生
❺ LinqDataSource 控件的（　　）属性决定是否支持排序
A. Autopage　　　　　　　　　　B. Autosort
C. EnableInsert　　　　　　　　　D. GroupBy
❻ 采用 LINQ 技术，Visual Studio 对数据库的操作，以下说法不正确的是（　　）。
A. 不需要 SQL 语句即可完成数据库的操作
B. LINQ 技术使 Visual Studio 拥有了自己的操作数据库功能
C. LINQ 技术不能操作 XML 数据
D. 采用 LINQ 技术，代码更短小精悍
❼ LINQ 技术与 ASP.NET 语言的关系是（　　）。
A. LINQ 是 ASP.NET 的组成部分　　B. LINQ 不是 ASP.NET 的组成部分
C. LINQ 与 ASP.NET 无关　　　　　D. LINQ 技术独立于 ASP.NET 之外
❽ LINQ 可以查询和处理 XML 结构的数据，这些数据不能包括（　　）。
A. XML 文档　　　　　　　　　　B. XML 数据片段
C. XML 格式的字符串　　　　　　D. HTML 到 XML 的转换
❾ 完成对象的创建后，数据库中的每张表都将变成一个（　　）。
A. 类　　　　B. 对象　　　　C. 方法　　　　D. 类成员
❿ LINQ 技术结构中的第二层是（　　）。
A. 编程语言　　　　　　　　　　B. LINQ 构建模块
C. 为不同的数据源提供的程序　　　D. 数据库

二、填空题

❶ LINQ 是英文 Language-Integrated Query 的缩写，即_____。
❷ LINQ 的数据检索语句由_____开始，以_____或者_____子句结尾的若干子句组成。
❸ LINQ 具体分为 LINQ to _____、LINQ to _____、LINQ to _____、LINQ to _____。
❹ LINQ to SQL 操作的第一步是创建对象，建立_____类，从而实现连接数据源这一目的，其实质是将数据库映射到_____。
❺ LINQ 数据的删除操作使用_____方法完成。
❻ LINQ 数据更新语句调用_____方法。
❼ _____是 LINQ to SQL 中心的入口，是连接到数据库、从中检索对象及将更改提交回数据库的主要渠道。
❽ LinqDataSource 控件的 Autopage 属性的主要功能是_____。
❾ LINQ 语言中用于对检索到的数据进行分组的属性是_____。
❿ 执行查询功能是由_____语句完成。
⓫ LINQ 的目标是以_____的方式，直接利用_____访问各种不同类型的数据。
⓬ SQL 语句 SELECT * FROM studentinfo 用于显示所有学生记录，如改为 LINQ

语句应该写为_____。

⑬ 关系数据模型中的表映射到数据库时与_____对应。

三、判断题

❶ LINQ 的诞生使 ASP.NET 操作数据库可以抛开 SQL 语句。( )

❷ LINQ 最大亮点是将查询操作集成到开发环境中,成为开发语言的一部分,可以利用.NET 强大的类库,实现所有的操作。( )

❸ LINQ to SQL 创建对象后数据库中的每张表都变成一个类。( )

❹ LINQ 不能对数据库进行更新操作。( )

❺ OrderBy 的主要功能是用于对检索到的数据进行分组。( )

❻ 可以把 DataContext 对象看作是 ADO.NET 的 SqlConnection 对象。( )

❼ LINQ 对数据库进行的所有操作,实质是数据一直保存在用户自己的计算机中。( )

❽ 使用 LinqDataSource 控件,可以实现对数据库的检索、分组、排序、更新、删除、插入操作。( )

❾ LINQ to SQL 操作的第一步是编写 SQL 语句。( )

四、问答题

❶ 简述 LINQ 的特点。

❷ 简述 LINQ 查询表达式的常用字句及其功能。

❸ 简述 LINQ 常用的方法及其功能。

❹ 简述数据库中各元素到 LINQ 的映射。

❺ 简述 DataContext(数据上下文)对象的功能。

❻ 简述建立实体类的方法有哪些。

❼ 简述 LINQ 数据添加的操作步骤。

第 9 章 系统架构设计概述

学习目标

- 理解系统架构设计的概念
- 理解系统架构设计的原则
- 理解三层架构
- 理解 MVC 开发模式

相关知识点

- 系统架构设计的概念
- 三层架构
- MVC 开发模式

9.1 系统架构设计

随着发展，一个网站的系统功能会越来越多，整个网站的系统逐渐碎片化，如果不采取有效措施，系统就会越来越无序，最终无法维护和扩展。因此，网站的系统在一段时间的生长后，就需要及时干预，避免越来越无序。

系统架构是指在设计和开发一个软件系统时所做的一系列决策和规划，以确保系统的各个部分能够协同工作、互相配合，并实现系统的目标和需求。系统架构的设计需要考虑不同的功能模块和组件，以及它们之间的相互作用和协调，还需要考虑一些关键方面，如安全性、性能、可扩展性和可靠性。系统架构设计的本质就是对系统进行有序化重构，使系统不断进化。系统架构设计就像是一个房子的设计蓝图，它决定了系统的整体结构和组织方式，确保系统各个部分之间的协调运作，并实现系统的目标和需求。通过良好的系统架构，可以提高系统的性能、稳定性和可维护性,同时为未来的扩展和演进提供了基础。

高内聚低耦合是分布式系统架构设计的重要原则,它们是相互依存的概念,互相补充和支持,共同确保系统的稳定性、可维护性和可扩展性。高内聚是指系统的每层均有统一的功能,将功能模块形成一个紧密耦合的单元,该单元内部的各个部分相互依赖,协同完成一定的功能。高内聚的模块在本层内部紧密配合,对外不公开,且对外层的影响和干扰相对较小,能够提高系统的可靠性和可维护性,减少系统出现故障的概率。低耦合是指系统各层之间相互独立,彼此之间的耦合度很低,每层之间的关联程度尽量小。低耦合能够提高系统的灵活性和可扩展性,降低系统中某层发生变化对其他层造成的影响,从而减少系统维护和扩展的难度。

9.2 三层架构概述

ASP.NET 网站的系统架构设计遵循了一种分层架构模式,即将整个应用程序划分为多个独立的层,每个层都有特定的功能和责任。应用最广泛的分层架构是三层架构,也是一种标准模式的模块划分方法。

1. 三层架构的构成

三层架构是将应用程序的逻辑和功能划分为表示层(User Interface Layer,UIL)、业务逻辑层(Business Logic Layer,BLL)和数据访问层(Data Access Layer,DAL)。

(1)表示层:是应用程序与用户进行交互的界面,通常是 Web 界面、Web API 或一个桌面应用程序。在 ASP.NET 中,表示层可以由 Web Forms、MVC 视图或 Web API 等组成。表示层负责处理用户输入、展示数据和接收用户请求,并将其传递给业务逻辑层进行处理。

(2)业务逻辑层:是应用程序的核心部分,负责协调数据访问层和表示层之间的交互,处理应用程序的业务逻辑和规则。它独立于具体的用户界面和数据存储方式,提供了对应用程序的核心功能进行封装和处理的逻辑。业务逻辑层通常包括验证逻辑、业务规则、数据转换和处理等。

(3)数据访问层:负责与数据存储(如数据库或其他数据源)进行交互,包括数据的读取、写入和更新等操作,以获取和存储应用程序的数据,通常使用数据库访问技术(如 ADO.NET)来实现。数据访问层提供了对数据库的访问和操作方法,封装了与数据库的交互细节,并提供了数据的持久性和一致性。

实体层(Model)是标准和规范,包含了与数据库表相对应的实体类,作为数据容器贯穿各层之间,用于传递数据。实体类是通过表示层的需求来定义的,如果开发过程中实体层改变了,而界面没变,开发者就只需要修改实体层,而无须修改表示层。

三层架构的各层之间的关系,如图 9-1 所示。各层之间相互依赖,表示层依赖于业务逻辑层,业务逻辑层依赖于数据访问层,表示层不能直接调用数据访问层。数据通过实体层传递,表示层、业务逻辑层、数据访问层都会调用实体层。

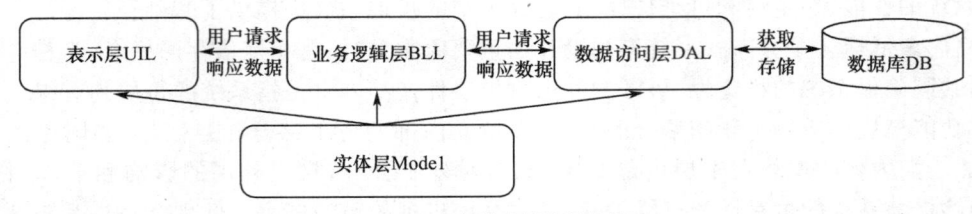

```
表示层UIL  ←用户请求/响应数据→  业务逻辑层BLL  ←用户请求/响应数据→  数据访问层DAL  ←获取/存储→  数据库DB
                                              ↑
                                          实体层Model
```

图 9-1　三层架构各层之间的关系

2. 三层架构的优、缺点

优点：

(1)测试性。各层的逻辑可以独立进行单元测试，方便开发人员进行测试和调试。

(2)重用性。每层的功能可以独立使用和重用，提高了代码的可重用性和开发效率。

(3)维护性。通过将应用程序的各层分离，使得各层的功能可以独立开发和测试，后期维护时，降低了维护成本和维护时间。

(4)安全性。通过将数据访问层与表示层分离，可以提供更好的数据安全性和防御措施。

(5)可伸缩性。各层的功能可以在需要时进行扩展或修改，方便应对应用程序的变化和调整需求。

缺点：

(1)降低了系统的性能。如果不采用分层式结构，很多业务可以直接访问数据库来获取相应的数据，但现在必须通过中间层来完成，导致系统执行速度不够快。三层架构开发模式，不适用于对执行速度要求过于苛刻的系统，如在线订票、在线炒股等，它比较擅长于商业规则容易变化的系统。

(2)有时会导致级联式修改。各层之间依赖关系是自上而下的，如果在表示层中增加一项功能，为保证其设计符合分层式结构，可能需要在业务逻辑层和数据访问层中都增加相应的代码。

(3)入门难度高，难于理解和学习。对于初学网站开发的程序员来说，以这种模式开发出来的系统，代码量很大，开发者会望之生畏，对开发过程产生反感。

三层架构是一种通用的架构设计模式，一般适用于中大型项目，比较小型的项目一般不建议采用三层架构。

3. 搭建三层架构

ASP.NET 可以使用.NET 平台快速方便地开发和部署三层架构应用程序。表示层通过 Web 窗体来实现，业务层通过数据访问组件和业务逻辑组件来实现。

(1)添加实体层

打开 Visual Studio2022 开发环境，选择"创建新项目"对话框左侧的"空白解决方案"，如图 9-2 所示，单击"下一步"按钮，在"配置新项目"对话框中输入"解决方案名称"和"位置"信息，如图 9-3 所示，单击"创建"按钮，就在"解决方案资源管理器"中新建了一个空白解决方案"WebUserManage"。

图 9-2 "创建新项目"对话框的"空白解决方案"

图 9-3 "配置新项目"对话框

右击解决方案 WebUserManage,选择"添加"选项的"新建项目"命令,在"添加新项目"对话框中选择"类库"选项,如图 9-4 所示,单击"下一步"按钮,在"配置新项目"对话框中输入"项目名称"为"UserModels",如图 9-5 所示,单击"下一步"按钮,在"其他信息"对话框中单击"创建"按钮,完成实体层的搭建。

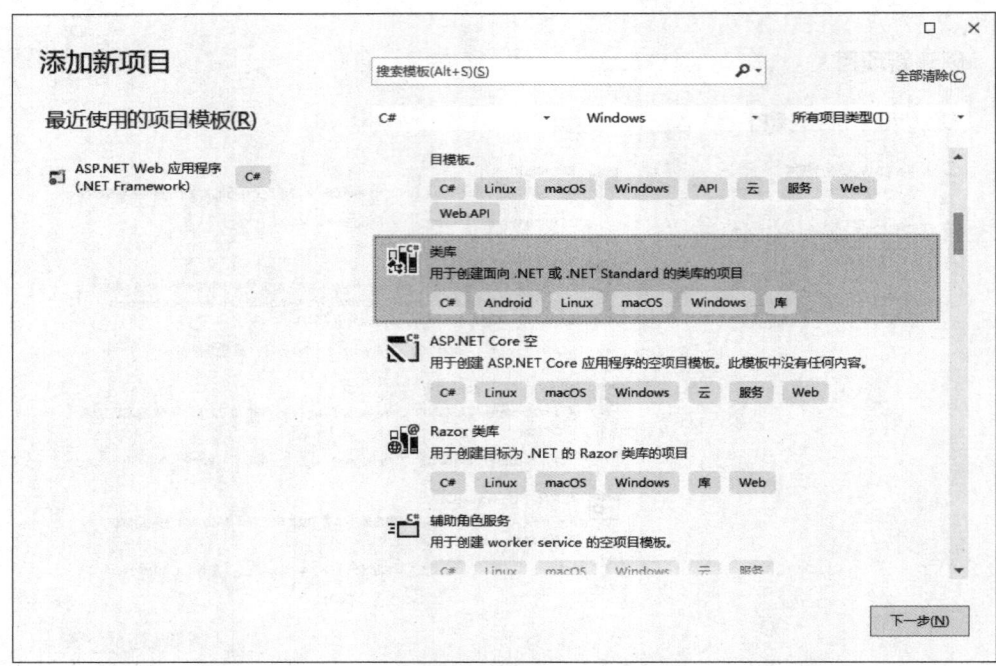

图 9-4 "添加新项目"对话框

图 9-5 类库"配置新项目"对话框

（2）添加数据访问层

右击解决方案 WebUserManage，选择"添加"选项的"新建项目"命令，在"添加新项目"对话框中选择"类库"选项，单击"下一步"按钮，在"配置新项目"对话框中输入"项目名称"为"UserDAL"，单击"下一步"按钮，在"其他信息"对话框中单击"创建"按钮，完成数据访问层的搭建。

（3）添加业务逻辑层

右击解决方案 WebUserManage，选择"添加"选项的"新建项目"命令，在"添加新项目"对话框中选择"类库"选项，单击"下一步"按钮，在"配置新项目"对话框中输入"项目名称"为

"UserBLL",单击"下一步"按钮,在"其他信息"对话框中单击"创建"按钮,完成业务逻辑层的搭建。

(4)添加表示层

右击解决方案 WebUserManage,选择"添加"选项的"新建项目"命令,在"添加新项目"对话框中选择"ASP.NET Web 应用程序(.NET Framework)"选项,如图 9-6 所示。单击"下一步"按钮,在"配置新项目"对话框中输入"项目名称"为"UserWebUI",如图 9-7 所示,单击"创建"按钮,在"创建新的 ASP.NET Web 应用程序"对话框中选择"空"选项,如图 9-8 所示,单击"创建"按钮,完成表示层的搭建。

图 9-6 添加 ASP.NET Web 应用程序

图 9-7 配置 ASP.NET Web 应用程序

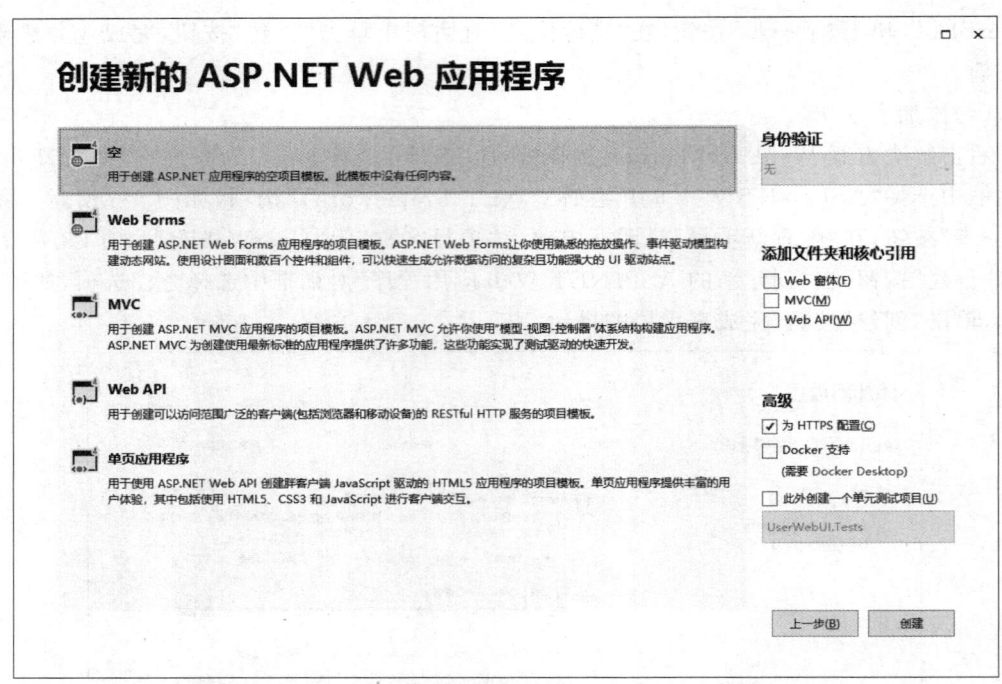

图9-8 "创建新的 ASP.NET Web 应用程序"对话框

三层架构基本框架已经搭建完成,如图9-9所示,每层都是各自独立的,各层之间互相依赖是各层良好协作的关键点。

图9-9 三层架构的初步搭建

(5)添加各层之间的引用关系

实现表示层对业务逻辑层的引用。右击表示层 UserWebUI,选择"添加"选项的"引用"命令,在"引用管理器"对话框中选择"项目"选项卡,选中项目名称 UserBLL,如图9-10所示,单击"确定"按钮。

实现业务逻辑层对数据访问层的引用。右击业务逻辑层 UserBLL,选择"添加"选项的"项目引用"命令,在"引用管理器"对话框中选择"项目"选项卡,选中项目名称 UserDAL,单击"确定"按钮。

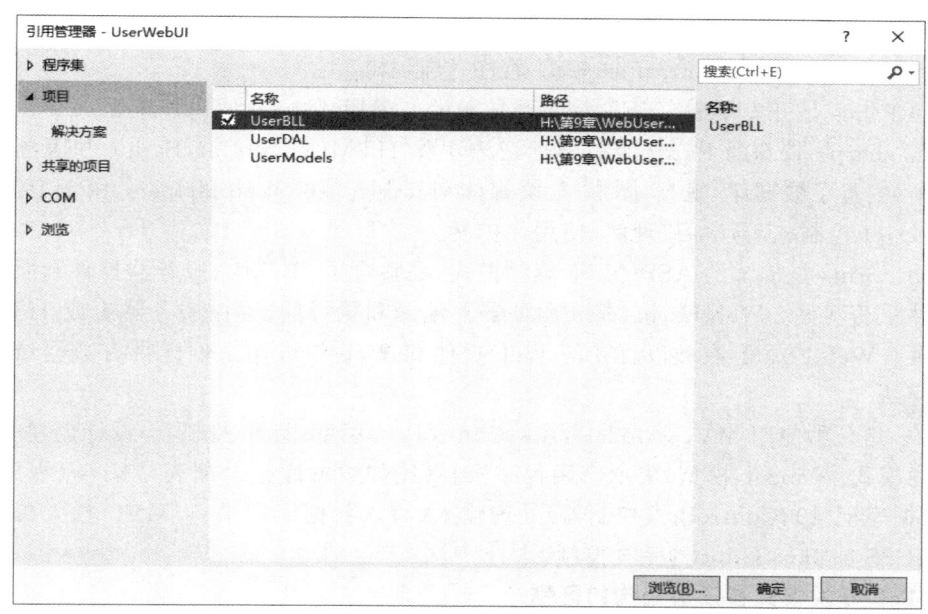

图 9-10 "引用管理器"对话框

实现数据访问层、业务逻辑层、表示层对实体层的引用。操作步骤与前面类似,不再赘述。至此,基于三层架构的系统架构才真正搭建完成,如图 9-11 所示。

图 9-11 搭建完成三层架构

9.3 MVC 模式概述

1. ASP.NET 的开发模式

ASP.NET 是一个使用 HTML、CSS、JavaScript 和服务器脚本创建网页和网站的开发框架。ASP.NET 支持三种不同的开发模式：Web Pages(Web 页面)、Web Forms(Web 窗体)、MVC(Model-View-Controller,模型-视图-控制器)。

Web Pages 是开发 ASP.NET 网页最简单的开发模式之一,使用 VB(Visual Basic)或者 C#(C sharp)较新的 Razor 服务器标记语法将 HTML、CSS、JavaScript 和服务器脚本结合起来,内置了数据库、视频、图形、社交媒体和其他更多的 Web Helpers,由 HTML、CSS 和 JavaScript 控制,容易学习、理解、使用和扩展。

Web Forms 是传统的 ASP.NET 编程模式,是整合了 HTML、服务器控件和服务器代码的事件驱动网页。Web Forms 是在服务器上编译和执行的,再由服务器生成 HTML 显示为网页。Web Forms 有数以百计的 Web 控件和 Web 组件用来创建带有数据访问的用户驱动网站。

MVC 是一种使用 MVC(Model-View-Controller,模型-视图-控制器)设计创建 Web 应用程序的模式。Model(模型)表示应用程序核心(比如数据库记录列表),View(视图)显示数据(数据库记录),Controller(控制器)处理输入(写入数据库记录)。MVC 模式提供了对 HTML、CSS 和 JavaScript 的完全控制。

2. MVC 开发模式与三层架构的区别

传统的三层架构是基于业务逻辑划分层次的,表示层(UIL)、业务逻辑层(BLL)和数据访问层(DAL)这三层都会用到实体层(Model)。MVC 模式是三层架构的一个变体,是一种很好的开发模式。MVC 模式也有 Model 层,但是这个 Model 层和三层架构中的 Model 层是不同的。MVC 模式把传统三层架构中的 BLL、DAL 和 Model 的工作统一放到 Model 层。传统三层架构中表示层的功能与 MVC 模式中 View 层的功能类似,但传统三层架构中并未出现 Controller 层。

传统的三层架构和 MVC 模式具有相同的设计理念,就是把视图设计与数据持久化进行分离,从而降低耦合性,易于扩展,提高了团队开发效率。

MVC 模式是.NET 对三层架构的一种实现方式,Model(模型)是应用程序中用于处理应用程序数据逻辑的部分,通常模型对象负责在数据库中存取数据。View(视图)是应用程序中处理数据显示的部分,通常视图是依据模型数据创建的。Controller(控制器)是应用程序中处理用户交互的部分,通常控制器负责从视图读取数据,控制用户输入,并向模型发送数据,如图 9-12 所示。MVC 分层有助于管理复杂的应用程序,可以在不依赖业务逻辑的情况下专注于视图设计,同时也让应用程序的测试更加容易。MVC 分层简化了分组开发,不同的开发人员可同时开发视图、控制器逻辑和业务逻辑。

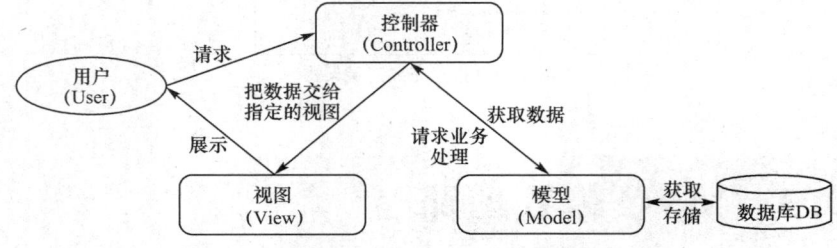

图 9-12 MVC 模式各层间的关系

MVC 开发模式的工作原理:事件导致控制器改变模型或视图,或者同时改变两者,只要控制器改变了模型的数据或者属性,所有由控制器生成的视图都会自动更新;只要控制器

第 9 章　系统架构设计概述

改变了视图,视图会从潜在的模型中获取数据来刷新自己。

3. 创建 MVC 开发模式的应用程序

打开 Visual Studio 2022,选择"创建新项目"命令,在"创建新项目"对话框的列表框中选择"C♯""Windows""Web"选项,然后选择"ASP.NET Web 应用程序(.NET Framework)"选项,如图 9-13 所示。单击"下一步"按钮,打开"配置新项目"对话框,如图 9-14 所示,输入项目名称、位置、解决方案名称,单击"创建"按钮。

图 9-13 "创建新项目"对话框(MVC)

图 9-14 "配置新项目"对话框(MVC)

255

弹出"创建新的 ASP.NET Web 应用程序"对话框,选择"MVC"项目模板,如图 9-15 所示。单击"创建"按钮,完成创建 ASP.NET MVC 项目的操作,如图 9-16 所示。

图 9-15 "创建新的 ASP.NET Web 应用程序"对话框(MVC)

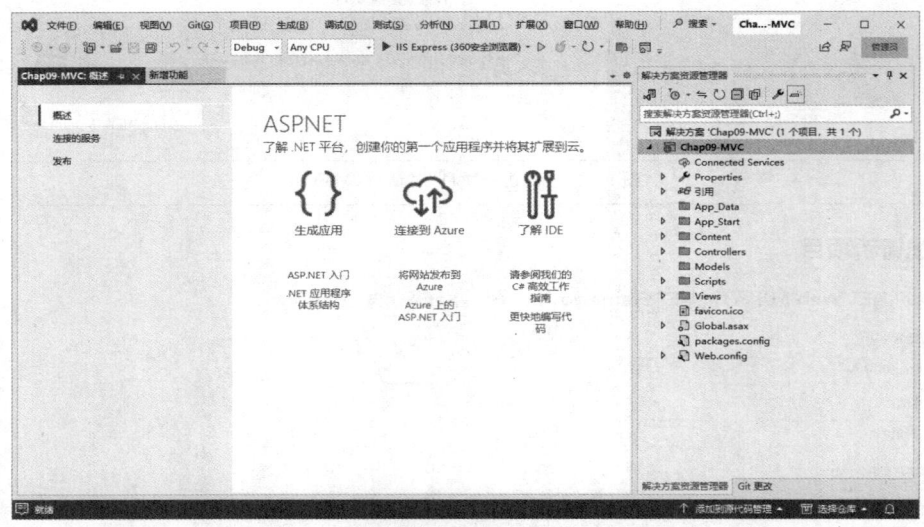

图 9-16 完成创建 ASP.NET MVC 项目

(1)创建控制器

在"解决方案资源管理器"中,右击 Controllers 文件夹,在弹出的快捷菜单中选择"添加"选项中的"控制器"命令,弹出"添加已搭建基架的新项"对话框,如图 9-17 所示。选择"MVC 5 控制器-空"选项,单击"添加"按钮,弹出"添加控制器"对话框,如图 9-18 所示。将控制器命名为"HelloController",控制器名称约定要以 Controller 为后缀,然后单击"添加"按钮,结果如图 9-19 所示。

图 9-17 "添加已搭建基架的新项"对话框

图 9-18 "添加控制器"对话框

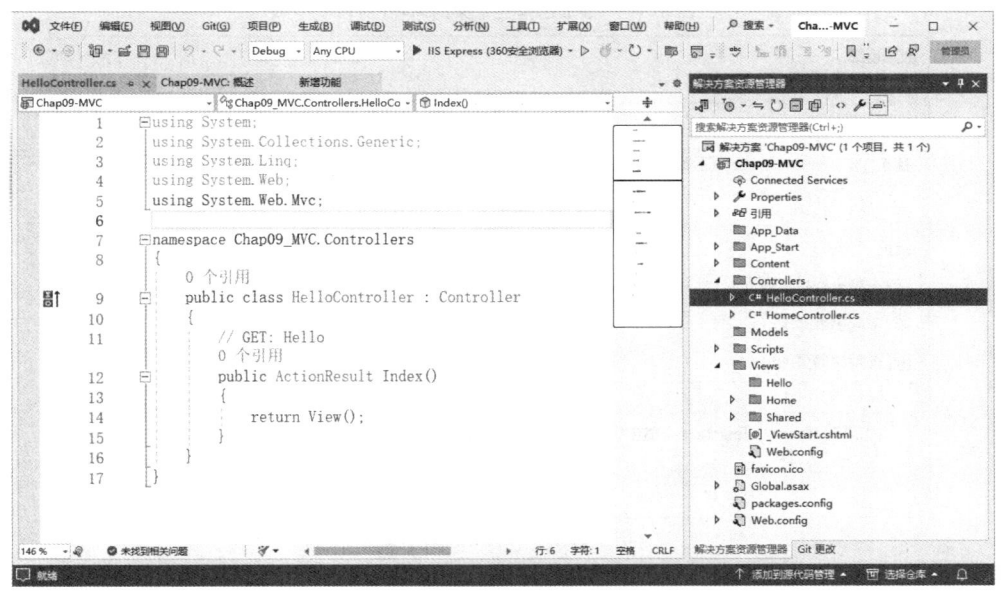

图 9-19 添加控制器 HelloController

在新增的 HelloController.cs 文件中,已经自动生成 Index 方法。添加新方法命名为 MyMethod,代码如下:

```
public ActionResult MyMethod()
{
    ViewBag.Message = "MVC 5 应用程序!";
    ViewBag.Num = 5;
    return View();
}
```

(2) 添加视图

右击 Index() 方法内的任意位置,在弹出的快捷菜单中选择"添加视图"命令,弹出"添加已搭建基架的新项"对话框,如图 9-20 所示。选择"视图"中的"MVC 5 视图",单击"添加"按钮,弹出"添加视图"对话框,如图 9-21 所示,单击"添加"按钮。

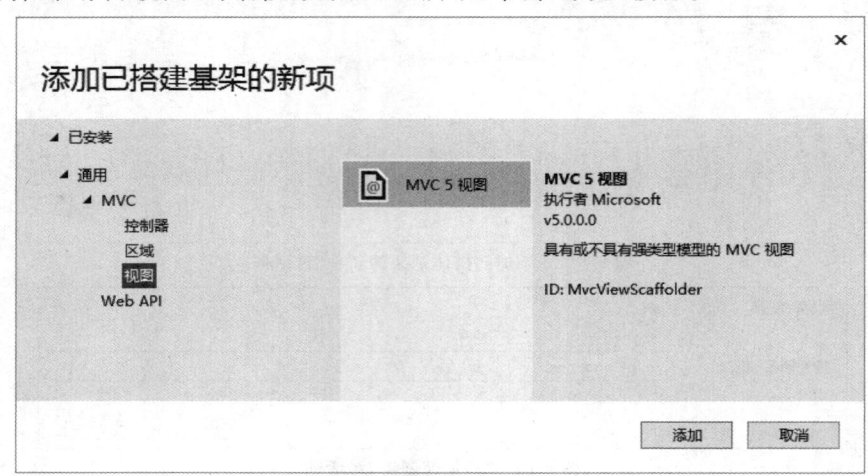

图 9-20 "添加已搭建基架的新项"对话框

图 9-21 "添加视图"对话框

在"解决方案资源管理器"的 Views 文件夹内的 Hello 文件夹,是与 HelloController 类中的方法对应的,添加 Index 视图后,Hello 文件夹中新增了一个 Index.cshtml 文件(.cshtml 是视图文件的扩展名),修改 Index.cshtml 文件的内容,代码如下:

```
@{
    ViewBag.Title = "Index 我的第一个视图";
}
<h2>用 Index 方法创建的视图</h2>
```

运行程序,在浏览器的地址栏中添加"Hello"路径,进入 Index() 方法对应的网页,显示结果如图 9-22 所示。

图 9-22　Index()方法对应的网页

创建视图后,界面的设计灵活很多,但在实际应用中,需要将数据与界面相分离,才能更好地控制业务流程。那么,如何在控制器和视图之间传递数据呢?

在 MyMethod()方法中,数据的内容都添加到 ViewBag 类中,为这个类添加动态变量,可以在视图中调用这些变量,通过这种方法在控制器和视图之间传递数据。为 MyMethod()方法添加视图并修改视图文件的内容,代码如下:

```
@{
    ViewBag.Title = "自定义的第一个方法 MyMethod";
}
<h2>自定义方法 MyMethod</h2>
@for (int i = 0; i < ViewBag.Num; i++)
{
    @ViewBag.Message<br/>
}
```

运行程序,在浏览器的地址栏中添加"Hello/MyMethod"路径,打开 MyMethod()方法对应的网页,显示结果,如图 9-23 所示。

图 9-23　MyMethod()方法对用的网页

(3) 添加模型

在实际应用中,数据并不是在程序内部定义,而是在数据库中定义,那么使用 MVC 访问数据库就需要在应用程序中添加模型类。

右击"解决方案资源管理器"中 Models 文件夹,在弹出的快捷菜单中选择"添加"选项的"类"命令,在"添加新项"对话框中设置类名为"Student.cs",单击"确定"按钮,创建 Student 类,代码如下:

```
public class Student
{
    public int ID { get; set; }
    public int SNo { get; set; }
    public string SName { get; set; }
    public string Sex { get; set; }
    public int Age { get; set; }
}
```

用 Student 类对应数据库中的一个表，定义表的结构后，创建一个数据库类，用创建 Student 类的方法在 Models 文件夹中添加 StudentDb 类，代码如下：

```
public class StudentDb:DbContext
{
    public DbSet<Student> Students { get; set; }
}
```

StudentDb 类的创建需要命名空间"using System. Data. Entity;"的支持，需要安装 EF。EF 即 EntityFramework，是 ADO. NET 中的一套支持开发面向数据的软件应用程序技术，是对 ADO. NET 更高层次的封装。选择"工具"菜单的"NuGet 包管理器"，打开"程序包管理器控制台"，如图 9-24 和图 9-25 所示，在控制台中输入"Install-Package EntityFramework"，自动安装最新版的 EF。

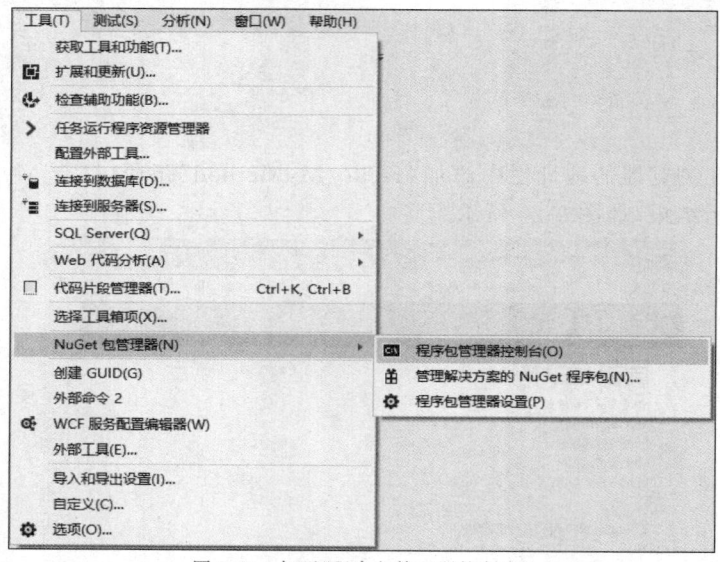

图 9-24　打开"程序包管理器控制台"

图 9-25　"程序包管理器控制台"窗口

StudentDb 类的代码表示数据库中只有一个 Students 表。修改配置文件 Web.config，连接数据库，代码如下：

```
<connectionStrings>
<add name="StudentDb"
    connectionString =" Server =. \; Database = StudentDB; Trusted _ Connection = true"
providerName="System.Data.SqlClient" />
</connectionStrings>
```

运行应用程序后，打开"服务器资源管理器"的"数据连接"，会发现多了一个 StudentDB 数据库，数据库中有 Students 表。使用 SQL Server 为表 Students 添加 2 条记录。

然后，通过控制器来获取模型的数据或者属性，并显示到视图所对应的网页中。为应用程序添加一个 StudentController 控制器，StudentController.cs 文件的代码如下：

```
using Chap09_MVC.Models;
namespace Chap09_MVC.Controllers
{
    public class StudentController : Controller
    {
        StudentDb db = new StudentDb();
        public ActionResult Index()
        {
            var students = db.Students.ToList();
            return View(students);
        }
    }
}
```

为 StudentController 的 Index() 方法添加视图。在"添加视图"对话框中，"模板"选择"List"选项，"模型类"选择 Student(Chap09_MVC.Models)选项，其他选项均为默认即可，如图 9-26 所示。

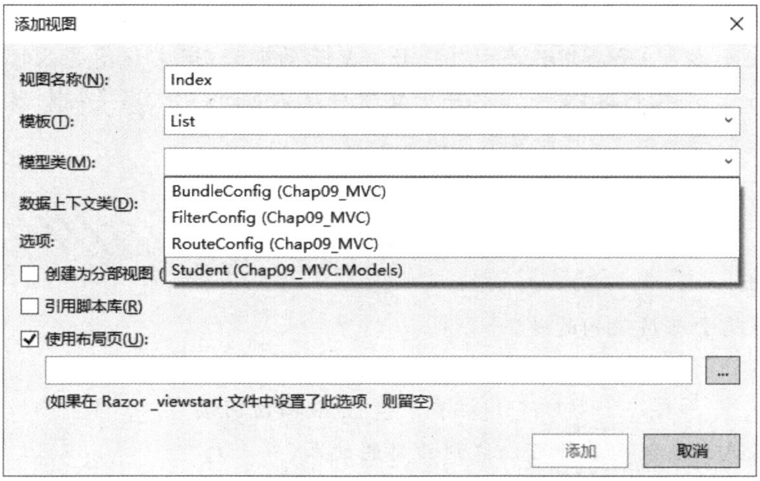

图 9-26　StudentController 的 Index() 方法对应的"添加视图"对话框

运行程序，在浏览器地址栏中添加"Students"地址，浏览网页结果如图 9-27 所示。

图 9-27　显示数据表 Students 中的数据

表的标题是表中的字段名称,数据的访问及页面的显示样式都是自动生成的代码,无须编写任何代码。MVC 开发模式功能强大,大大缩减了程序开发时间。

本章小结

本章主要介绍了三层架构的构成和搭建过程。三层架构就是将整个业务应用划分为表示层、业务逻辑层、数据访问层,创建清晰而独立的分层结构可以使应用程序更易于修改。实体层是三层架构各层之间数据传递的载体,负责保障对数据库的支持和一致性,包含与数据库相对应的实体类。使用实体类更符合面向对象编辑的思想,通常把一个表封装成一个类。各层之间相互依赖,表示层依赖于业务逻辑层,业务逻辑层依赖于数据访问层,表示层不能直接调用数据访问层,表示层、业务逻辑层、数据访问层都依赖实体层。搭建三层架构的顺序,是实体层、数据访问层、业务逻辑层、表示层、添加各层之间的相互依赖。

本单元主要对 MVC 开发模式、工作原理和实现过程进行了基本讲解。Model(模型)是应用程序中用于处理应用程序数据逻辑的部分,通常模型对象负责在数据库中存取数据。View(视图)是应用程序中处理数据显示的部分,通常视图是依据模型数据创建的。Controller(控制器)是应用程序中处理用户交互的部分,通常控制器负责从视图读取数据,控制用户输入,并向模型发送数据。

习题

一、单选题

❶ 以下不属于三层架构的是(　　)。

A. 表示层　　　　　　　　　　　　B. 业务逻辑层

C. 数据库　　　　　　　　　　　　D. 数据访问层

❷ 以下不是三层架构设计可以达到的目的的是(　　)。

A. 集中关注　　　　　　　　　　　B. 松散耦合

C. 逻辑复用　　　　　　　　　　　D. 标准定义

❸ 在三层架构中核心的代码在( )层上设计。
A. 表示层　　　　　　　　　　　B. 业务逻辑层
C. 数据库　　　　　　　　　　　D. 数据访问层
❹ 下列说法不正确的是( )。
A. 数据访问层需要添加实体层的引用
B. 业务逻辑层需要添加数据访问层的应用
C. 表示层需要添加数据访问层、业务逻辑层和实体层的引用
D. 实体层需要添加数据访问层的引用
❺ 现在需要在使用三层架构搭建的某专卖店网站上,增加一个满 500 元送 100 元的促销方案,在( )实现是最佳方式。
A. 模型层　　　B. 表示层　　　C. 数据访问层　　　D. 业务逻辑层
❻ 在 ASP．NET 中,若创建一个用户登录页面,要使用用户表 Users(Name,PassWord)中的数据,要求使用三层架构实现,下列说法错误的是( )。
A. 实体层通常包含与 Users 表相对应的实体类
B. 数据访问层封装了与 Users 表相关的增、删、改、查的操作
C. 判断输入账号是否合法的方法必须在表示层实现
D. 表示层负责内容的展示及与用户的交互
❼ 以下不属于 MVC 模式的是( )。
A. Client　　　B. Model　　　C. Controller　　　D. View
❽ 在 ASP．NET MVC 中,视图是用来( )。
A. 显示数据　　　　　　　　　　B. 处理用户输入
C. 处理业务逻辑　　　　　　　　D. 处理数据库连接
❾ 对模型的访问使用( )语法。
A. SQL　　　B. Query　　　C. Linq　　　D. XQuery
❿ 在控制器类中的方法返回类型( )类型,则需要视图才可以显示网页。
A. string　　　B. int　　　C. String　　　D. ActionResult

二、填空题
❶ 在 ASP．NET 的三层架构中,数据访问层通常负责与_____进行交互。
❷ 在三层架构中,业务逻辑层位于数据访问层和表示层之间,主要包含_____和业务逻辑。
❸ 三层架构是基于_____来划分层次的,而 MVC 则是基于_____来分的。
❹ 在 MVC 模式中,控制器主要负责处理_____和决定要呈现的视图。
❺ MVC 中的控制器充当应用程序的_____,处理用户输入并决定应用程序的状态。
❻ _____是模板文件,是 Web 应用程序中用来生成并显示 HTML 格式的,以使服务器端对客户端的请求进行响应。
❼ _____代表了应用程序使用的数据,这些数据通常具有一个数据验证逻辑,用来使这些数据必须符合业务逻辑。
❽ _____处理客户端向 Web 应用程序发出的请求,获取数据,并指定返回结果给客户端,用来显示处理结果的视图。

❾ 类中如果需要访问 Web.config 文件,就需要引用_____。
❿ 类中如果需要进行 SQL 数据库相关操作,就需要引用_____。

三、简答题
❶ 简述 ASP.NET 三层架构的基本概念。
❷ 简述三层架构各层的关系。
❸ 简述 MVC 模式的基本组成部分及其作用。
❹ 简述 ASP.NET MVC 中控制器的作用。
❺ 简述 MVC 模式和三层架构的区别。
❻ 比较 ASP.NET 三层架构和 MVC 的优、缺点。

第 10 章 "电子商城"网站的设计与实现

学习目标

- 理解电子商城网站的功能结构设计
- 能够灵活使用 GridView 控件和 Repeater 控件显示数据
- 理解电子商城网站主要功能模块的设计与实现

相关知识点

- 系统功能的分析
- GridView 控件和 Repeater 控件显示数据
- 网站系统开发的主要过程

10.1 系统功能分析

10.1.1 系统功能概述

电子商城系统采用 B/S 架构,有多个功能模块,分为前台和后台两部分。前台包括首页-电子资讯、办公设备、通信设备、用户中心(用户登录、用户注册、资料修改)、入驻商城、管理入口等功能模块;后台包括用户管理(用户状态管理、合作管理)、电子资讯管理(资讯列表、资讯信息编辑)、办公设备管理、通信设备管理、商品类别管理等功能模块。

10.1.2 总体功能结构设计

通过相关调查和对商业网站的分析,电子商城系统的总体功能结构设计将合理地划分为多个功能模块,并正确处理模块间的调用关系和数据联系,以确定整个系统的功能结构。电子商城系统总体功能结构,如图 10-1 所示。

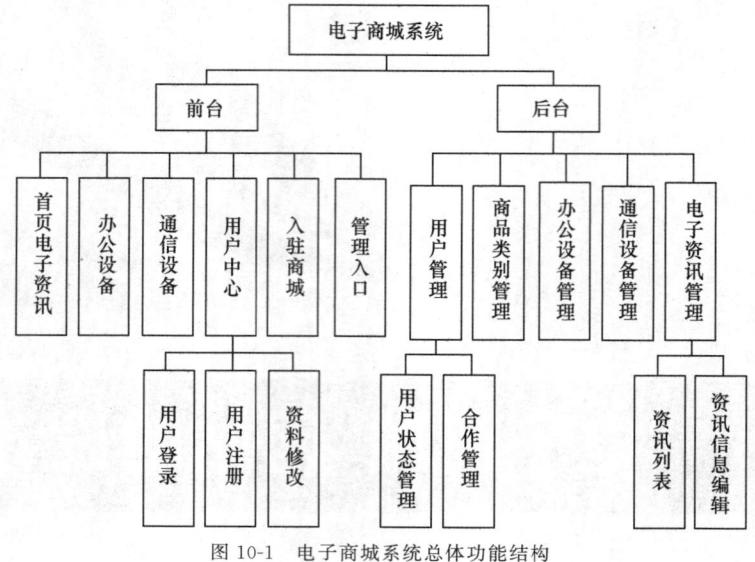

图 10-1　电子商城系统总体功能结构

10.2　数据库设计

10.2.1　数据库总体设计

通过需求分析的实体分析,画出实体联系(E-R)图,对关系型数据库进行设计。电子商城系统的数据库至少包含用户表(Users)、用户角色表(UserRoles)、用户状态表(UserStates)、电子资讯表(EleNews)、办公设备表(OfficeELE)、通信设备表(ComELE)、商品类别表(Categories)、合作商家表(Cooperations)。

10.2.2　数据表设计

根据对系统功能模块的设计,本系统需要包括以下数据信息:用户表(Users)、用户角色表(UserRoles)、用户状态表(UserStates)、电子资讯表(EleNews)、办公设备表(OfficeELE)、通信设备表(ComELE)、商品类别表(Categories)、合作商家表(Cooperations)等。

1. 用户表(Users)

Users 表用来存储登录网站的所有用户的信息,包括用户名、密码、角色、状态等信息,表的结构设计见表 10-1。

表 10-1　　　　　　　　　　Users 表的结构设计

序号	字段名	数据类型	主键	外键	允许空	说明
1	Id	int	是	是	否	用户编号
2	LoginId	nvarchar(50)			否	登录名
3	LoginPwd	nvarchar(50)			否	登录密码

(续表)

序号	字段名	数据类型	主键	外键	允许空	说明
4	Name	nvarchar(50)			否	用户真实姓名
5	Address	nvarchar(200)			否	地址
6	Phone	nvarchar(100)			否	电话
7	Mail	nvarchar(50)			是	电子邮箱
8	UserRoleId	int			否	角色编号
9	UserStateId	int			否	状态编号

2. 用户角色表(UserRoles)

UserRoles 表用来存储用户的角色信息,包括角色编号和角色名称,角色名称可以是普通用户、会员、管理员等角色,表的结构设计见表 10-2。

表 10-2　　　　　　　　　　UserRoles 表的结构设计

序号	字段名	数据类型	主键	外键	允许空	说明
1	Id	int	是	是	否	角色编号
2	Name	nvarchar(50)			否	角色名称

3. 用户状态表(UserStates)

UserStates 表用来存储用户的状态信息,包括状态编号和状态名称,状态名称可以是正常用户、无效用户,表的结构设计见表 10-3。

表 10-3　　　　　　　　　　UserStates 表的结构设计

序号	字段名	数据类型	主键	外键	允许空	说明
1	Id	int	是	是	否	状态编号
2	Name	nvarchar(50)				状态名称

4. 电子资讯表(EleNews)

EleNews 表用来存储网站的资讯信息,包括资讯编号、资讯标题、资讯内容、资讯分类、资讯时间的信息,表的结构设计见表 10-4。

表 10-4　　　　　　　　　　EleNews 表的结构设计

序号	字段名	数据类型	主键	外键	允许空	说明
1	NewsId	int	是	是	否	资讯编号
2	NewsTitle	nvarchar(200)			否	资讯标题
3	NewsDetails	nvarchar(MAX)			是	资讯内容
4	NewsGate	nvarchar(200)			是	资讯分类
5	NewsDate	datetime			是	资讯时间

5. 办公设备表(OfficeELE)

OfficeELE 表用来存储办公设备的信息,包括办公设备编号、办公设备名称、办公设备价格、办公设备详情、办公设备厂家、办公设备类别编号、办公设备图片信息,表的结构设计见表 10-5。

267

表 10-5　　　　　　　　　　　　　　OfficeELE 表的结构设计

序号	字段名	数据类型	主键	外键	允许空	说明
1	OfficeId	int	是	是	否	办公设备编号
2	OfficeTitle	nvarchar(200)			是	办公设备名称
3	OfficePrice	money			是	办公设备价格
4	ContentDescription	nvarchar(MAX)			是	办公设备详情
5	OfficeCompany	nvarchar(200)			是	办公设备厂家
6	CategoryId	int			是	办公设备类别编号
7	OfficeELEImageUrl	text			是	办公设备图片

6. 通信设备表(ComELE)

ComELE 表用来存储通信设备的信息,包括通信设备编号、通信设备名称、通信设备价格、通信设备详情、通信设备厂家、通信设备类别编号、通信设备图片信息,表的结构设计见表 10-6。

表 10-6　　　　　　　　　　　　　　ComELE 表的结构设计

序号	字段名	数据类型	主键	外键	允许空	说明
1	ComId	int	是	是	否	通信设备编号
2	ComTitle	nvarchar(200)			是	通信设备名称
3	ComPrice	money			是	通信设备价格
4	ContentDescription	nvarchar(MAX)			是	通信设备详情
5	ComCompany	nvarchar(200)			是	通信设备厂家
6	CategoryId	int			是	通信设备类别编号
7	ComELEImageUrl	text			是	通信设备图片

7. 商品类别表(Categories)

Categories 表用来存储电子商品的分类信息,包括分类编号、分类名称、分类父级编号、分类排序号等信息,表的结构设计见表 10-7。

表 10-7　　　　　　　　　　　　　　Categories 表的结构设计

序号	字段名	数据类型	主键	外键	允许空	说明
1	CateId	int	是	是	否	分类编号
2	Name	nvarchar(200)			是	分类名称
3	PId	int			是	分类父级编号
4	SortNum	int			是	分类排序号

8. 合作商家表(Cooperations)

Cooperations 表用来存储合作厂家的信息,包括合作厂家编号、公司名称、商品品牌、品牌分类(原厂/代理商)、联系人、手机、微信/QQ、地址信息,表的结构设计见表 10-8。

表 10-8　　　　　　　　　　　　　　Cooperations 表的结构设计

序号	字段名	数据类型	主键	外键	允许空	说明
1	CoopId	int	是	是	否	合作厂家编号

(续表)

序号	字段名	数据类型	主键	外键	允许空	说明
2	CompanyName	nvarchar(100)			否	公司名称
3	BrandsName	nvarchar(100)			否	商品品牌
4	BrandsCate	nvarchar(50)			否	品牌分类(原厂/代理商)
5	ContactPerson	nvarchar(100)			否	联系人
6	Tel	nvarchar(100)			否	手机
7	Wchatqq	nvarchar(100)			是	微信/QQ
8	Address	nvarchar(200)			是	地址

10.3 公共类的编写

1. 系统文件布局

在创建 Web 系统时,要创建很多的 Web 页面、用户控件和类来完成基本的操作。为了更好地管理这些文件,可以在编写代码之前,把系统中可能用到的文件夹创建出来,这样既可以方便以后的开发工作,也能规范网站的整体架构。因此,在开发之前,首先设计系统的文件夹架构,如图 10-2 所示。在开发 Web 系统时,只需要将相应的文件保存到对应的文件夹内即可。

图 10-2 系统文件架构

2. web.config 文件配置

为了方便对数据库的操作,可在 Web 系统的 web.config 文件中配置数据库连接字符串,具体配置代码如下:

```
<connectionStrings>
<add name="ELEShop" connectionString="Data Source=.;Initial Catalog=ELEShop;
    Integrated Security=True"/>
<add name="ELEShopConnString" connectionString="Server=.;Database=ELEShop;
```

```
              Integrated Security=″True″ />
<add name=″ELEShopConnectionString″ connectionString=″Data Source=. ;
              Initial Catalog=ELEShop;Integrated Security=True″
              providerName=″System. Data. SqlClient″ />
</connectionStrings>
```

3. SqlHelper 类

进行数据库访问的操作步骤一般是创建连接对象、打开连接、执行 SQL 语句或存储过程、返回结果、关闭连接。由于每次都编写重复的代码，不同的部分只有 SQL 语句，因此可以将这些程式化的内容提取出来，编写成 SqlHelper 类。

SqlHelper 类包含常用的对数据库操作的方法，为了便于扩展和提高代码重用率，可将 SqlHelper 类定义成抽象类，该类中有连接属性，还有一些数据库的操作方法。

ExecuteNonQuery 方法是执行 SQL 语句或者存储过程后，返回受影响的行数。

ExecuteReader 方法是执行 SQL 语句或者存储过程后，返回一个 DataReader 对象。

ExecuteDataSet 方法是执行 SQL 语句或者存储过程后，返回一个 DataSet 对象。

ExecuteScalar 方法是执行 SQL 语句或者存储过程后，返回第一行的第一列，例如插入新记录，需要返回自增的 ID。

PrepareCommand 方法是构建一个 Command 对象供类的内容方法调用，包括两个重载方法，其中传 params object[ ] parameterValues 类型参数的方法会自动获取存储过程的参数名，只需要传参数值即可，使用起来非常方便。

10.4 网站前台主要功能设计与实现

电子商城前台页面的功能，是为普通用户和注册的会员用户提供服务的，页面的功能设计要满足目标群体的需求，经过需求分析，设计网站前台的母版页 common. master，如图 10-3 所示，这是母版页的显示样式，前台的功能页面在创建的时候选择这个母版页，使整个网站的页面效果得到了统一样式的管理。

图 10-3 网站前台母版页

母版页的页面架构设计分上中下三层结构,页眉左上角用于显示已注册会员在登录后的用户名,还有"退出"按钮,页眉右上角是"登录"和"免费注册"快捷功能。页面架构的上层部分,显示"电子商城"的 LOGO 图片和系统功能的超链接名称,包括"首页-电子资讯""办公设备""通信设备""用户中心""入驻商城""管理入口""客服"。页面架构的中部,左侧是本网站的快捷导航链接,使用 TreeView 控件进行递归调用实现层级显示,右侧空白部分用于显示页面的主体信息内容。页面架构的下部,通常是网站管理者的联系方式、地址信息和导航到其他相关网站的网址。

1. 首页-电子资讯的设计与实现

网站首页 Default.aspx 的设计,主要功能是能够让游客和会员浏览电子资讯信息,使用 Repeater 控件的模板＜HeaderTemplate＞和＜ItemTemplate＞设计信息显示的列表样式,使用 SqlDataSource 控件连接和访问数据库的 EleNews 数据表,资讯的类别和资讯的标题使用 DataBinder.Eval()方法从数据表获取。页面的实现详见任务 7-2 的讲解。

2. 办公设备模块的设计与实现

网站的办公设备页面 OfficeEquipmentList.aspx,进行了权限设置,游客不可浏览该页面内容,会员未登录也不可浏览页面内容。因此,如果是游客或未登录的会员打开该页面,页面会自动打开"登录页面"(UserLogin.aspx),要求游客注册和登录后,或者会员登录后,才能浏览办公设备的信息内容。

办公设备页面的设计,采用了 Web 前端技术的 ul 标签,将文字、图片信息以列表的形式展现,使用＜a＞＜/a＞标签实现超链接功能,可单击设备名称打开设备详情页面,如图 10-4 所示。办公设备页面 OfficeEquipmentList.aspx 文件的主要代码如下:

图 10-4 办公设备页面

```
<asp:Content ID="Content2" ContentPlaceHolderID="cphContent" Runat="Server">
    <div id="comment_book">
        <ul>
            <li><a href="ELEDetail.aspx?bid=4946">
                <img alt="" src="Images/ELECovers/CanoniR400.jpg" />佳能(canon)黑白复印机 IR400</a>
```

```
            <br/><s>￥28800</s><span>￥28000</span></li>
            <li><a href="ELEDetail.aspx? bid=5337">
            <img alt="" src="Images/ELECovers/CanonLBP6230dn.jpg"/>佳能(Canon)LBP6230dn</a>
            <br/><s>￥1799</s><span>￥1640</span></li>
            <li><a href="ELEDetail.aspx? bid=5426">
            <img alt="" src="Images/ELECovers/Canonwork.jpg"/>佳能(Canon)iR400 iR500 通用工作台
</a>
            <br/><s>￥600</s><span>￥500</span></li>
            <li><a href="ELEDetail.aspx? bid=5426">
            <img alt="" src="Images/ELECovers/HPLaserJetProM202DA4.jpg"/></a>
            <a href="BookDetail.aspx? bid=5425">惠普(HP)LaserJet Pro M202D A4 黑白激光打印
机</a>
            <br/><s>￥1899</s><span>￥1799</span></li>
            <li><a href="ELEDetail.aspx? bid=5690">
            <img alt="" src="Images/ELECovers/HPProDesk288G4.jpg"/>惠普(HP)ProDesk 288G4 台式
电脑</a>
            <br/><s>￥4100</s><span>￥3999</span></li>
            <li><a href="ELEDetail.aspx? bid=5693">
            <img alt="" src="Images/ELECovers/LenovoT2224rF.jpg"/>联想 ThinkVision T2224rF 21.5
寸显示器</a>
            <br/><s>￥1100</s><span>￥1099</span></li>
        </ul>
    </div>
</asp:Content>
```

办公设备页面加载时触发 Page_Load 事件，可进行登录权限的设置，该页面的后置文件 OfficeEquipmentList.aspx.cs 的主要代码如下：

```
protected void Page_Load(object sender, EventArgs e)
    {
        if (Session["LoginUserName"] == null)
        {
            Response.Redirect("UserLogin.aspx");
        }
    }
```

3. 用户中心模块的设计与实现

网站的用户中心页面 PersonCenter.aspx，同样需要有权限设置。用户中心页面的设计，包括用户登录、用户注册、资料修改功能。

资料修改 UserEdit.aspx 页面，设计显示和可编辑用户名、密码、姓名、地址、电话、邮箱的信息，设计效果如图 10-5 所示。页面加载时触发 Page_Load 事件，实现页面的权限设置和绑定数据库功能，更新信息后的个人资料数据将保存到 Users 数据表。该页面的功能代码与注册页面的功能实现相似，在此不再复述。

图 10-5 资料修改页面

10.5　网站后台主要功能设计与实现

电子商城网站后台管理模块,这里仅以用户状态管理模块为例进行详细介绍。电子商城网站后台管理模块的用户管理功能设计了两个页面,用户状态管理页面和合作管理页面。用户状态管理页面 UserStateM.aspx 使用 GridView 控件显示数据库中数据表 Users 的数据,使用 ADO.NET 技术的数据集 DataSet 方式绑定数据库,页面显示效果如图 10-6 所示。

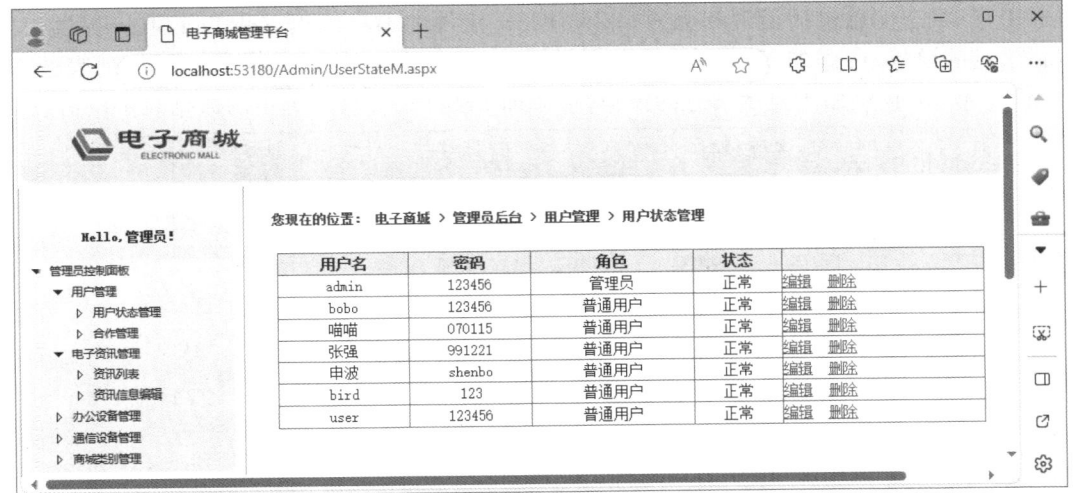

图 10-6　用户状态管理页面

GridView 控件(ID 值为 gvUser)绑定数据源的代码如下：

```
protected void Page_Load(object sender, EventArgs e)
{
    if (Session["LoginUserName"] == null)
    {
        Response.Redirect("~/AdminLogin.aspx");
    }
    if (! IsPostBack) {
        BindData();
    }
}
public void BindData()
{
    string connString = "Server=.; Database=ELEShop; Integrated Security=True";
    string sqlstr = "select * from Users";
    SqlConnection conn = new SqlConnection(connString);
    SqlDataAdapter sda = new SqlDataAdapter(sqlstr, conn);
    DataSet ds = new DataSet();
    sda.Fill(ds);
    gvUser.DataSource = ds;
```

```
        gvUser.DataKeyNames = new string[] { "Id" };
        gvUser.DataBind();
    }
```

GridView 控件绑定数据表 Users 中的用户名、密码、角色、状态字段，添加新列，选择字段类型为 CommandField，勾选命令按钮删除、编辑/更新，设计效果如图 10-7 所示。当一行记录处于编辑状态时，各字段提供输入和选择功能。用户名、密码列使用 TextBox 控件提供输入信息功能，需要 Bind 方法实现编辑状态下的数据绑定。角色、状态列为避免错误输入，使用 DropDownList 控件提供下拉列表项进行选择录入。角色信息包括管理员、会员和普通用户；状态信息包括正常和无效。GridView 控件的编辑模板 EditTemplate 提供用于编辑信息的模板，可添加 TextBox 控件和 DropDownList 控件用于输入和下拉列表选择；ItemTemplate 提供用于显示信息的模板，可添加 Label 控件显示绑定的数据表字段信息。

图 10-7 用户状态管理的设计页面

角色、状态列的信息要根据数据库动态更新，需要代码动态绑定数据源。具体代码如下：

```
//按照角色 UserRoleId 的条件,获取用户名字
protected string getUserRoleName(string UserRoleId)
{
    string connString = "Server=.;Database=ELEShop;Integrated Security=True";
    string sqlstr = "select Name from UserRoles where Id = " + UserRoleId;
    SqlConnection conn = new SqlConnection(connString);
    DataSet ds = new DataSet();
    SqlCommand cmd = new SqlCommand(sqlstr, conn);
    SqlDataAdapter sda = new SqlDataAdapter(cmd);
    sda.Fill(ds);
    return ds.Tables[0].Rows[0][0].ToString();
}
//按照角色 UserStateID 的条件,获取用户名字
protected string getUserState(string UserStateID)
{
    if (UserStateID != null)
    {
        string connString = "Server=.;Database=ELEShop;Integrated Security=True";
        string sqlstr = "select Name from UserStates where Id = " + UserStateID;
```

```csharp
        SqlConnection conn = new SqlConnection(connString);
        DataSet ds = new DataSet();
        SqlCommand cmd = new SqlCommand(sqlstr, conn);
        SqlDataAdapter sda = new SqlDataAdapter(cmd);
        sda.Fill(ds);
        return ds.Tables[0].Rows[0][0].ToString();
    }
    else {
        return "错误";
    }
}
```

单击某一行的"编辑"按钮，触发了 GridView 控件的 RowEditing 事件，完成用户信息的编辑功能。RowEditing 事件带有两个参数，类型分别是 object 和 GridViewEditEventArgs。GridViewEditEventArgs 对象属性包括 NewEditIndex（获取或设置所编辑的行的索引）和 Cancel（属性值为 True 时，可以取消编辑操作）。具体代码如下：

```csharp
protected void gvUser_RowEditing(object sender, GridViewEditEventArgs e)
{
    gvUser.EditIndex = e.NewEditIndex;  //设置编辑项
    BindData();
    getEditRole(e.NewEditIndex);  //获取并设置角色信息
    getEditState(e.NewEditIndex);  //获取并设置状态信息
}
```

代码中 GridView 控件的 EditIndex 属性，可以获取或设置要编辑的行的索引，当该属性被设置为某一行的索引时，该行进入编辑状态，要编辑的行的索引从 0 开始，该属性默认值为 -1，表示行没有正在被编辑。

角色、状态列没有设置绑定字段，其内容为空，需要在服务器端编码填充，并且实现将编辑前某行的角色、状态信息带到编辑状态，显示到对应列中。由此，在 EditTemplate 模板中添加一个隐藏控件 HiddenField，使用该控件的 Value 属性或 Text 属性绑定角色和状态字段，这样在编辑状态中就可以找到该控件，并获取 Value 属性或 Text 属性的属性值，赋给 DropDownList 控件的 SelectedValue 属性即可。对于角色和状态的绑定，只要找到需要编辑行的角色和状态列的 DropDownList 完成绑定操作即可，编辑行的索引通过 GridViewEditEventArgs 对象的 NewEditIndex 属性得到。

用户状态管理页面 UserStateM.aspx 为显示用户信息的 GridView 控件添加编辑模板，代码如下：

```aspx
<asp:GridView ID="gvUser" runat="server" AllowPaging="True" AutoGenerateColumns="False"
    DataKeyNames="Id" Width="665px" OnRowEditing="gvUser_RowEditing"
    OnRowUpdating="gvUser_RowUpdating" OnRowCancelingEdit="gvUser_RowCancelingEdit">
    <Columns>
    <asp:TemplateField HeaderText="用户名">
    <EditItemTemplate>
    <asp:TextBox ID="txtLoginId" runat="server" Text='<%# Bind("LoginId") %>'></asp:TextBox>
```

```aspx
        </EditItemTemplate>
        <ItemTemplate>
        <asp:Label ID="lblLoginId" runat="server" Text='<%# Eval("LoginId")%>'></asp:Label>
        </ItemTemplate>
        <HeaderStyle BackColor="#B0FBE0" />
        <ItemStyle HorizontalAlign="Center" VerticalAlign="Middle" />
        </asp:TemplateField>
        <asp:TemplateField HeaderText="密码">
        <EditItemTemplate>
        <asp:TextBox ID="txtPwd" runat="server" Text='<%# Bind("LoginPwd") %>'></asp:TextBox>
        </EditItemTemplate>
        <ItemTemplate>
        <asp:Label ID="lblPwd" runat="server" Text='<%# Eval("LoginPwd")%>'></asp:Label>
        </ItemTemplate>
        <HeaderStyle BackColor="#B0FBE0" />
        <ItemStyle HorizontalAlign="Center" VerticalAlign="Middle" />
        </asp:TemplateField>
        <asp:TemplateField HeaderText="角色">
        <EditItemTemplate>
        <asp:HiddenField ID="hfRole" runat="server" Value='<%# Eval("UserRoleId") %>' />
        <asp:DropDownList ID="ddlRole" runat="server">
        </asp:DropDownList>
        </EditItemTemplate>
        <ItemTemplate>
        <asp:Label ID="lblRole" runat="server"
            Text='<%# getUserRoleName(Eval("UserRoleId").ToString())%>'>
        </asp:Label>
        </ItemTemplate>
        <HeaderStyle BackColor="#B0FBE0" />
        <ItemStyle HorizontalAlign="Center" VerticalAlign="Middle" />
        </asp:TemplateField>
        <asp:TemplateField HeaderText="状态">
        <EditItemTemplate>
        <asp:HiddenField ID="hfState" runat="server" Value='<%# Eval("UserStateId") %>' />
        <asp:DropDownList ID="ddlState" runat="server">
        </asp:DropDownList>
        </EditItemTemplate>
        <ItemTemplate>
        <asp:Label ID="lblState" runat="server"
            Text='<%# getUserState(Eval("UserStateId").ToString())%>'>
        </asp:Label>
        </ItemTemplate>
```

```
<HeaderStyle BackColor="#B0FBE0" />
<ItemStyle HorizontalAlign="Center" VerticalAlign="Middle" />
</asp:TemplateField>
<asp:CommandField ShowDeleteButton="True" ShowEditButton="True">
<HeaderStyle BackColor="#B0FBE0" />
</asp:CommandField>
</Columns>
</asp:GridView>
```

根据索引绑定编辑状态下的角色列的 getEditRole(int index) 方法和状态列的 getEditState(int index) 方法,具体代码如下:

```
//获取并设置角色信息
private void getEditRole(int index)
{
    DropDownList ddlRole = this.gvUser.Rows[index].FindControl("ddlRole") as DropDownList;
        string connString = "Server=.;Database=ELEShop;Integrated Security=True";
        string sqlstr = "select * from UserRoles";
        SqlConnection conn = new SqlConnection(connString);
        SqlDataAdapter sda = new SqlDataAdapter(sqlstr, conn);
        DataSet ds = new DataSet();
        sda.Fill(ds);
        ddlRole.DataSource = ds.Tables[0].DefaultView;
        ddlRole.DataValueField = "Id";
        ddlRole.DataTextField = "Name";
        ddlRole.DataBind();
        HiddenField hfRole = this.gvUser.Rows[index].FindControl("hfRole") as HiddenField;
        ddlRole.SelectedValue = hfRole.Value;
}
//获取并设置状态信息
private void getEditState(int index)
{
    DropDownList ddlState = this.gvUser.Rows[index].FindControl("ddlState") as DropDownList;
        string connString = "Server=.;Database=ELEShop;Integrated Security=True";
        string sqlstr = "select * from UserStates";
        SqlConnection conn = new SqlConnection(connString);
        SqlDataAdapter sda = new SqlDataAdapter(sqlstr, conn);
        DataSet ds = new DataSet();
        sda.Fill(ds);
        ddlState.DataSource = ds.Tables[0].DefaultView;
        ddlState.DataValueField = "Id";
        ddlState.DataTextField = "Name";
        ddlState.DataBind();
        HiddenField hfRole = this.gvUser.Rows[index].FindControl("hfState") as HiddenField;
        ddlState.SelectedValue = hfRole.Value;
}
```

在编辑状态下，修改某一行的数据，单击该行的"更新"按钮，在 GridView 控件进行更新之前，会激发 RowUpdating 事件，如图 10-8 所示。

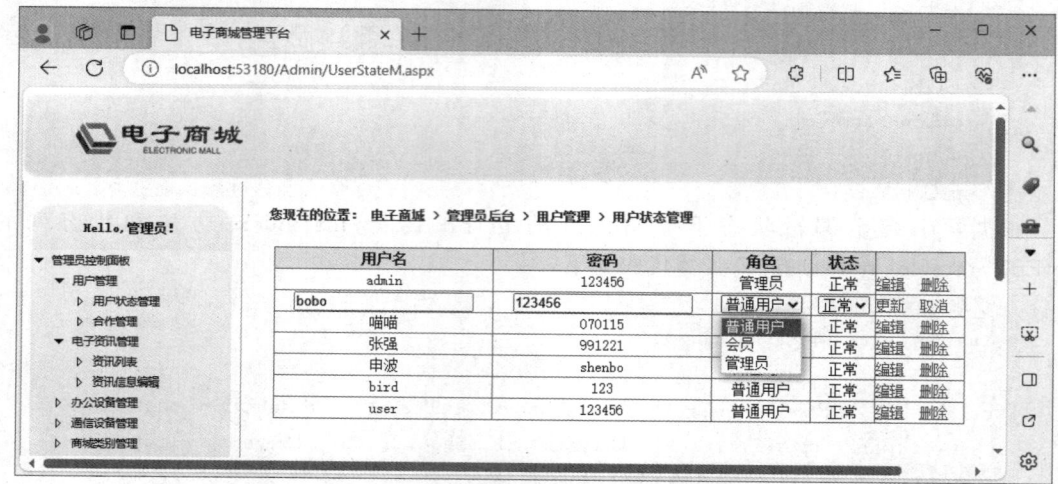

图 10-8 编辑状态下的用户状态管理

RowUpdating 事件首先获得编辑行的主键字段的值，并记录各 TextBox 控件和 DropDownList 控件中的值，然后将数据更新到数据库并重新绑定数据，具体代码如下：

```csharp
protected void gvUser_RowUpdating(object sender, GridViewUpdateEventArgs e)
{
    string UserId = gvUser.DataKeys[e.RowIndex].Value.ToString();
    string loginID = (this.gvUser.Rows[e.RowIndex].FindControl("txtLoginId") as TextBox).Text;
    string pwdID = (this.gvUser.Rows[e.RowIndex].FindControl("txtPwd") as TextBox).Text;
    string RoleId = (this.gvUser.Rows[e.RowIndex].FindControl("ddlRole") as
        DropDownList).SelectedValue.ToString();
    string stateId = (this.gvUser.Rows[e.RowIndex].FindControl("ddlState") as
        DropDownList).SelectedValue.ToString();
    string update_sql = "update users set LoginId = '"+loginID+"', LoginPwd = '"+ pwdID +
"' ,UserRoleId = '" + RoleId +"', UserStateId = '" + stateId + "'where Id = '" + UserId +"'";
    bool update = ExceSQL(update_sql);
    if (update)
    {
        Response.Write("<script language = javascript>alert('修改成功！')</script>");
        gvUser.EditIndex = -1;
        BindData();
    }
    else
    {
        Response.Write("<script language = javascript>alert('修改失败！')</script>");
    }
}
```

其中，ExceSQL 方法用来执行 SQL 语句，代码如下：

```csharp
public bool ExceSQL(string strSqlCom)
{
    string strCon = "Server=.;Database=ELEShop;Integrated Security=True";
    SqlConnection sqlcon = new SqlConnection(strCon);
    SqlCommand sqlcom = new SqlCommand(strSqlCom, sqlcon);
    try
    {
        if (sqlcon.State == System.Data.ConnectionState.Closed)
        {
            sqlcon.Open();
        }
        sqlcom.ExecuteNonQuery();
        return true;
    }
    catch
    {
        return false;
    }
    finally
    {
        sqlcon.Close();
    }
}
```

在编辑状态下，单击某一行的"更新"按钮，会激发 GridView 控件 RowCancelingEdit 事件。该事件中，将当前编辑项的索引设置为 -1，表示返回到初始状态下，并重新对 GridView 控件进行数据绑定，代码如下：

```csharp
protected void gvUser_RowCancelingEdit(object sender, GridViewCancelEditEventArgs e)
{
    gvUser.EditIndex = -1;
    BindData();
}
```

本章小结

本章以综合练习的方式分阶段完成电子商城网站系统的功能设计和实现，从系统功能分析、数据库设计、公共类、网站前台主要功能模块、网站后台主要功能模块进行了网站的设计和功能实现，应理解和熟练掌握一般网站的数据处理功能的实现方法和技术。

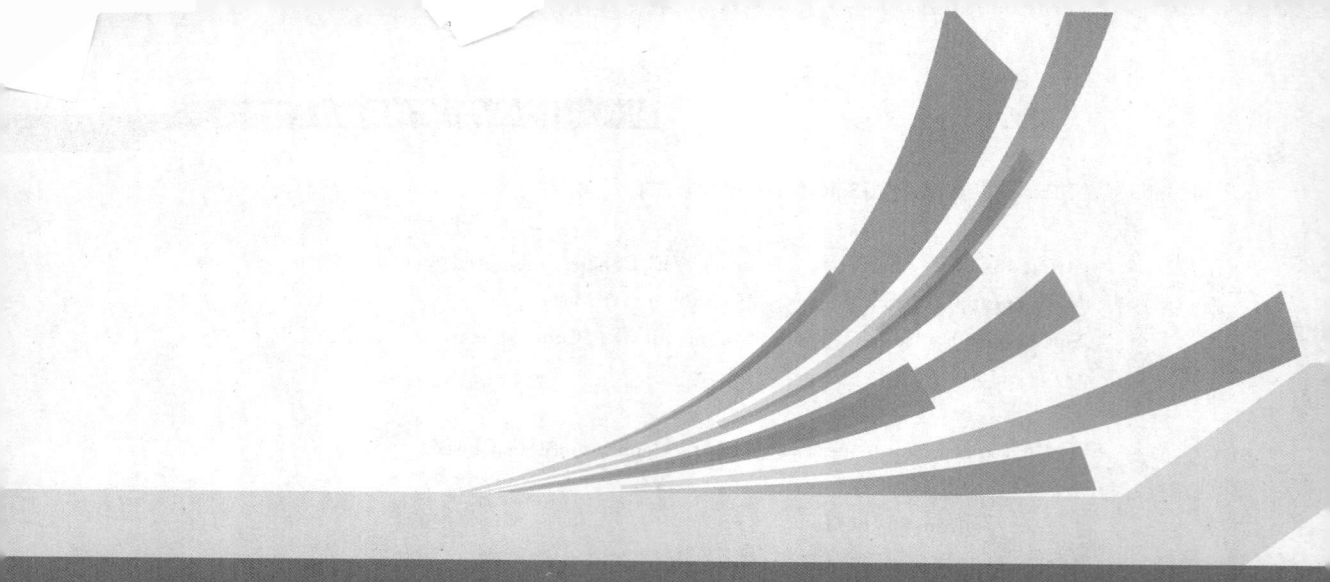

参考文献

[1] 张兵义,张连堂,张红娟.Web前端开发实例教程[M].北京:电子工业出版社,2019.

[2] 姜鹏,郭晓倩.形色—网页设计法则及实例指导[M].北京:人民邮电出版社,2022.

[3] 肖宏启,苏畅.ASP.NET网站开发项目化教程(第2版)[M].北京:清华大学出版社,2020.

[4] 尚展垒,唐思均.ASP.NET程序设计(慕课版)[M].北京:人民邮电出版社,2023.

[5] 喻钧,白小军,岳鑫,等.ASP.NET Web应用开发技术(第2版)[M].北京:清华大学出版社,2023.

[6] 陶永鹏,郭鹏,刘建鑫.ASP.NET MVC网站开发从入门到实战[M].北京:清华大学出版社,2023.

[7] 马骏.ASP.NET MVC程序设计教程(第3版)[M].北京:人民邮电出版社,2021.

[8] 传智播客高教产品研发部.ASP.NET就业实例教程[M].北京:人民邮电出版社,2020.

[9] 张铁红,付兴宏,胡钟月.ASP.NET程序设计[M].北京:电子工业出版社,2023.

[10] 肖宏启.ASP.NET网站开发项目化教程[M].北京:清华大学出版社,2015.

[11] 任宁,郭艾华,唐国光.ASP.NET 3.5动态网站开发实例与操作[M].北京:航空工业出版社,2019.

[12] 崔连和.ASP.NET网络程序设计[M].北京:中国人民大学出版社,2010.